きょうみを広げる・深める！

かんさつ・じっけんカード

3年

生き物

何という
植物《しょくぶつ》かな？

生き物

何という
植物《しょくぶつ》かな？

生き物

何という
植物《しょくぶつ》かな？

生き物

何という
植物《しょくぶつ》かな？

生き物

何という
植物《しょくぶつ》かな？

生き物

何という
植物《しょくぶつ》かな？

生き物

何という
植物《しょくぶつ》かな？

生き物

何という
こん虫かな？

生き物

何という
こん虫かな？

生き物

何という
こん虫かな？

生き物

何という
こん虫かな？

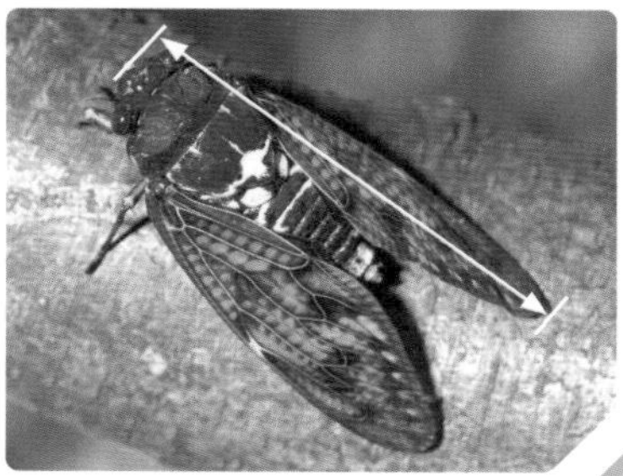

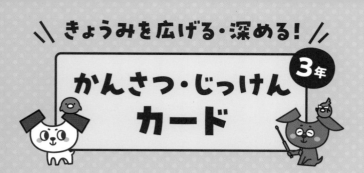

タンポポ

草たけは、15～30cm。
1つの花に見えるが、
たくさんの花が
集《あつ》まったもの。

使《つか》い方《かた》

- 切り取《と》り線にそって切りはなしましょう。

説《せつ》 明《めい》

- 「生き物」「きぐ」「たんい」の答えはうら面《めん》に書いてあります。
- 植物《しょくぶつ》の草たけ（高さ）や動物《どうぶつ》の大きさはおよその数字です。
- 動物《どうぶつ》の大きさは、↔ をはかった長さです。

ハルジオン

草たけは、30～60cm。
つぼみはたれ下がり、
くきの中は空っぽに
なっている。

ナズナ

草たけは、20～30cm。
小さな花がさく。ハート
の形をしたものは、
葉《は》ではなく実《み》。

カラスノエンドウ

草たけは、60～90cm。
葉《は》の先のまきひげが、
ほかのものにまきついて、
体をささえる。

シロツメクサ

草たけは、20～30cm。
1つの花に見えるが、
たくさんの花が
集まったもの。

ヒメオドリコソウ

草たけは、10～25cm。
葉《は》は、たまごの形を
していて、ふちが
ぎざぎざしている。

ホトケノザ

草たけは、10～30cm。
葉《は》は、ぎざぎざがある
丸い形をしている。

ショウリョウバッタ

大きさは、めすが80mm、おすが50mm。
たまご→よう虫→せい虫のじゅんに育《そだ》つ。
キチキチという音を出す。

ベニシジミ

大きさは、15mm。たまご→よう虫
→さなぎ→せい虫のじゅんに育《そだ》つ。よう虫は、
スイバなどの葉《は》を食べる。せい虫は草地《くさち》で
よく見られ、花のみつをすう。

アブラゼミ

大きさは、55mm。
たまご→よう虫→せい虫の
じゅんに育《そだ》つ。
ジージリジリジリと鳴く。

ぬけがら

ツクツクボウシ

大きさは、45mm。
たまご→よう虫→せい虫の
じゅんに育《そだ》つ。
オーシツクツクと鳴く。

ぬけがら

教科書ぴったりトレーニング 理科 3年 がんばり表

いつも見えるところに、この「がんばり表」をはっておこう。
この「ぴたトレ」を学習したら、シールをはろう！
どこまでがんばったかわかるよ。

3. こん虫の育ち方

❶ チョウの育ち方
❷ こん虫の体のつくり
❸ こん虫の育ち方

24～25ページ	22～23ページ	20～21ページ	18～19ページ	16～17ページ	14～15ページ
ぴったり3	ぴったり1 2	ぴったり1 2	ぴったり1 2	ぴったり1 2	ぴったり1 2
できたらシールをはろう	できたらシールをはろう	できたらシールをはろう	できたらシールをはろう	できたらシールをはろう	できたらシールをはろう

2. たねま

❶ たねまき
❷ 葉・くき・

12～13ペ
ぴったり
できたらシールをはろう

★葉がふえたころ

26～27ページ
ぴったり1 2
できたらシールをはろう

4. ゴムと風の力のはたらき

❶ ゴムの力のはたらき
❷ 風の力のはたらき

28～29ページ	30～31ページ	32～33ページ
ぴったり1 2	ぴったり1 2	ぴったり3
できたらシールをはろう	できたらシールをはろう	できたらシールをはろう

9. 電気の通り道

68～69ページ	66～67ページ	64～65ページ
ぴったり3	ぴったり1 2	ぴったり1 2
できたらシールをはろう	できたらシールをはろう	できたらシールをはろう

8. 太陽の光

62～63ページ	60～61ページ	58～59ページ
ぴったり3	ぴったり1 2	ぴったり1 2
できたらシールをはろう	できたらシールをはろう	できたらシールをはろう

7. 地面のよう

❶ かげのでき方と
❷ 日なたと日かげ

56～57ページ
ぴったり3
できたらシールをはろう

10. じしゃくのふしぎ

❶ じしゃくに引きつけられるもの
❷ じしゃくと鉄

70～71ページ	72～73ページ	74～75ページ
ぴったり1 2	ぴったり1 2	ぴったり3
できたらシールをはろう	できたらシールをはろう	できたらシールをはろう

11. ものの重さ

❶ もののしゅるいと重さ
❷ ものの形と重さ

76～77ページ	78～79ページ
ぴったり1 2	ぴったり3
できたらシールをはろう	できたらシールをはろう

★おもちゃショーを

80ページ
ぴったり1
できたらシールをはろう

すきななまえをつけてね！

なまえ

ぴた犬
（おとも犬）
シールを
はろう

シールの中からすきなぴた犬をえらぼう。

おうちのかたへ

がんばり表のデジタル版「デジタルがんばり表」では、デジタル端末でも学習の進捗記録をつけることができます。1冊やり終えると、抽選でプレゼントが当たります。「ぴたサポシステム」にご登録いただき、「デジタルがんばり表」をお使いください。LINE または PC・ブラウザを利用する方法があります。

LINE 用

PC・ブラウザ 用

ぴたサポシステムご利用ガイドはこちら
https://www.shinko-keirin.co.jp/shinko/news/pittari-support-system

スタート

1. しぜんのかんさつ

生きもののすがた

2～3ページ ぴったり 1 2 できたらシールをはろう

4～5ページ ぴったり 3 できたらシールをはろう

き

艮

6～7ページ ぴったり 1 2 できたらシールをはろう

8～9ページ ぴったり 1 2 できたらシールをはろう

10～11ページ ぴったり 1 2 できたらシールをはろう

ージ 3

5. 音のふしぎ

❶ 音の出方

❷ 音のつたわり方

34～35ページ ぴったり 1 2 できたらシールをはろう

36～37ページ ぴったり 3 できたらシールをはろう

★花

38～39ページ ぴったり 1 2 できたらシールをはろう

6. 動物のすみか

40～41ページ ぴったり 1 2 できたらシールをはろう

42～43ページ ぴったり 3 できたらシールをはろう

★花がさいた後

44～45ページ ぴったり 1 2 できたらシールをはろう

46～47ページ ぴったり 3 できたらシールをはろう

すと太陽

陽のいち

地面のようす

48～49ページ ぴったり 1 2 できたらシールをはろう

50～51ページ ぴったり 1 2 できたらシールをはろう

52～53ページ ぴったり 1 2 できたらシールをはろう

54～55ページ ぴったり 1 2 できたらシールをはろう

こう！

ゴール

さいごまでがんばったキミは「ごほうびシール」をはろう！

ごほうびシールをはろう

（キリトリ線）

生き物

何という
こん虫かな？

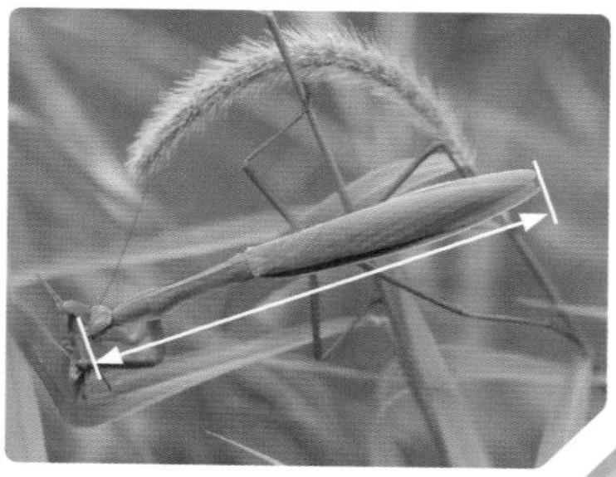

生き物

何という
こん虫かな？

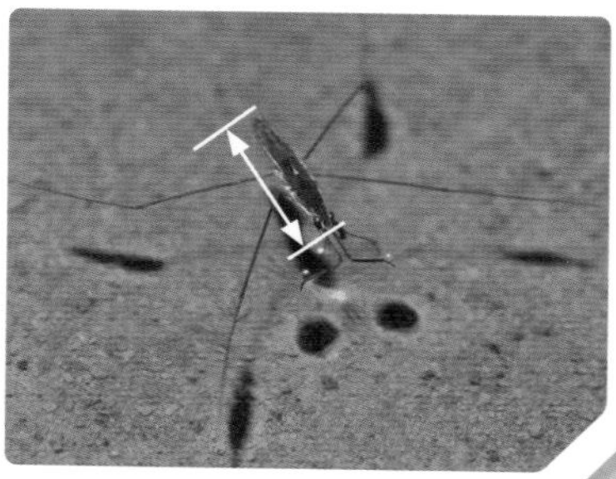

生き物

何という
こん虫かな？

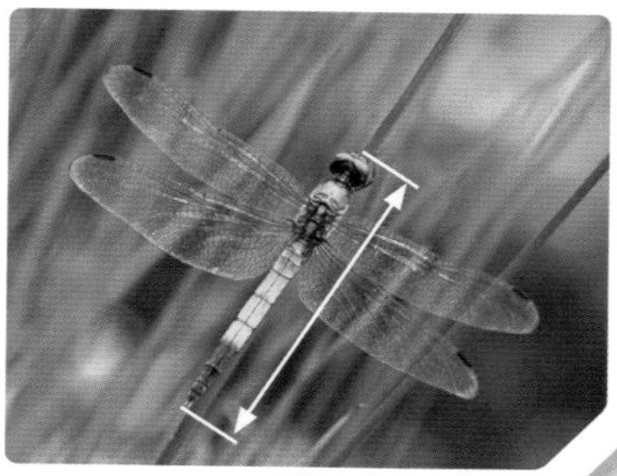

きぐ

何という
きぐかな？

きぐ

何という
きぐかな？

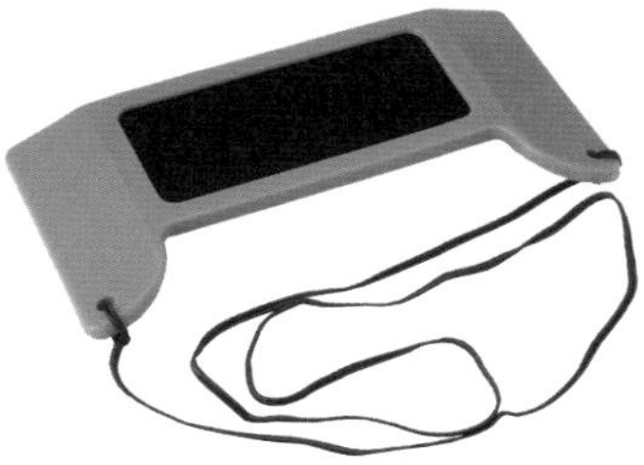

きぐ

何という
きぐかな？

きぐ

何という
きぐかな？

きぐ

何という
きぐかな？

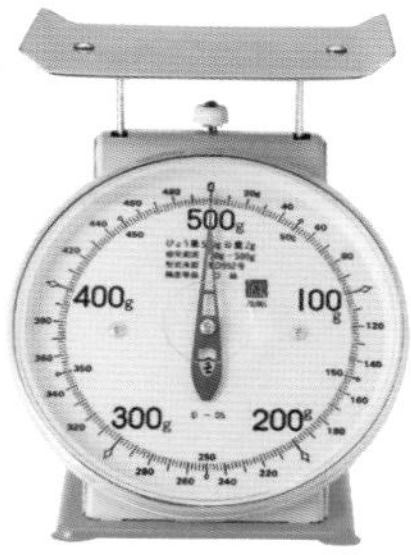

きぐ

何という
きぐかな？

たんい

これで何を
はかるかな？

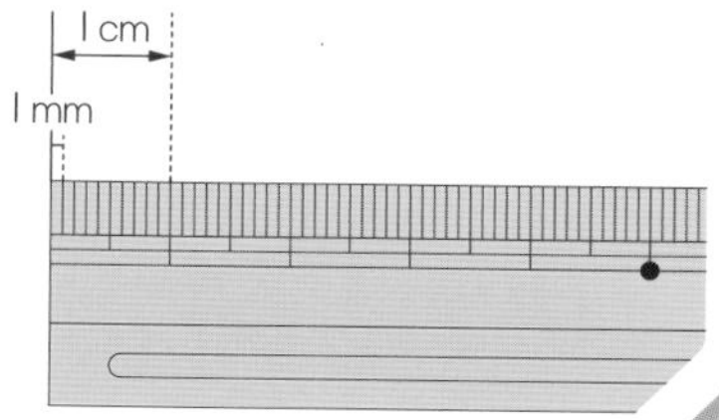

たんい

これで何を
はかるかな？

たんい

ものの大きさ（かさ）
を何というかな？

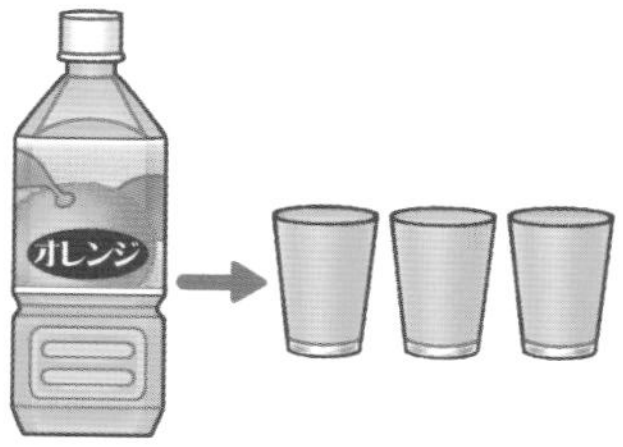

アメンボ

大きさは、15mm。たまご→よう虫→せい虫のじゅんに育《そだ》つ。
あしの先に毛が生えていて、その毛には油《あぶら》がついているため、水にしずまない。

オオカマキリ

大きさは、80mm。たまご→よう虫→せい虫のじゅんに育《そだ》つ。
かまのような前あしで、ほかのこん虫をつかまえて食べる。

虫めがね

小さなものを大きく見たり、
日光を集《あつ》めたりするために使《つか》う。
目をいためるので、ぜったいに、
虫めがねで太陽《たいよう》を見てはいけない。

シオカラトンボ

大きさは、50mm。たまご→よう虫→せい虫のじゅんに育《そだ》つ。
おすの体は青く、めすの体は茶色い。
ムギワラトンボともよばれている。

方位《ほうい》じしん

方位を調《しら》べるときに使《つか》う。
はりは、北と南を指《さ》して止まる。色がついているほうのはりが北を指す。

しゃ光板《こうばん》

太陽《たいよう》を見るときに使《つか》う。
太陽をちょくせつ見ると目をいためるので、これを使うが、長い時間見てはいけない。

はかり(台ばかり)

ものの重《おも》さをはかるときに使《つか》う。はかりを使うときは、平《たい》らなところにおき、はりが「0」を指《さ》していることをかくにんする。はかるものをしずかにのせ、はりが指す目もりを、正面《しょうめん》から読む。

温度計《おんどけい》

ものの温度をはかるときに使《つか》う。
目もりを読むときは、真横《まよこ》から読む。

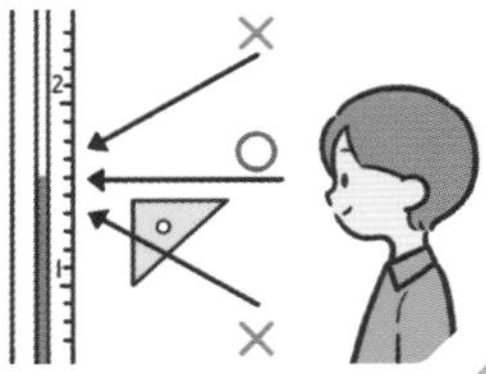

長さ

長さは、ものさしではかる。m(メートル)やcm(センチメートル)、mm(ミリメートル)は長さのたんい。
1m＝100cm　　1cm＝10mm

はかり(電子てんびん)

ものの重《おも》さをはかるときに使《つか》う。はかりは平《たい》らなところにおき、スイッチを入れる。紙をしいて使うときは、台に紙をのせてから「0g」のボタンをおす。しずかにものをおいて、数字を読む。

体積《たいせき》

ものの大きさ(かさ)のことを体積という。同じコップではかってくらべると、体積のちがいがわかる。

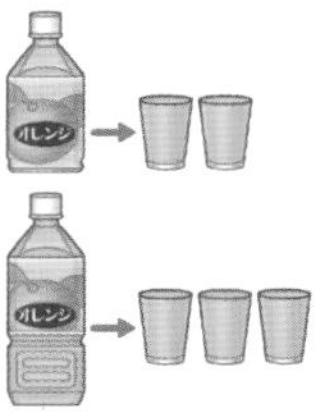

重《おも》さ

重さは、はかりではかる。
kg(キログラム)やg(グラム)は重さのたんい。1円玉の重さは1g。1kg＝1000g

もくじ

理科3年
大日本図書版
たのしい理科

教科書ぴったりトレーニング

▶ 3分でまとめ動画

		教科書ページ	ぴったり1 じゅんび	ぴったり2 練習	ぴったり3 たしかめのテスト
1. しぜんのかんさつ	生きもののすがた	4～13	▶ 2	3	4～5
2. たねまき	①たねまき１	14～25	▶ 6	7	12～13
	①たねまき２		8	9	
	②葉・くき・根		▶ 10	11	
3. こん虫の育ち方	①チョウの育ち方１	26～51	▶ 14	15	24～25
	①チョウの育ち方２		16	17	
	②こん虫の体のつくり１		18	19	
	②こん虫の体のつくり２		▶ 20	21	
	③こん虫の育ち方		22	23	
★ 葉がふえたころ	葉がふえたころ	52～55	26	27	
4. ゴムと風の力のはたらき	①ゴムの力のはたらき	56～71	▶ 28	29	32～33
	②風の力のはたらき		30	31	
5. 音のふしぎ	①音の出方 ②音のつたわり方	72～85	▶ 34	35	36～37
★ 花	花	86～89	▶ 38	39	
6. 動物のすみか	動物のすみか	92～99	40	41	42～43
★ 花がさいた後	花がさいた後	100～109	▶ 44	45	46～47
7. 地面のようすと太陽	①かげのでき方と太陽のいち１	110～125	▶ 48	49	56～57
	①かげのでき方と太陽のいち２		50	51	
	②日なたと日かげの地面のようす１		▶ 52	53	
	②日なたと日かげの地面のようす２		54	55	
8. 太陽の光	かがみではね返した日光１	126～137	▶ 58	59	62～63
	かがみではね返した日光２		60	61	
9. 電気の通り道	電気の通り道１	138～151	▶ 64	65	68～69
	電気の通り道２		66	67	
10. じしゃくのふしぎ	①じしゃくに引きつけられるもの１	152～171	▶ 70	71	74～75
	①じしゃくに引きつけられるもの２ ②じしゃくと鉄		72	73	
11. ものの重さ	①もののしゅるいと重さ ②ものの形と重さ	174～185	▶ 76	77	78～79
★ おもちゃショーを開こう！	おもちゃショーを開こう！	186～190	80		

巻末 夏のチャレンジテスト／冬のチャレンジテスト／春のチャレンジテスト／学力しんだんテスト
別冊 丸つけラクラク解答

とりはずして
お使いください

【写真提供】
アフロ／アマナイメージズ／NNP／ゲッティイメージズ／コーベット・フォトエージェンシー／七彩工房／シンコーフォト／安岡卓治／宮川理恵／溝渕浩二

ぴったり 1

じゅんび

3分でまとめ

1. しぜんのかんさつ

生きもののすがた

学習日　　月　　日

めあて
いきもののすがたには、ちがいがあるか、かくにんしよう。

教科書　4〜11ページ　　答え　2ページ

次《つぎ》の(　)に当てはまる言葉《ことば》を書こう。

1 虫めがねは、どのように使《つか》うのだろうか。

教科書　198ページ

▶ 虫めがねを使うと、小さなものを(①　　　　　　)して見ることができる。

▶ 虫めがねの使い方

○動《うご》かせるものを見るとき

虫めがねを(②　　　　　)の近くに持《も》ち、
見るものを虫めがねに近づけたり
(③　　　　　　)たりして、
はっきり見えるところで止める。

○動かせないものを見るとき

虫めがねを(④　　　　　)の近くに持ち、
見るものに(⑤　　　　　　)たり
遠ざかったりして、
はっきり見えるところで止まる。

▶ 目をいためるので、虫めがねで(⑥　　　　　　)を見てはいけない。

2 生きもののすがたには、ちがいがあるのだろうか。

教科書　4〜10ページ

セイヨウタンポポ　4月10日晴れ
動物・植物
花をさわったら、やわらかかった。
高さは20 cmくらい
色…花は黄色だった。
形…葉はぎざぎざしていた。
大きさ…全体の大きさは、広げた手のひらくらいだった。

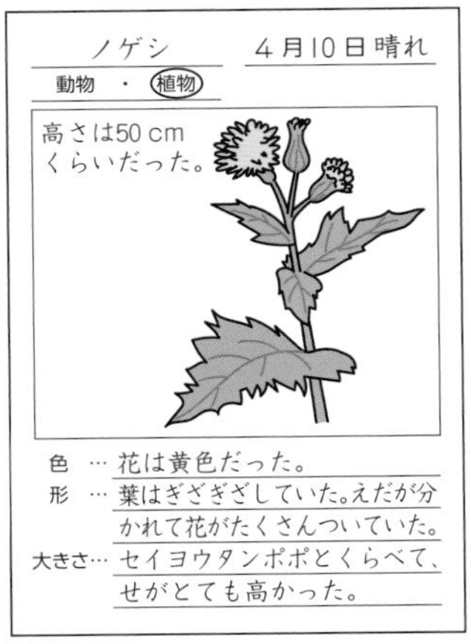

ノゲシ　4月10日晴れ
動物・植物
高さは50 cmくらいだった。
色…花は黄色だった。
形…葉はぎざぎざしていた。えだが分かれて花がたくさんついていた。
大きさ…セイヨウタンポポとくらべて、せがとても高かった。

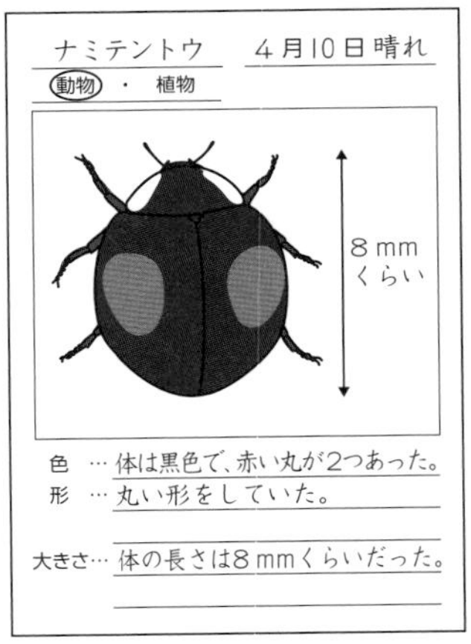

ナミテントウ　4月10日晴れ
動物・植物
8 mmくらい
色…体は黒色で、赤い丸が2つあった。
形…丸い形をしていた。
大きさ…体の長さは8 mmくらいだった。

ベニシジミ　4月10日晴れ
動物・植物
色…はねがオレンジ色で、黒い点があった。
形…はねは貝がらみたいな形をしていた。
大きさ…モンシロチョウの半分くらいの大きさだった。

▶ 生きものは、(①　　　　　)、(②　　　　　)、(③　　　　　)などのすがたに、にているところや、ちがうところがある。

ここがだいじ！
①虫めがねは、目の近くに持って使う。
②生きものは、色、形、大きさなどに、にているところや、ちがうところがある。

ぴたトリビア　チューリップの花の色のように、同じしゅるいの生きものでも、すがたがちがうことがあります。

1. しぜんのかんさつ

生きもののすがた

教科書 4～11ページ　答え 2ページ

1 虫めがねを使《つか》います。

(1) 虫めがねでぜったいに見てはいけないものは、どれですか。正しいものを1つえらんで、（　　）に○をつけましょう。

ア（　　）動物《どうぶつ》　イ（　　）植物《しょくぶつ》　ウ（　　）太陽《たいよう》

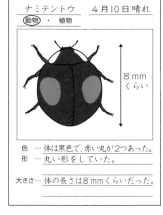

(2) 虫めがねは、どのように持《も》ちますか。（　　）の中の正しいほうを○でかこみましょう。

- 虫めがねは、目の（　近く　・　遠く　）に持つ。

(3) 虫めがねは、どのように使いますか。（　　）の中の正しいほうを○でかこみましょう。

- （　動《うご》かせる　・　動かせない　）ものを見るときは、虫めがねを持ったまま、見るものに近づいたり遠ざかったりして、はっきり見えるところで止まる。

2 いろいろな生きものをかんさつしました。生きもののすがたについて正しくせつめいしているのはどれですか。すべてえらんで、（　　）に○をつけましょう。

セイヨウタンポポ　4月10日晴れ
動物・植物（植物に○）

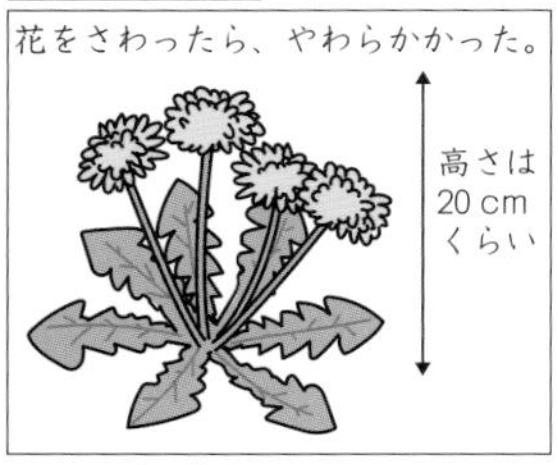

色…花は黄色だった。
形…葉はぎざぎざしていた。
大きさ…全体の大きさは、広げた手のひらくらいだった。

ノゲシ　4月10日晴れ
動物・植物（植物に○）

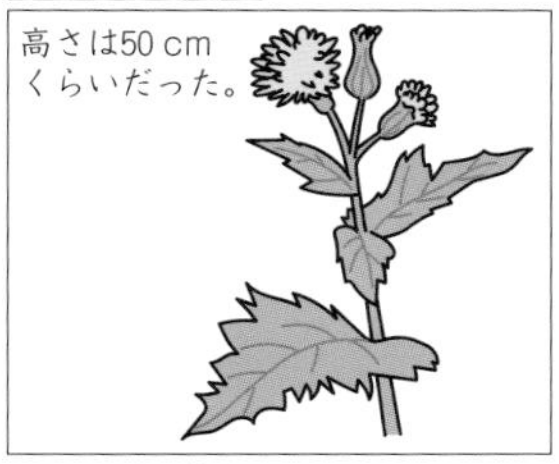

色…花は黄色だった。
形…葉はぎざぎざしていた。えだが分かれて花がたくさんついていた。
大きさ…セイヨウタンポポとくらべて、せがとても高かった。

ナミテントウ　4月10日晴れ
動物・植物（動物に○）

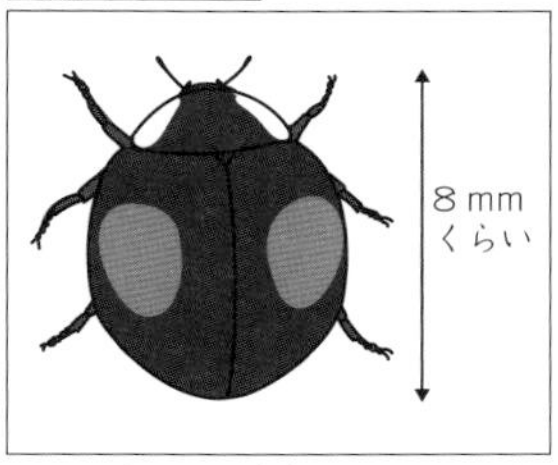

色…体は黒色で、赤い丸が2つあった。
形…丸い形をしていた。
大きさ…体の長さは8 mmくらいだった。

ベニシジミ　4月10日晴れ
動物・植物（動物に○）

色…はねがオレンジ色で、黒い点があった。
形…はねは貝がらみたいな形をしていた。
大きさ…モンシロチョウの半分くらいの大きさだった。

ア（　　）生きものの色は、しゅるいによってにていたり、ちがっていたりする。
イ（　　）生きものの形は、しゅるいによってにていたり、ちがっていたりする。
ウ（　　）生きものの大きさは、しゅるいによってにていたり、ちがっていたりする。

ヒント 1 (1)目をいためるので、ぜったいに見てはいけません。

ぴったり3
たしかめのテスト

1. しぜんのかんさつ

時間 30 分
／100
合格 70 点

教科書 4〜13ページ　答え 3ページ

1 いろいろな動物《どうぶつ》をかんさつしました。①〜③の名前を［　　］からえらんで、（　）に書きましょう。
1つ10点(30点)

オカダンゴムシ　クロオオアリ　ナミテントウ　モンシロチョウ

（　　　　　）

（　　　　　）

（　　　　　）

よく出る

2 虫めがねを使《つか》ってかんさつします。
技能　1つ10点(30点)

(1) 虫めがねでぜったいに見てはいけないものは何ですか。（　　　）

(2) 動《うご》かせるものをかんさつします。正しいほうの（　）に○をつけましょう。

ア（　）虫めがねを動かす。　イ（　）見るものを動かす。

(3) 動かせないものをかんさつします。正しいほうの（　）に○をつけましょう。

ア（　）虫めがねを動かす。　イ（　）自分が動く。

できたらスゴイ!

3 いろいろな植物《しょくぶつ》をかんさつしました。①～③の植物をかんさつしたときのきろくはどれですか。•と•を——でむすびましょう。　思考・表現　1つ10点(30点)

①

•　　　　•あ

色	花の色は黄色だった。
形	葉《は》がぎざぎざしていた。えだが分かれて、花がたくさんついていた。
大きさ	高さがこしのところまであった。

②

•　　　　•い

色	花の色は青色だった。
形	葉はたまごのような形で、ぎざぎざしていた。
大きさ	高さはひざの下くらいまであった。

③

•　　　　•う

色	花の色は黄色だった。
形	葉は細長くて、ぎざぎざしていた。
大きさ	全体《ぜんたい》の大きさは、手のひらくらいだった。

よく出る

4 いろいろな生きものをかんさつしました。生きもののすがたについて正しくせつめいしているものを２つえらんで、(　　)に○をつけましょう。　1つ5点(10点)

ア(　　)

生きものの色や形は、どれもにていたよ。

イ(　　)

生きものの色や形には、にているところも、ちがうところもあったよ。

ウ(　　)

生きものの大きさは、どれもにていたよ。

エ(　　)

生きものの大きさには、にているところも、ちがうところもあったよ。

ふりかえり
②がわからないときは、2ページの**1**にもどってかくにんしましょう。
③がわからないときは、2ページの**2**にもどってかくにんしましょう。

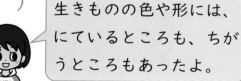

ぴったり1 じゅんび

3分でまとめ

2. たねまき

①たねまき1

学習日　月　日

めあて
植物のさいしょの葉が出るまでのようすをかくにんしよう。

教科書　14〜17ページ　答え　4ページ

次《つぎ》の(　)に当てはまる言葉《ことば》を書こう。

1 植物《しょくぶつ》のたねは、どのようなようすだろうか。

教科書　14〜16ページ

ヒマワリのたね

ホウセンカのたね

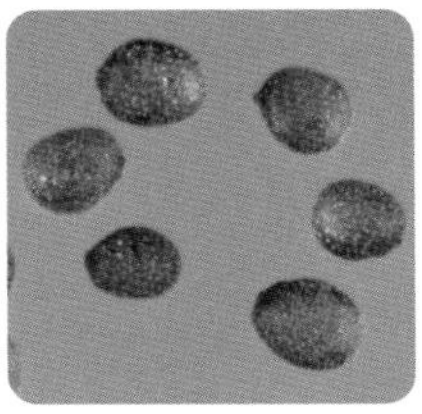

ダイズのたね

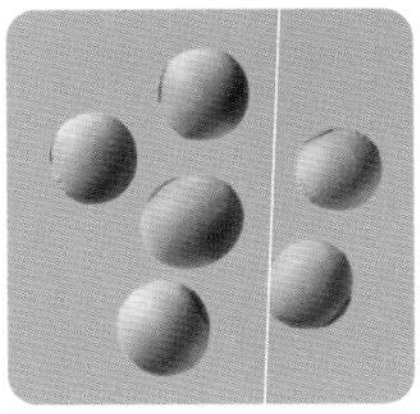

オクラのたね

▶植物のたねによって、(①　　　　)、(②　　　　)、(③　　　　)がちがう。

2 さいしょに葉《は》が出てくるまでは、どのようなようすだろうか。

教科書　17ページ

ヒマワリのようす

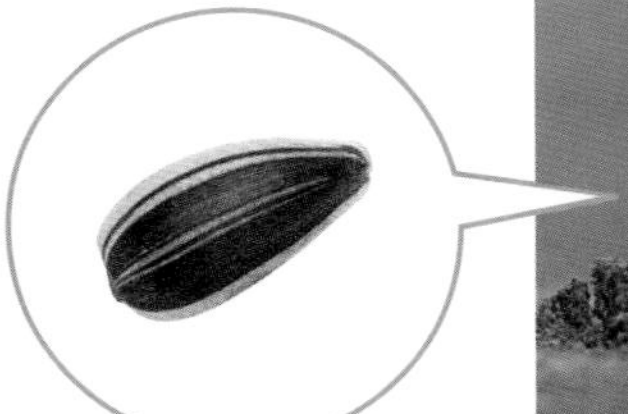

ヒマワリ　5月 1日晴れ
育ち方

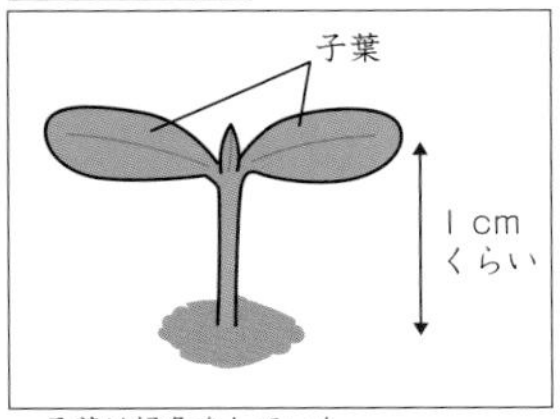

・子葉は緑色をしていた。
・少し細長くて、あつみがあった。
・高さは1 cmくらいだった。
・子葉は2まいあった。

ホウセンカのようす

ホウセンカ　5月 1日晴れ
育ち方

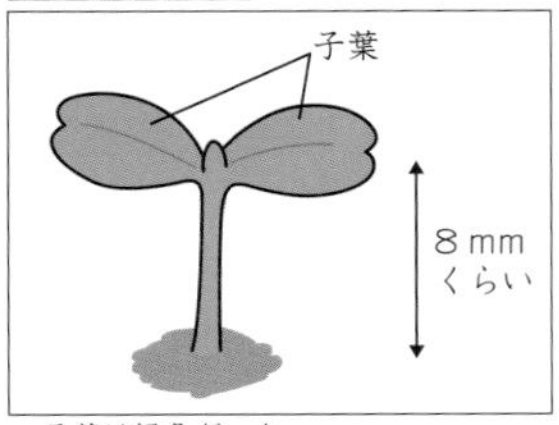

・子葉は緑色だった。
・丸い形だった。
・高さは8 mmくらいで、小さかった。
・子葉は2まい。

▶たねからさいしょに出てくる葉を(①　　　　)という。

▶ヒマワリもホウセンカも、(　①　)は(②　　　)まい出る。

ここがだいじ!

①植物のたねによって、色、形、大きさがちがう。

②植物のたねからさいしょに出てくる葉を子葉という。

ぴたトリビア　ヤシの実《み》も植物のたねです。大きいものだと、大きさは35cm、重《おも》さは20kgにもなります。

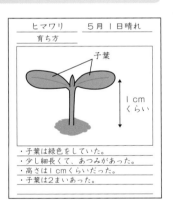

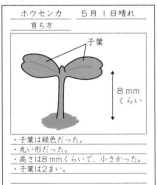

ぴったり2
練習

2. たねまき

①たねまき１

学習日　　月　　日

教科書　14〜17ページ　答え　4ページ

1　植物《しょくぶつ》のたねをかんさつしました。

(1) ヒマワリとホウセンカのたねを、**ア**〜**ウ**からえらんで、(　　)に書きましょう。

ヒマワリ(　　　)

ホウセンカ(　　　)

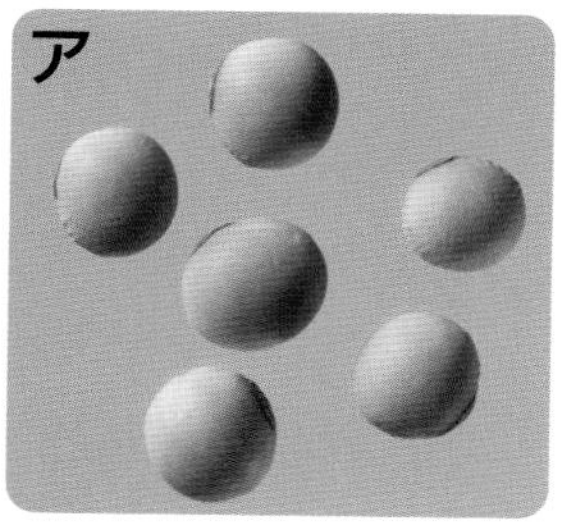

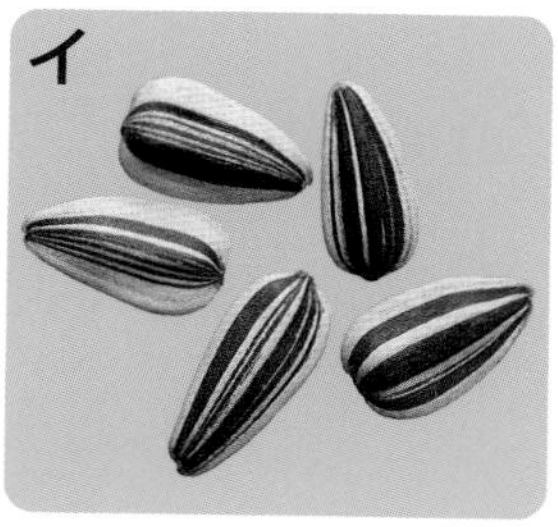

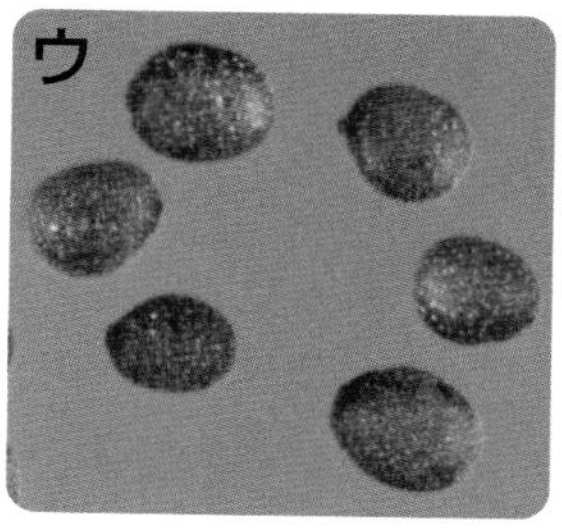

(2) 植物のたねについて、正しいものには○、まちがっているものには×をつけましょう。

①(　　)植物のたねは、どれも同じ色をしている。

②(　　)植物のたねは、どれも同じ形をしている。

③(　　)植物のたねは、どれも同じ大きさをしている。

2　ヒマワリとホウセンカの、さいしょの葉《は》が出るまでのようすを調《しら》べました。

ヒマワリ　　　　ホウセンカ

(1) さいしょに出てくる★の葉を何といいますか。　(　　　　)

(2) ★の葉の数について、正しいものを１つえらんで、(　　)に○をつけましょう。

ア(　　)★の葉の数は、ヒマワリのほうが多い。

イ(　　)★の葉の数は、ホウセンカのほうが多い。

ウ(　　)★の葉の数は、ヒマワリとホウセンカで同じである。

2. たねまき

①たねまき2

めあて
植物のさいしょの葉が出た後のようすをかくにんしよう。

教科書 18~20ページ　答え 5ページ

次《つぎ》の(　　)に当てはまる言葉《ことば》を○でかこもう。

1 植物《しょくぶつ》は、子葉《しよう》が出た後、どのように育《そだ》つのだろうか。

教科書 18~20ページ

植物の育ち方は、次のことを調《しら》べればわかるよ。
・葉《は》の色や形、大きさ、数
・植物の高さ

植物の高さのはかり方

「地面《じめん》からいちばん新しい葉のつけ根《ね》まで」のように、いつも同じようにはかる。

紙テープ

ヒマワリの育ち方

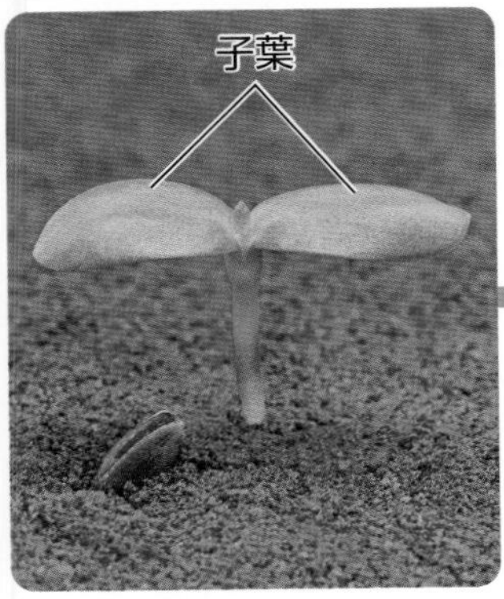
子葉

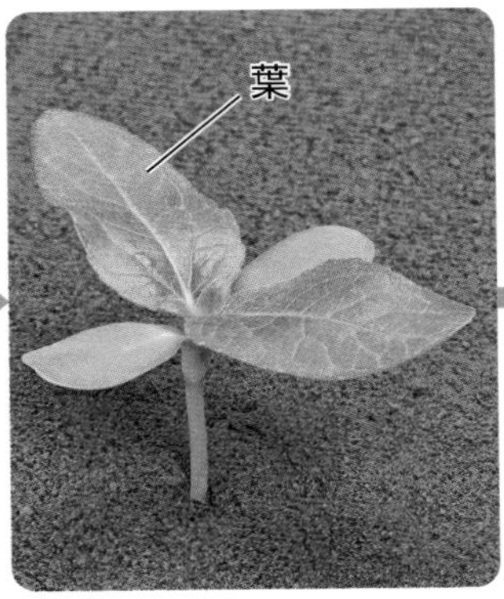
葉

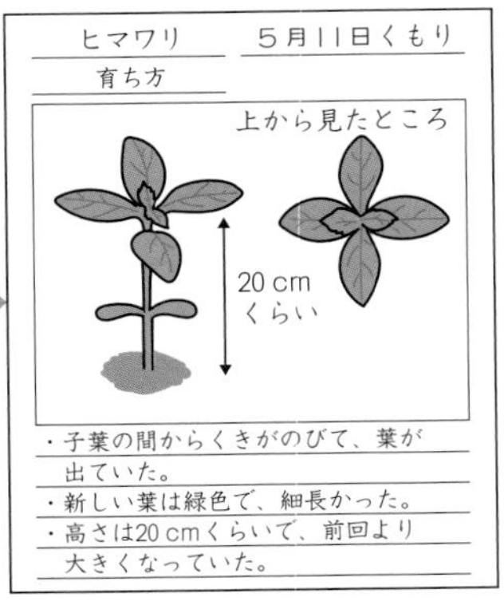
ヒマワリ
5月11日くもり
育ち方
上から見たところ
20 cm くらい
・子葉の間からくきがのびて、葉が出ていた。
・新しい葉は緑色で、細長かった。
・高さは20 cmくらいで、前回より大きくなっていた。

ホウセンカの育ち方

子葉

葉

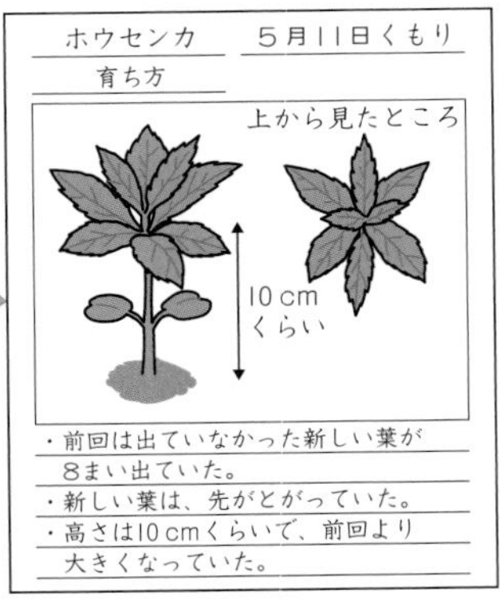
ホウセンカ
5月11日くもり
育ち方
上から見たところ
10 cm くらい
・前回は出ていなかった新しい葉が8まい出ていた。
・新しい葉は、先がとがっていた。
・高さは10 cmくらいで、前回より大きくなっていた。

ヒマワリとホウセンカでは、葉の形がちがうね。

▶後から出てくる葉の形は、子葉と(① 同じ ・ ちがう)形をしている。

▶子葉が出た後、植物が育つにつれて葉の数が(② ふえ ・ へり)、高さが(③ 高く ・ ひくく)なる。

ここがだいじ!
①後から出てくる葉は、子葉とはちがう形をしている。
②子葉が出た後、植物が育つにつれて葉の数がふえ、高さが高くなる。

ぴたトリビア　カイワレダイコンやもやしは、ダイコンやダイズのたねから子葉が出てきたものです。もやしが白っぽいのは、光を当てずに育てているからです。

2. たねまき

①たねまき2

学習日　　月　　日

教科書　18〜20ページ　　答え　5ページ

1 子葉《しよう》が出た後のヒマワリとホウセンカの育《そだ》ち方を調《しら》べて、きろくしました。

㋐

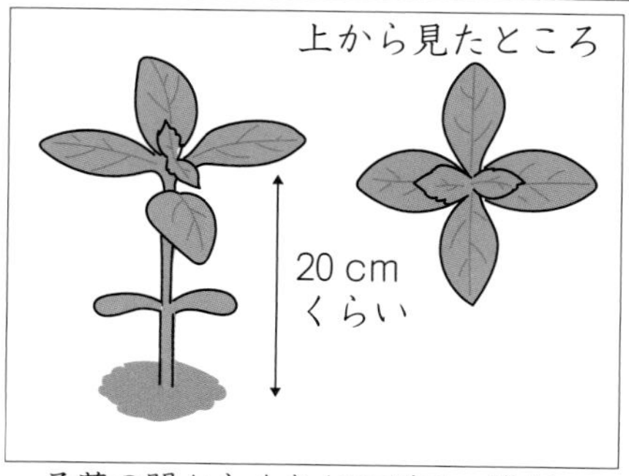

・子葉の間からくきがのびて、葉が出ていた。
・新しい葉は緑色で、細長かった。
・高さは20 cmくらいで、前回より大きくなっていた。

㋑

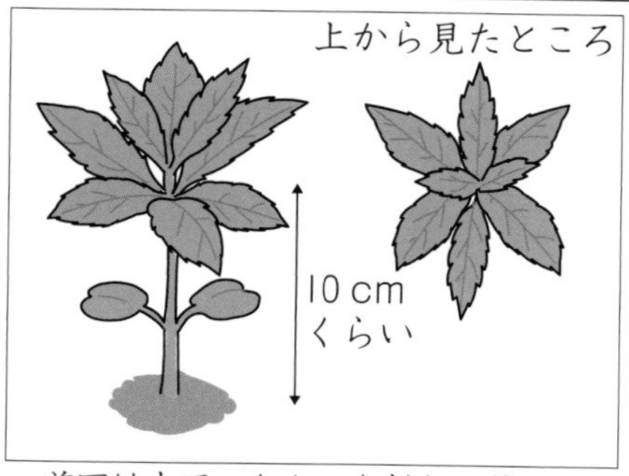

・前回は出ていなかった新しい葉が8まい出ていた。
・新しい葉は、先がとがっていた。
・高さは10 cmくらいで、前回より大きくなっていた。

(1) 植物《しょくぶつ》の高さをはかるときに使《つか》うとよいものを、［　　］からえらびましょう。

じょうろ　　スコップ　　紙テープ　　虫めがね

（　　　　　）

(2) ヒマワリのようすを表《あらわ》しているのは、㋐、㋑のどちらですか。　（　　）

(3) 子葉の後から出てくる葉《は》の形は、どうなっていますか。正しいほうの（　　）に○をつけましょう。

ア（　　）子葉と同じ形をしている。
イ（　　）子葉とはちがう形をしている。

(4) 植物の高さは、子葉が出たころとくらべてどうなっていますか。正しいものを１つえらんで、（　　）に○をつけましょう。

ア（　　）高くなっている。
イ（　　）かわっていない。
ウ（　　）ひくくなっている。

ヒント　1　(4)子葉が出たころのヒマワリやホウセンカの高さは、１cmくらいしかありません。

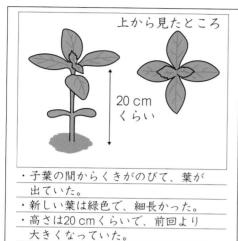

ぴったり1

じゅんび

3分でまとめ

2. たねまき

②葉・くき・根

学習日　　月　　日

めあて
植物のからだがどのような部分からできているか、かくにんしよう。

教科書　21～25ページ　答え　6ページ

次《つぎ》の(　　)に当てはまる言葉《ことば》を書くか、当てはまるものを○でかこもう。

1 植物《しょくぶつ》の体は、どのような部分《ぶぶん》からできているのだろうか。　教科書　21～25ページ

植物の体のつくり

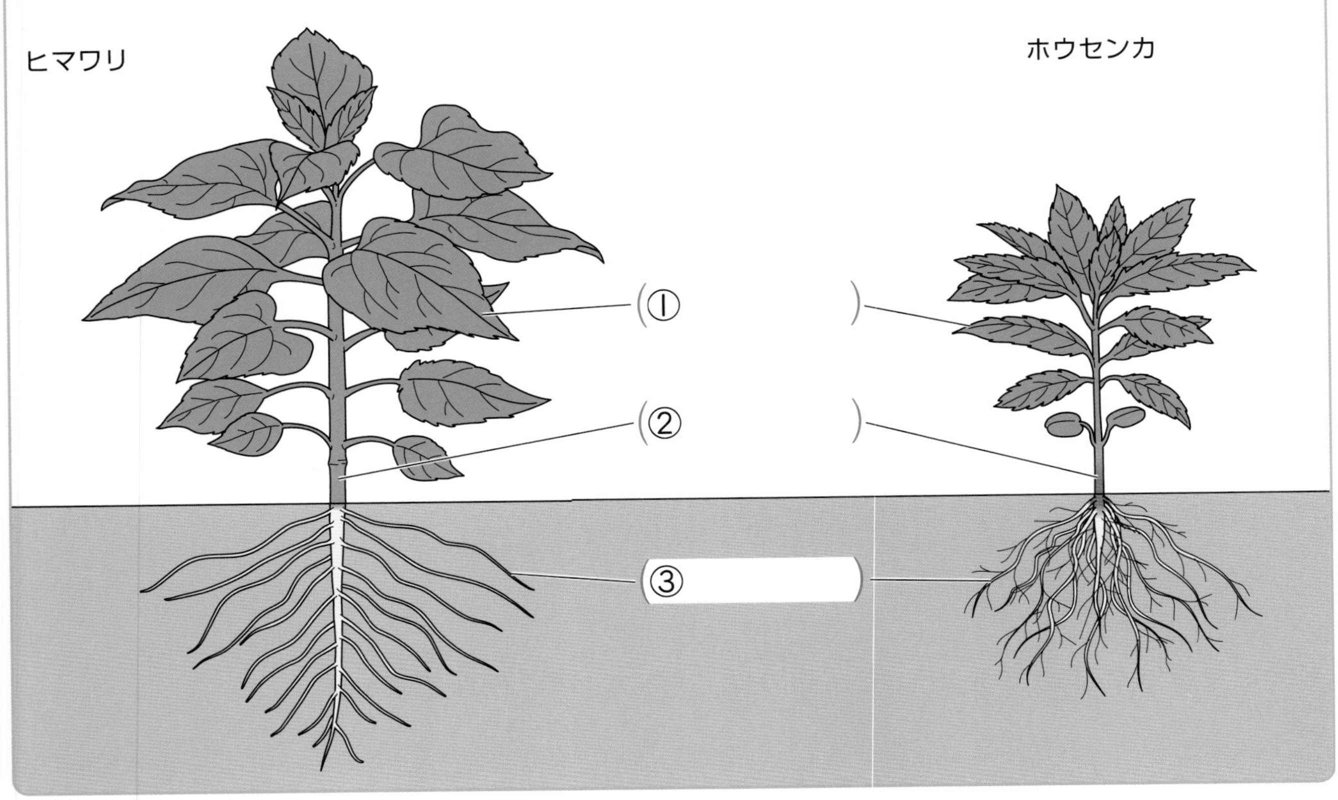

▶植物の体は、(④　　　　　)、(⑤　　　　　)、(⑥　　　　　)でできている。

▶植物の葉《は》は、(⑦　　　　　)から出ている。

▶植物の根《ね》は、(⑧　　　　　)の中にある。

▶植物によって、葉、くき、根の形にちがいが(⑨　ある　・　ない　)。

形にはちがいがあるけど、
植物の体のつくりは、
どれも同じなんだね。

ここがだいじ!

①植物の体は、葉、くき、根でできている。

②植物の葉は、くきについている。

③植物の根は、土の中にある。

ぴたトリビア　やさいによって、根・くき・葉のどの部分を食べているかがちがいます。キャベツは葉、ジャガイモは地下のくき、ニンジンやサツマイモは根の部分を食べています。

2. たねまき

②葉・くき・根

教科書　21〜25ページ
答え　6ページ

1 ヒマワリの体のつくりを調《しら》べました。

(1) 葉《は》、くき、根《ね》は、Ⓐ〜Ⓤのどれですか。

葉(　　)
くき(　　)
根(　　)

(2) ヒマワリの体で、土の中にあるのは葉、くき、根のどの部分《ぶぶん》ですか。(　　)

(3) ヒマワリの葉について、正しいほうの(　)に○をつけましょう。

ア(　)くきについている。
イ(　)根についている。

2 ホウセンカの体のつくりを調べました。

(1) あ〜うの部分を、それぞれ何といいますか。

あ(　　)
い(　　)
う(　　)

(2) ホウセンカの体で、土の中にあるのは、あ〜うのどの部分ですか。(　　)

(3) 植物《しょくぶつ》の体のつくりについて、正しいほうの(　)に○をつけましょう。

ア(　)葉、くき、根の形は、どの植物でも同じである。
イ(　)葉、くき、根の形は、植物によってちがいがある。

2. たねまき

時間 30 分　／100　合格 70 点

教科書 14～25ページ　答え 7ページ

1 ヒマワリとホウセンカのたねを、ア～エからえらびましょう。

1つ5点(10点)

ヒマワリ（　　　）　ホウセンカ（　　　）

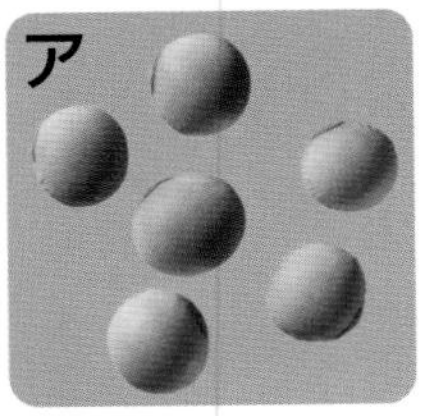
ア

イ

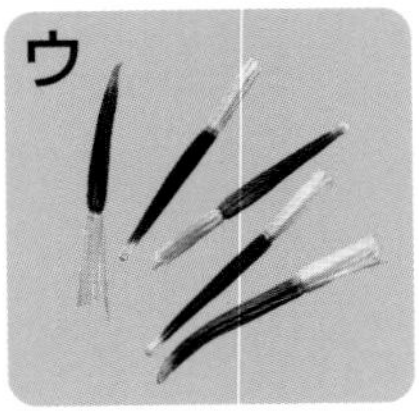
ウ

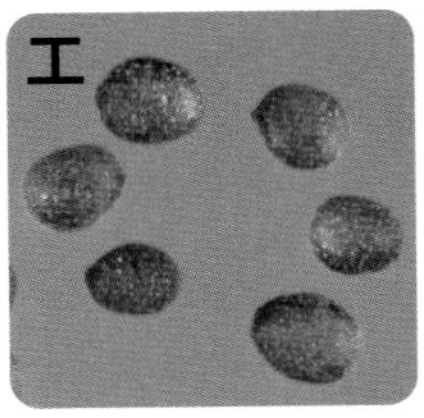
エ

よく出る

2 めが出た後のホウセンカから、葉《は》が出てきました。

1つ5点(20点)

(1) さいしょに出てきた葉を何といいますか。

（　　　　　　　　）

(2) ホウセンカの(1)は、何まいありますか。

（　　　　　　　　）

(3) ホウセンカとヒマワリでは、(1)の数は同じですか、ちがいますか。

（　　　　　　　　）

(4) ホウセンカとヒマワリでは、(1)の形は同じですか、ちがいますか。

（　　　　　　　　）

できたらスゴイ！

3 めが出た後のオクラのようすを、きろくします。

(1)は1つ5点、(2)は10点(20点)

オクラ
5月1日くもり
育ち方
?

(1) かんさつカードの ？ の部分《ぶぶん》に書くとよいものを2つえらんで、（　　）に○をつけましょう。　技能

ア（　　）土の色

イ（　　）雲の色や大きさ、形、数

ウ（　　）葉の色や大きさ、形、数

エ（　　）植物《しょくぶつ》の高さ

オ（　　）近くで見つけた虫のようす

(2) 記述 植物の高さをはかるとき、いつも同じきまりではかるのはなぜですか。　思考・表現

（　　　　　　　　　　　　　　　　　　　　　　　　　）

4 ヒマワリが育つようすを調べました。

(3)は10点、ほかは1つ5点、(1)は全部できて5点(20点)

 あ

 い

 う

(1) ヒマワリが育つじゅんに、あ～うをならべかえましょう。

（　　　　→　　　　→　　　　）

(2) 後から出た葉は、か、きのどちらですか。
（　　　　）

(3) 記述 この後もかんさつをつづけると、ヒマワリの高さはどのようになりますか。

思考・表現

（　　　　　　　　　　　　　　　　　　　　　　　　）

よく出る
5 ホウセンカとヒマワリの体のつくりをくらべました。

1つ5点(30点)

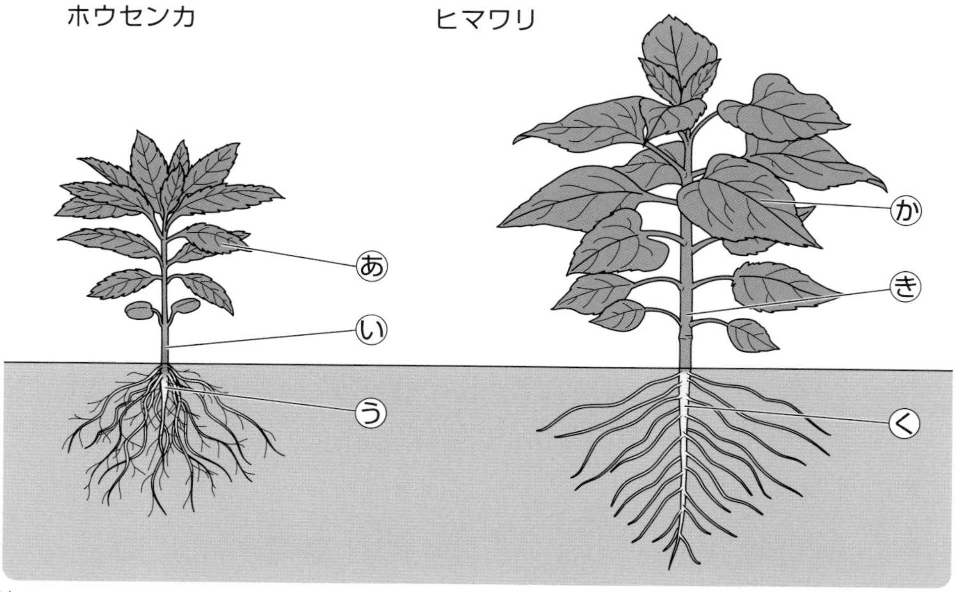

ホウセンカ　　　　　　ヒマワリ

(1) あの部分を何といいますか。
（　　　　）

(2) ホウセンカのい、うは、ヒマワリのか～くのどれにあたりますか。
思考・表現

い（　　　）　う（　　　）

(3) 植物の体のつくりについて、正しいものには〇、まちがっているものには×をつけましょう。

①（　　　）植物の根は、土の中にある。

②（　　　）植物の葉は、根についている。

③（　　　）植物のくきと根はつながっている。

ふりかえり
3 がわからないときは、8ページの 1 にもどってかくにんしましょう。
5 がわからないときは、10ページの 1 にもどってかくにんしましょう。

ぴったり1 じゅんび

3分でまとめ

3. こん虫の育ち方

①チョウの育ち方１

学習日　月　日

めあて
チョウのすがたやかい方をかくにんしよう。

教科書　26〜29ページ　答え　8ページ

次《つぎ》の(　)に当てはまる言葉《ことば》を書くか、当てはまるものを○でかこもう。

1 モンシロチョウは、どのようなようすだろうか。

教科書　26〜28ページ

- モンシロチョウのたまごは、(① たてに長い ・ 丸い)形をしていて、大きさは(② １mm ・ １cm)くらいである。
- モンシロチョウのたまごは、(③ キャベツ ・ ミカン)などの葉《は》にうみつけられる。
- あおむしのような子どもの虫を(④　　　)といい、大人の虫を(⑤　　　)という。

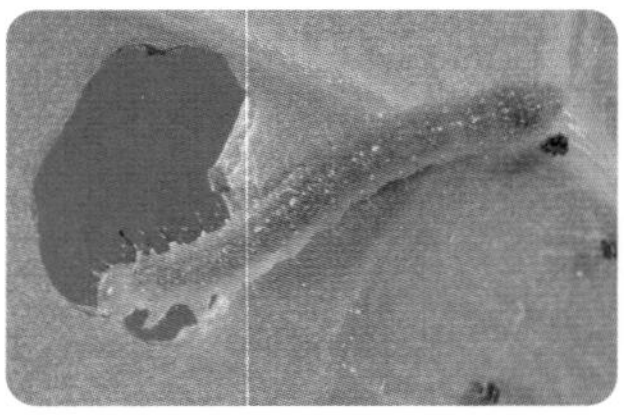

2 モンシロチョウのかい方をまとめよう。

教科書　29ページ

モンシロチョウのかい方

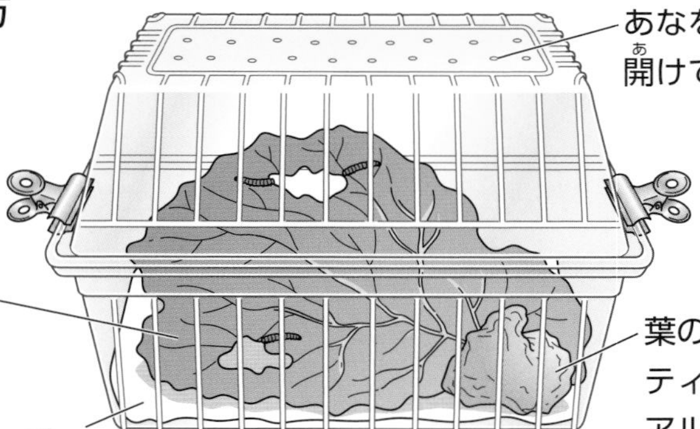

あなを開《あ》けておく。
葉をとりかえるときは、よう虫《ちゅう》が乗《の》っているところを切りとって、新しい葉の上に乗せる。
葉の切り口を水でぬらしたティッシュペーパーでつつんだ後、アルミニウムはくでおおう。
ティッシュペーパー

- たまごからよう虫が出てきたら、(① １日 ・ １週間)に１回、葉を新しいものにとりかえ、ふんのそうじをする。
- アゲハをかうときは、水を入れた小さなびんに、ミカンやサンショウなどの(②　　　)になる植物《しょくぶつ》をさす。

ここがだいじ!
①あおむしのような子どもの虫をよう虫といい、大人の虫をせい虫《ちゅう》という。
②モンシロチョウは、キャベツなどの葉に、大きさが１mmくらいで、たてに長い形のたまごをうみつける。

ぴたトリビア
チョウは、よう虫が食べる植物にたまごをうみつけます。モンシロチョウはキャベツやダイコン、アゲハはミカンやサンショウ、ベニシジミはスイバやギシギシの葉にうみつけます。

1 モンシロチョウをかんさつします。

(1) モンシロチョウのたまごは、どのような植物《しょくぶつ》の葉《は》をさがすと見つけられますか。正しいものを1つえらんで、(　　)に○をつけましょう。

ア(　　)キャベツ　　イ(　　)サンショウ　　ウ(　　)ミカン

(2) モンシロチョウのたまごは、右のあ、いのどちらですか。　(　　)

(3) しばらくすると、たまごから子どもの虫が出てきました。子どもの虫を何といいますか。

(　　　　)

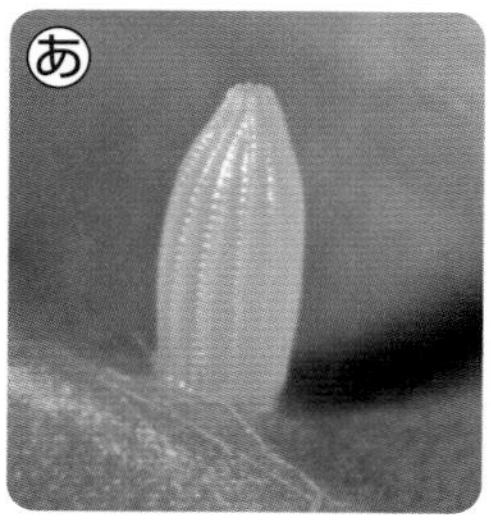

(4) (3)は、やがてかのようなすがたになります。かのような大人の虫を何といいますか。　(　　　　)

2 モンシロチョウのよう虫《ちゅう》をかいます。

(1) 葉は、どれくらいでとりかえますか。正しいものを1つえらんで、(　　)に○をつけましょう。

ア(　　)毎日とりかえる。
イ(　　)3日に1回とりかえる。
ウ(　　)1週間に1回とりかえる。
エ(　　)1か月に1回とりかえる。

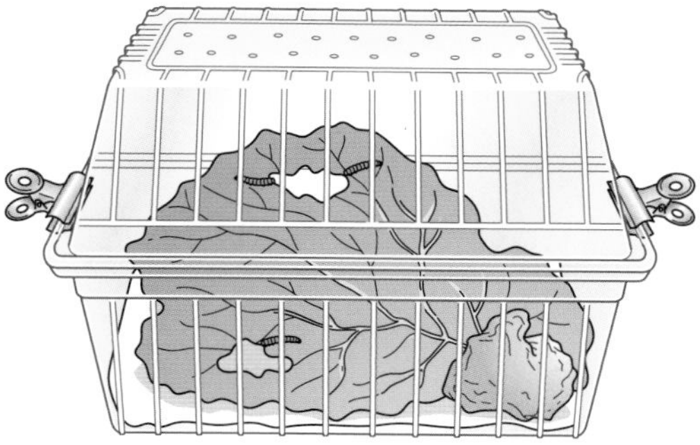

(2) 葉は、どのようにしてとりかえますか。正しいほうの(　　)に○をつけましょう。

ア(　　)よう虫を手でつかみ、新しい葉の上に乗《の》せる。
イ(　　)古い葉のよう虫が乗っているところを切りとり、新しい葉の上に乗せる。

3. こん虫の育ち方

①チョウの育ち方２

学習日　　月　　日

めあて
チョウがたまごからどのように育つか、かくにんしよう。

教科書　29〜36ページ　答え　9ページ

次《つぎ》の(　)に当てはまる言葉《ことば》を書くか、当てはまるものを○でかこもう。

1 チョウは、たまごからどのように育《そだ》つのだろうか。

教科書　29〜35ページ

ア

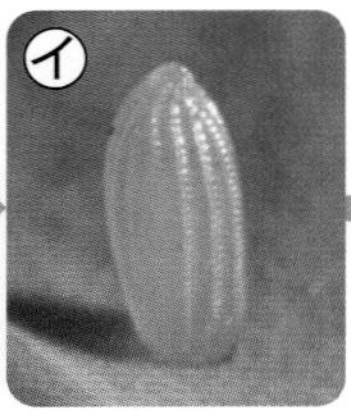
イ

ウ

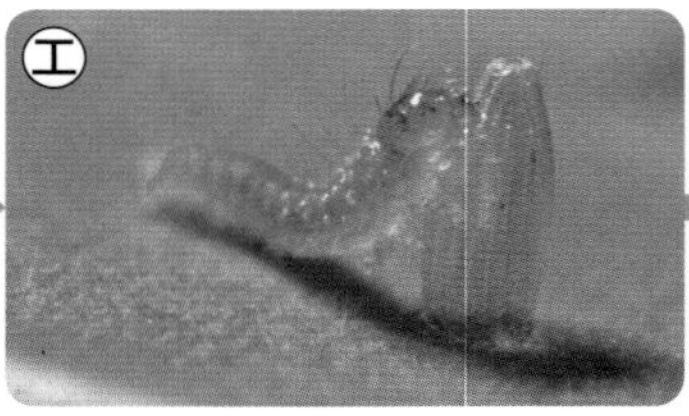
エ

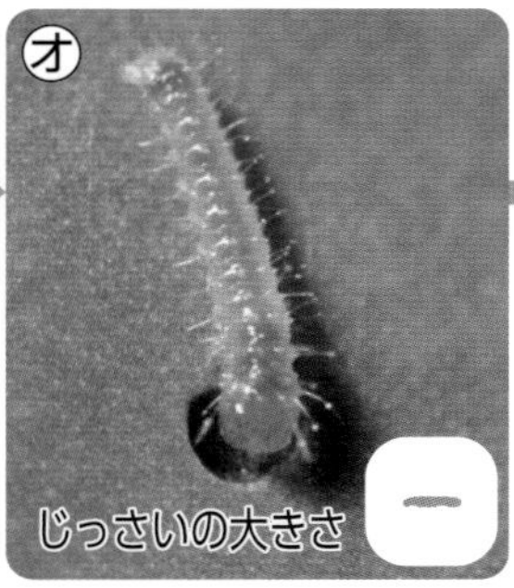
オ
じっさいの大きさ

▶たまごは、うみつけられたときはうすい(①　　　　)色をしているが(ア)、だんだん色がこくなっていく(イ)。

▶やがて、たまごの中から(②　　　　　)が出てくる(ウ)。はじめはたまごのからを食べるが(エ)、食べ終《お》わると、(③　　　　)を食べるようになる(オ)。

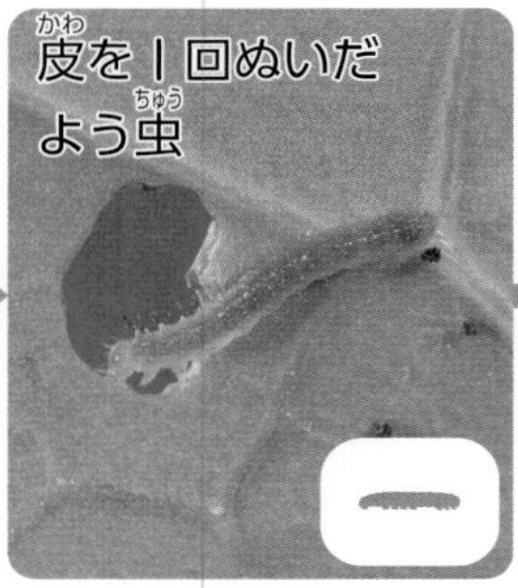
皮《かわ》を１回ぬいだ
よう虫《ちゅう》

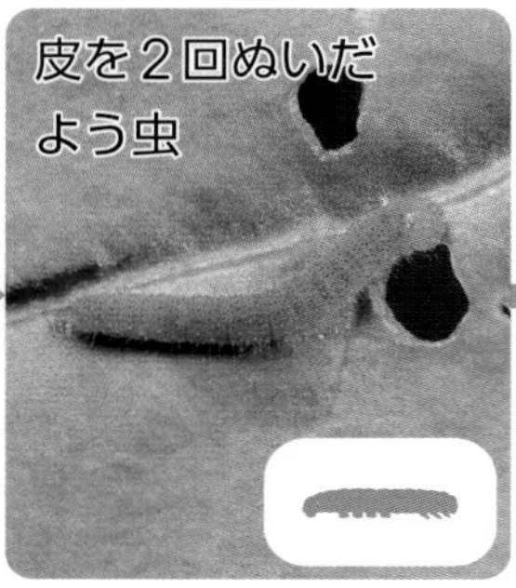
皮を２回ぬいだ
よう虫

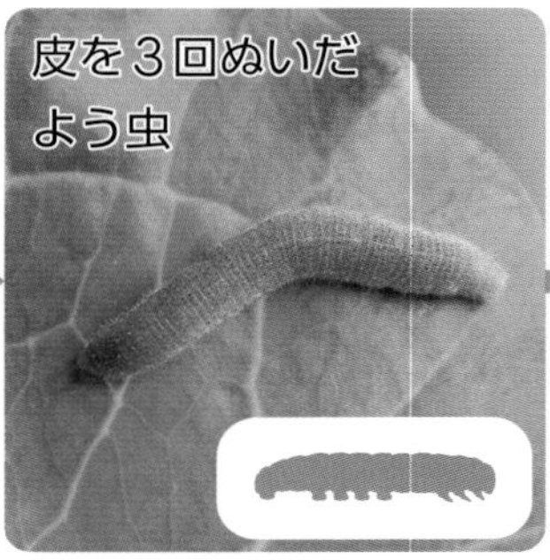
皮を３回ぬいだ
よう虫

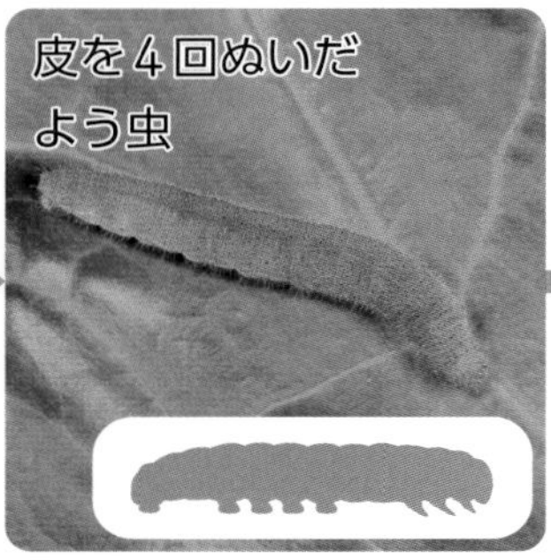
皮を４回ぬいだ
よう虫

▶(　②　)は、くり返《かえ》し(④　　　　)をぬぎ、(⑤　大きく　・　小さく　)なる。

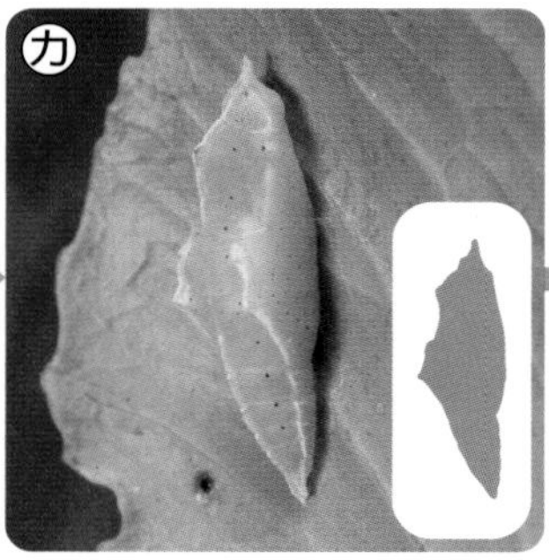
カ

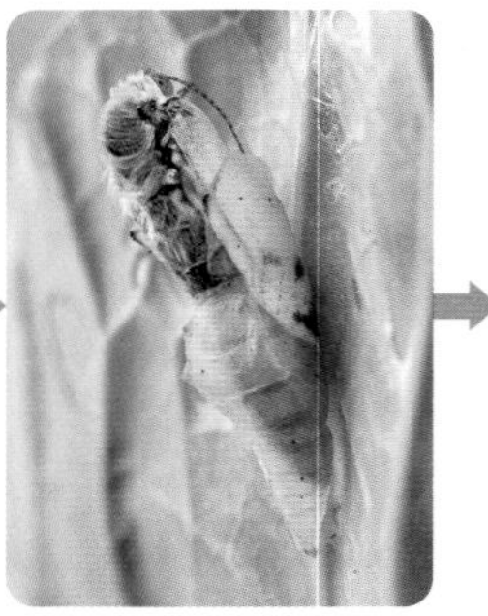

キ

▶大きく育った(　②　)は、(⑥　　　　　　)になる(カ)。(　⑥　)は何も食べず、動《うご》かない。しばらくすると、(⑦　　　　　)が出てくる(キ)。

▶アゲハやカイコガなども、(⑧　　　　　)→(⑨　　　　　)→(⑩　　　　　)→(⑪　　　　　)のじゅんに育つ。

ここがだいじ!

①モンシロチョウはたまごからよう虫になり、くり返し皮をぬいで大きくなる。やがてさなぎになり、さなぎの中で新しい体にかわってせい虫《ちゅう》が出てくる。

②アゲハなどのほかのチョウも、モンシロチョウと同じじゅんじょで育つ。

ぴたトリビア

チョウのよう虫は植物《しょくぶつ》の葉《は》を食べますが、せい虫は花のみつをすいます。このように、虫には、育って体の形がかわると、食べるものがかわるものがいます。

ぴったり2

練習

3. こん虫の育ち方

①チョウの育ち方2

学習日　　月　　日

教科書 29〜36ページ　答え 9ページ

1 モンシロチョウの育《そだ》ち方を調《しら》べます。

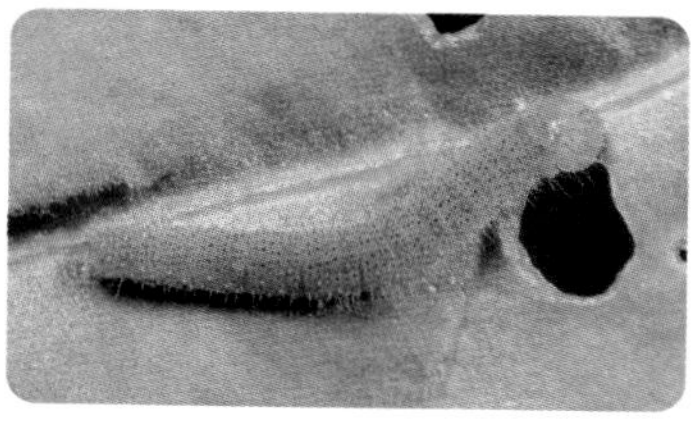

(1) 右のころのモンシロチョウを何といいますか。

(　　　　　)

(2) このころのモンシロチョウが食べるものを1つえらんで、(　　)に○をつけましょう。

ア(　　)何も食べない。　　イ(　　)葉《は》を食べる。

ウ(　　)虫を食べる。　　エ(　　)花のみつをすう。

(3) 皮《かわ》をぬぐと、(1)の大きさはどうなりますか。正しいものを1つえらんで、(　　)に○をつけましょう。

ア(　　)大きくなる。　　イ(　　)小さくなる。

ウ(　　)かわらない。

(4) 何回か皮をぬいだ後、(1)は何になりますか。　(　　　　　)

2 かっていたモンシロチョウが、右のようになりました。

(1) 右のころのモンシロチョウを何といいますか。

(　　　　　)

(2) このころのモンシロチョウが食べるものを1つえらんで、(　　)に○をつけましょう。

ア(　　)何も食べない。

イ(　　)葉を食べる。

ウ(　　)虫を食べる。

エ(　　)花のみつをすう。

(3) このころのモンシロチョウのようすとして、正しいほうの(　　)に○をつけましょう。

ア(　　)じっとして動《うご》かない。

イ(　　)葉の上を動き回る。

(4) しばらくすると、(1)から何が出てきますか。　(　　　　　)

(5) アゲハが育つじゅんじょは、モンシロチョウが育つじゅんじょと同じですか、ちがいますか。

(　　　　　)

ヒント ② 中では、モンシロチョウが新しい体にかわっています。

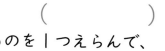

3. こん虫の育ち方

②こん虫の体のつくり1

学習日　月　日

めあて
チョウの体のつくりがどのようになっているか、かくにんしよう。

教科書 37ページ　答え 10ページ

次《つぎ》の(　)に当てはまる言葉《ことば》を書こう。

1 チョウの体は、どのようなつくりだろうか。

教科書 37ページ

モンシロチョウとアゲハは、同じような体のつくりをしているね。

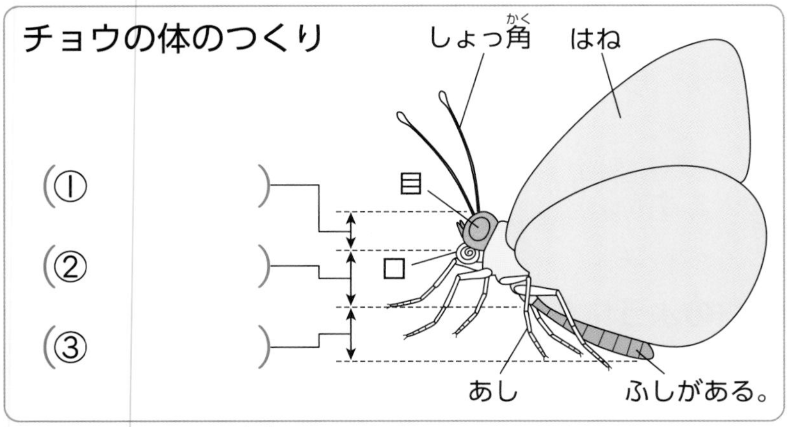

▶チョウのせい虫《ちゅう》の体は、頭、むね、はらの(④　　)つの部分《ぶぶん》に分かれている。

▶(⑤　　)には、目、口、しょっ角がついている。

目やしょっ角は、まわりのようすを知るのに役立《やくだ》っているよ。

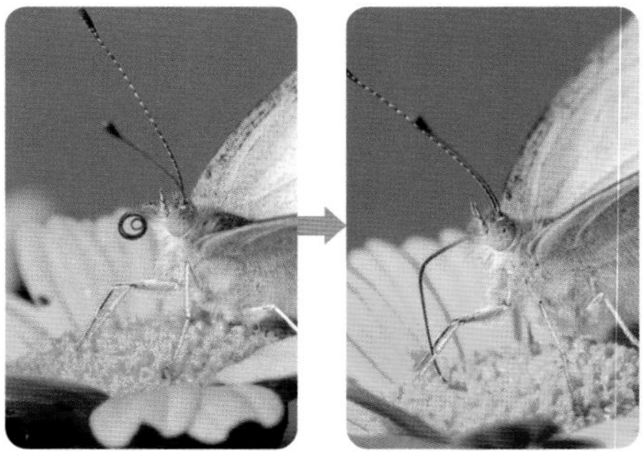

チョウの口は、ふだんは丸まっているけれど、みつをすうときはのびるんだね。

▶(⑥　　)には、(⑦　　)まいのはねと(⑧　　)本のあしがついている。

▶(⑨　　)は、いくつかのふしでできている。

▶体が頭、むね、はらの3つの部分に分かれていて、むねに6本のあしがついている虫を(⑩　　)という。

ここが だいじ!

①チョウの体は頭、むね、はらの3つの部分からできていて、むねには6本のあしがある。

②体が頭、むね、はらの3つに分かれ、むねに6本のあしがある虫をこん虫《ちゅう》という。

ぴたトリビア こん虫の口は、食べるものに合った形をしています。チョウの口は、花のみつをすいやすいストローのような形ですが、カブトムシの口は、木のしるをなめやすいブラシのような形です。

ぴったり2 練習

3. こん虫の育ち方

②こん虫の体のつくり1

学習日　月　日

教科書 37ページ　答え 10ページ

1 チョウの体のつくりを調《しら》べます。

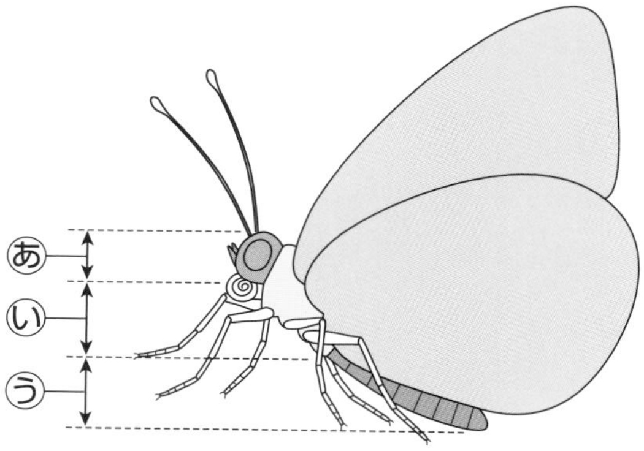

(1) あ～うの部分《ぶぶん》を、それぞれ何といいますか。

あ(　　　)　い(　　　)　う(　　　)

(2) あしは、何本ありますか。　(　　　)

(3) あしは、あ～うのどこについていますか。　(　　　)

(4) チョウのような体のつくりをしている虫を何といいますか。　(　　　)

2 モンシロチョウの体のつくりを調べます。

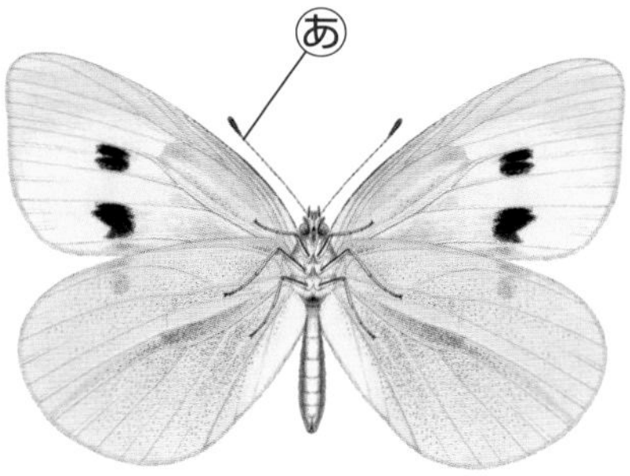

モンシロチョウの体を、はねとは反対《はんたい》の向《む》きから見ているよ。

(1) あの部分を何といいますか。　(　　　)

(2) (1)は、頭、むね、はらのどの部分についていますか。　(　　　)

(3) (1)のはたらきとして正しいほうの(　)に、○をつけましょう。

ア(　)花のみつをすう。

イ(　)まわりのようすを知る。

(4) モンシロチョウには、はねが何まいありますか。　(　　　)

(5) モンシロチョウのはねは、頭、むね、はらのどの部分についていますか。

(　　　)

ヒント

1 (1)チョウのせい虫《ちゅう》の体は、3つの部分に分かれています。

2 (3)目も同じようなはたらきをします。

ぴったり1 じゅんび

3分でまとめ

3. こん虫の育ち方

②こん虫の体のつくり2

学習日　　月　　日

めあて
虫の体のつくりがどのようになっているか、かくにんしよう。

教科書 37〜42ページ　答え 11ページ

次《つぎ》の(　)に当てはまる言葉《ことば》を書くか、当てはまるものを○でかこもう。

1 虫の体のつくりは、どのようになっているのだろうか。　教科書 37〜42ページ

▶こん虫《ちゅう》のせい虫《ちゅう》の体は、(①　　　)、(②　　　)、(③　　　)の３つの部分《ぶぶん》に分かれている。

▶むねには、(④　　　)本のあしがついている。

▶(⑤　　　)には、目やしょっ角《かく》、口があり、(⑥　　　)はいくつかのふしからできている。

モンシロチョウ

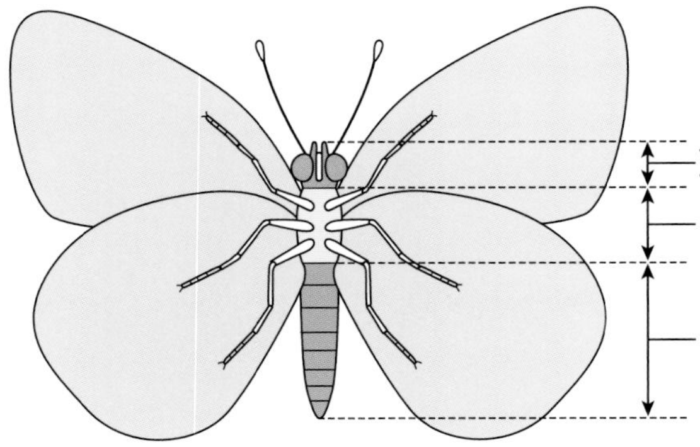

はねは、ついているこん虫も、ついていないこん虫もいるよ。

シオカラトンボ

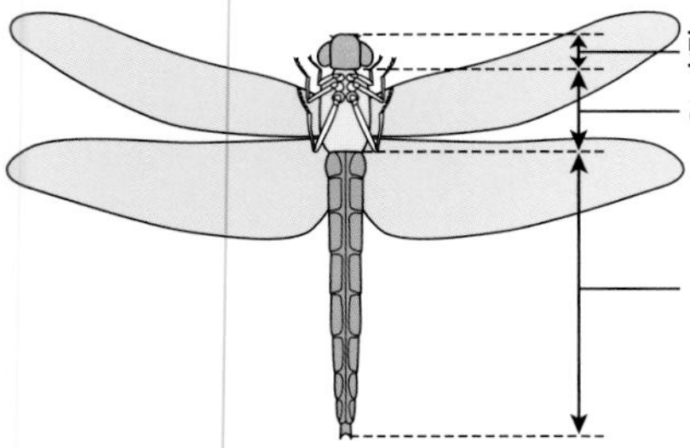

ショウリョウバッタ

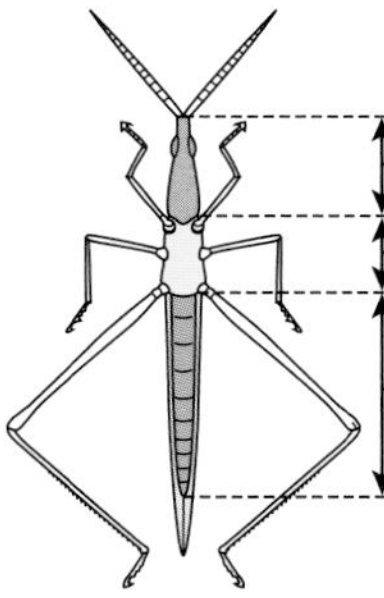

ダンゴムシ

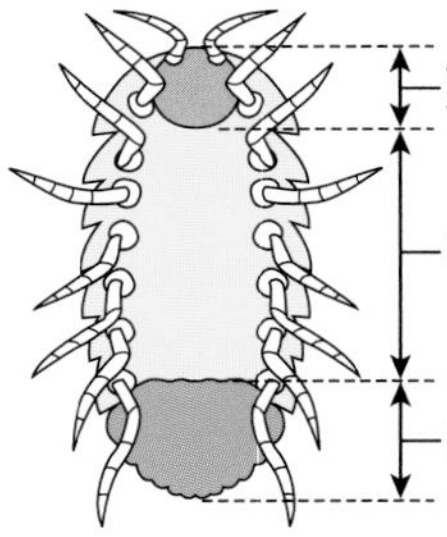

ジョロウグモ

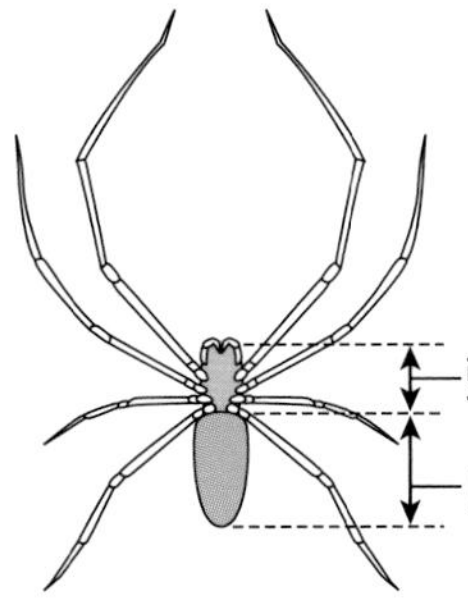

▶トンボやバッタは、体が(⑦　　　)つの部分に分かれていて、むねに(⑧　　　)本のあしがついているので、こん虫と(⑨　いえる　・　いえない　)。

▶ダンゴムシは、体が(⑩　　　)つの部分に分かれているが、あしが(⑪　6　・　14　)本あるので、こん虫と(⑫　いえる　・　いえない　)。

▶クモは、体が(⑬　　　)つの部分に分かれていて、あしが(⑭　6　・　8　)本あるので、こん虫と(⑮　いえる　・　いえない　)。

虫には、こん虫ではないものもいるんだね。

ここがだいじ！　①こん虫のせい虫の体は、頭、むね、はらの３つの部分に分かれていて、むねには６本のあしがついている。

ぴたトリビア　地球《ちきゅう》上には、動物《どうぶつ》が170万しゅるいいるとされています。そのうち、こん虫は100万しゅるいもいます。

3. こん虫の育ち方

②こん虫の体のつくり2

学習日　　月　　日

教科書　37〜42ページ　　答え　11ページ

1 トンボとバッタの体のつくりを調《しら》べました。

トンボ

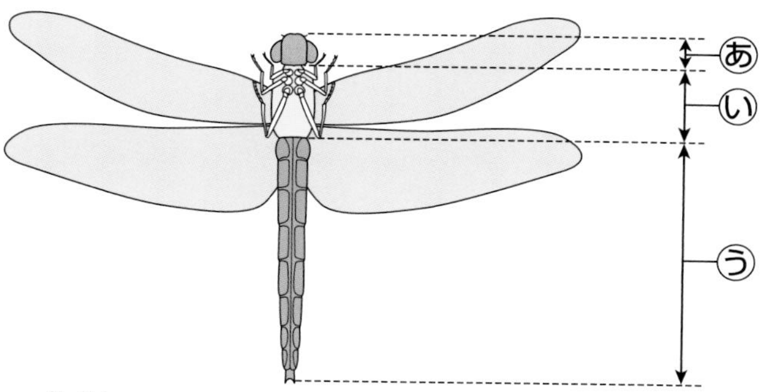

バッタ

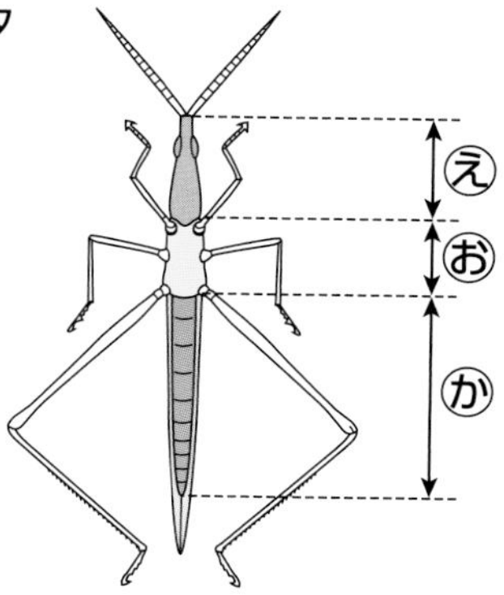

(1) あ〜かの部分《ぶぶん》を、それぞれ何といいますか。

あ（　　　　）　い（　　　　）　う（　　　　）

え（　　　　）　お（　　　　）　か（　　　　）

(2) トンボとバッタには、それぞれあしが何本ありますか。

トンボ（　　　　）　バッタ（　　　　）

(3) トンボとバッタのあしは、それぞれあ〜かのどの部分についていますか。

トンボ（　　　　）　バッタ（　　　　）

(4) トンボとバッタは、それぞれこん虫《ちゅう》であるといえますか。

トンボ（　　　　）　バッタ（　　　　）

2 ダンゴムシとクモの体のつくりを調べました。

(1) ダンゴムシとクモの体は、それぞれいくつの部分からできていますか。

ダンゴムシ（　　　　）　クモ（　　　　）

(2) ダンゴムシとクモには、それぞれ何本のあしがありますか。

ダンゴムシ（　　　　）　クモ（　　　　）

(3) ダンゴムシとクモは、それぞれこん虫であるといえますか。

ダンゴムシ（　　　　）

クモ（　　　　）

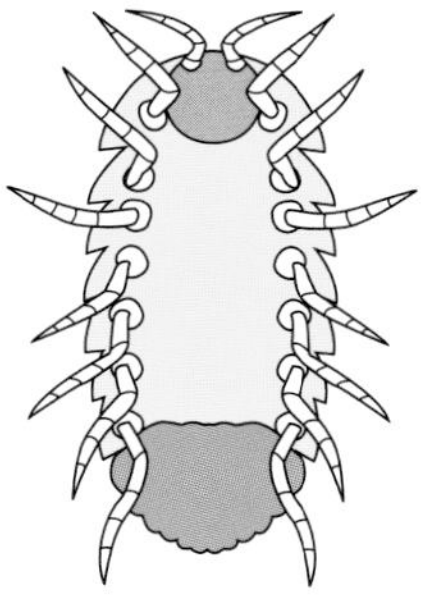

ダンゴムシ

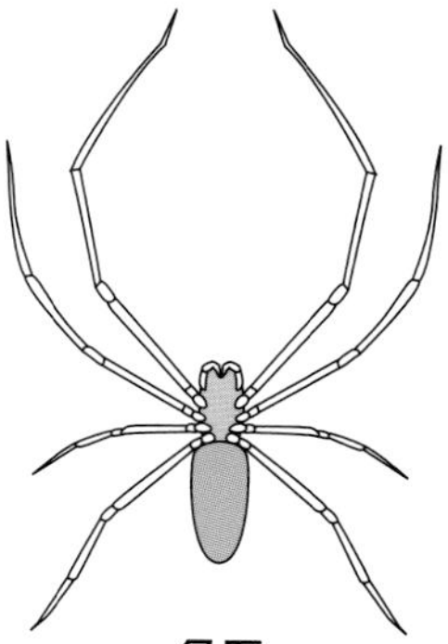

クモ

ヒント

1 (4)トンボやバッタの体のつくりは、チョウの体のつくりとにています。

2 (3)こん虫は、体がいくつの部分に分かれていて、あしが何本ある虫か考えます。

ぴったり1

じゅんび

3. こん虫の育ち方

③こん虫の育ち方

学習日　月　日

めあて
こん虫がどのようなじゅんじょで育つか、かくにんしよう。

教科書　43〜49ページ　答え　12ページ

次《つぎ》の(　　)に当てはまる言葉《ことば》を書こう。

1 こん虫《ちゅう》は、どのようなじゅんじょで育《そだ》つのだろうか。

教科書　43〜49ページ

シオカラトンボ

たまご　(①　　　　　)　(②　　　　　)

トンボのよう虫《ちゅう》をやごというよ。トンボはたまごを水中にうみ、やごは水中でくらすよ。

ショウリョウバッタ

たまご　(③　　　　　)　(④　　　　　)

▶トンボやバッタは、たまごからよう虫になり、(⑤　　　　　)にならずにせい虫《ちゅう》になる。

▶よう虫が(　⑤　)にならずにせい虫になることを(⑥　　　　　　　　)という。

カマキリも、さなぎにならずにせい虫になるよ。

モンシロチョウ

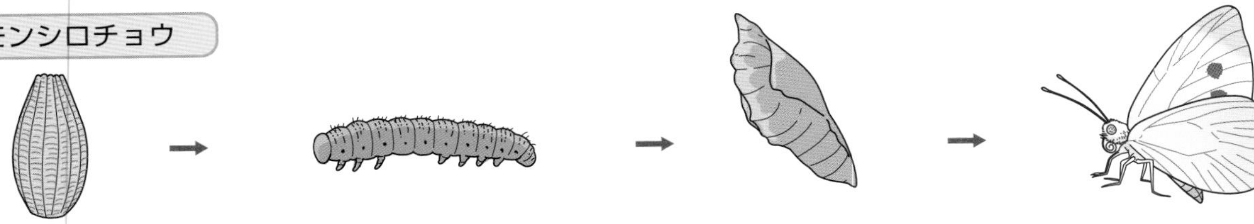

たまご　(⑦　　　　　)　(⑧　　　　　)　(⑨　　　　　)

▶チョウは、たまごからかえったよう虫が、(⑩　　　　　)になってからせい虫になる。

▶よう虫が(　⑩　)になってからせい虫になることを(⑪　　　　　　　　)という。

カブトムシやテントウムシ、アリも、さなぎになってからせい虫になるよ。

ここがだいじ！
①こん虫は「たまご→よう虫→さなぎ→せい虫」というじゅんじょか、「たまご→よう虫→せい虫」というじゅんじょで育つ。

ぴたトリビア
セミは、たまご→よう虫→せい虫のじゅんじょで育ちます。アブラゼミは、たまごからかえると土の中にもぐり、5年もかけて皮《かわ》を4回ぬぎます。

1 チョウとバッタの育《そだ》ち方を調《しら》べました。

(1) チョウのあ〜えのころを、それぞれ何といいますか。

あ(　　　　)　い(　　　　)　う(　　　　)　え(　　　　)

(2) バッタのか〜くのころを、それぞれ何といいますか。

か(　　　　)　き(　　　　)　く(　　　　)

(3) チョウとバッタの育ち方を、それぞれ何といいますか。

チョウ(　　　　)

バッタ(　　　　)

2 トンボの育ち方を調べます。

(1) トンボが育つじゅんに、あ〜うをならべかえましょう。

(　　→　　→　　)

(2) トンボのよう虫《ちゅう》は、さなぎになりますか。　(　　　　)

(3) (2)のような育ち方を何といいますか。　(　　　　)

(4) トンボの育ち方は、チョウと同じですか、ちがいますか。(　　　　)

ヒント 2 こん虫には、「たまご→よう虫→さなぎ→せい虫《ちゅう》」のじゅんじょで育つものと、「たまご→よう虫→せい虫」のじゅんじょで育つものがあります。

ぴったり3

たしかめのテスト

3. こん虫の育ち方

時間 30 分

／100

合格 70 点

教科書 26〜51ページ　答え 13ページ

1 モンシロチョウをたまごから育《そだ》てます。

1つ6点(30点)

(1) モンシロチョウのたまごは、どのような植物《しょくぶつ》の葉《は》にうみつけられていますか。
　□からえらんで書きましょう。　(　　　　　　　　)

ミカン　　キャベツ　　サンショウ

(2) モンシロチョウのたまごの大きさは、どれくらいですか。正しいものを１つえらんで、(　)に○をつけましょう。

ア(　　)１mmくらい

イ(　　)１cmくらい

ウ(　　)10cmくらい

(3) モンシロチョウのよう虫《ちゅう》のかい方について、正しいものには○、まちがっているものには×をつけましょう。　技能

①(　　)入れもののあなは、テープですべてふさいでおく。

②(　　)葉は、毎日新しいものにとりかえる。

③(　　)葉をとりかえるときは、よう虫《ちゅう》を手でつまんで新しい葉の上に乗《の》せる。

よく出る

2 モンシロチョウの育ち方を調《しら》べました。

1つ5点、(2)は全部できて5点(30点)

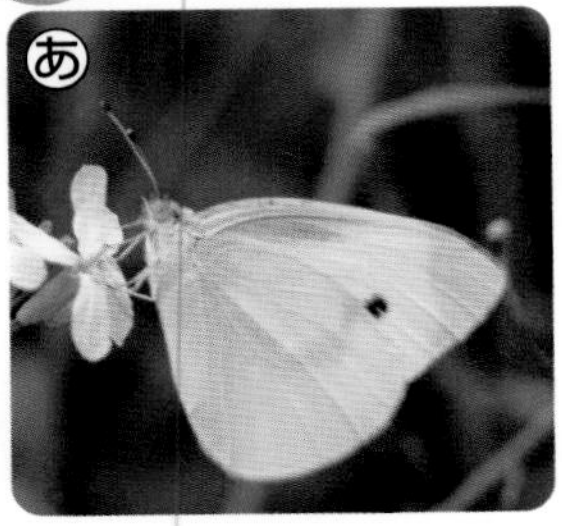

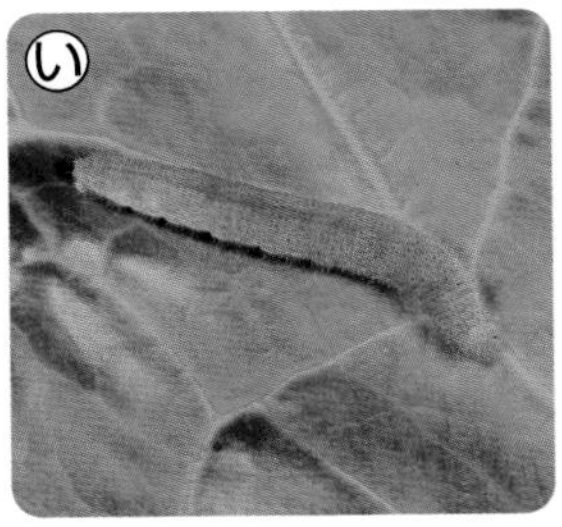

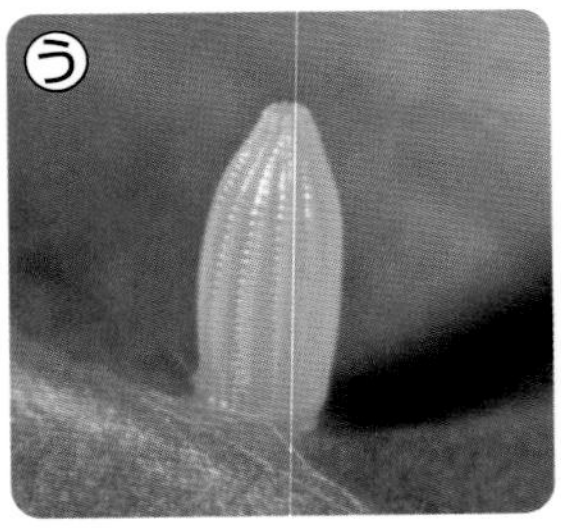

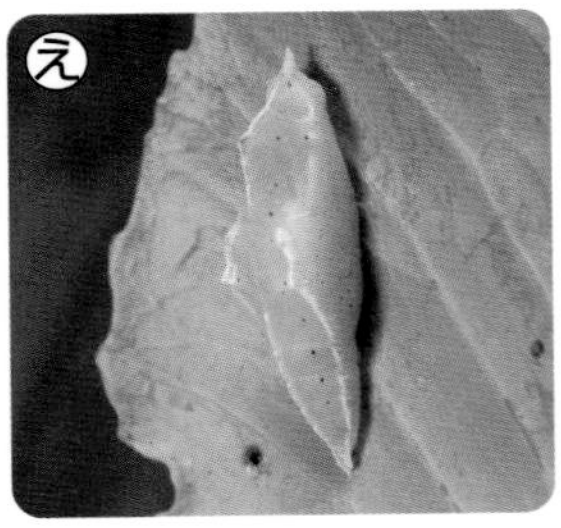

(1) あ〜えのころを、それぞれ何といいますか。

あ(　　　　　　)　い(　　　　　　)

う(　　　　　　)　え(　　　　　　)

(2) モンシロチョウが育つじゅんに、あ〜えをならべかえましょう。

(　　　→　　　→　　　→　　　)

(3) モンシロチョウのような育ち方を何といいますか。

(　　　　　　　　)

学習日　　月　　日

❸ アゲハとショウリョウバッタの育ち方を調べました。

1つ5点（10点）

アゲハ

ショウリョウバッタ

(1) 記述 アゲハとショウリョウバッタの育ち方は、どのようにちがいますか。「さなぎ」ということばを使《つか》って書きましょう。　思考・表現

（　　　　　　　　　　　　　　　　　　）

(2) シオカラトンボは、アゲハとショウリョウバッタのどちらと同じ育ち方をしますか。

（　　　　　　）

できたらスゴイ!

❹ トンボとクモの体のつくりを調べました。

1つ5点（30点）

(1) あ～うの部分《ぶぶん》をそれぞれ何といいますか。

あ（　　　　）

い（　　　　）

う（　　　　）

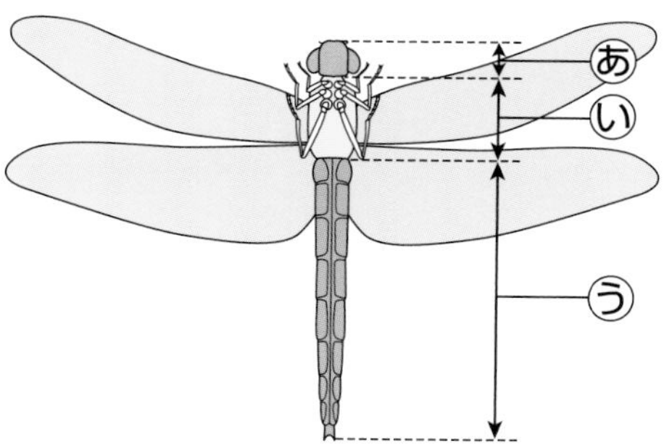

トンボ

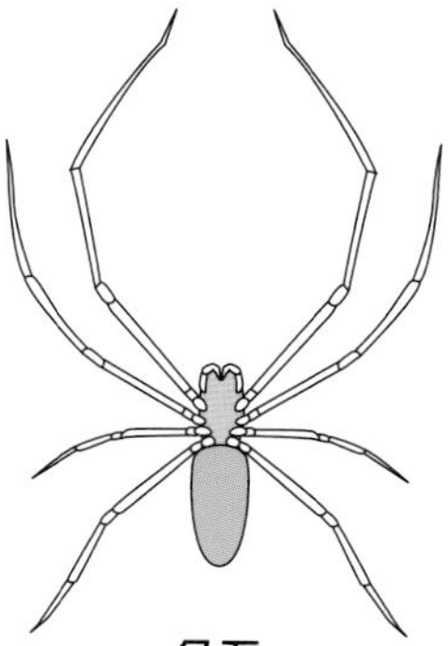

クモ

(2) しょっ角《かく》がついているのは、あ～うのどの部分ですか。

（　　）

(3) トンボのような体のつくりをしている虫を何といいますか。

（　　　　）

(4) 記述 クモが(3)ではないのはなぜですか。理由《りゆう》を書きましょう。　思考・表現

（　　　　　　　　　　　　　　　　　　）

ふりかえり

❷がわからないときは、16ページの❶にもどってかくにんしましょう。
❹がわからないときは、20ページの❶にもどってかくにんしましょう。

ぴったり1 じゅんび

★ 葉がふえたころ

葉がふえたころ

学習日　月　日

めあて
植物のようすがどのようにかわっているか、かくにんしよう。

教科書 52〜55ページ　答え 14ページ

次《つぎ》の(　)に当てはまるものを○でかこもう。

1 植物《しょくぶつ》のようすは、どのようにかわったのだろうか。

教科書 52〜54ページ

ヒマワリの育《そだ》ち方

ヒマワリ　5月11日くもり
育ち方

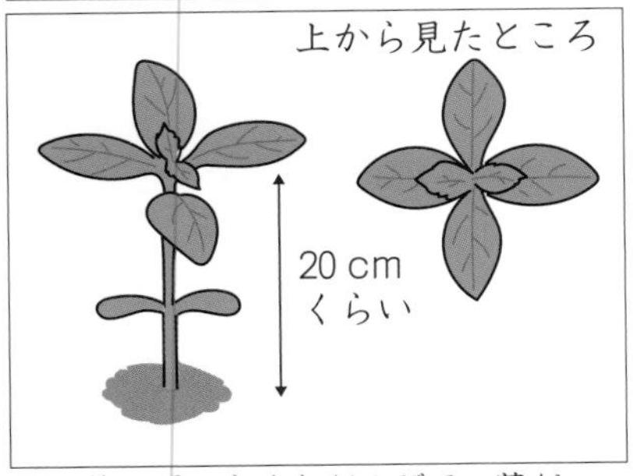
上から見たところ
20 cm
くらい

・子葉の間からくきがのびて、葉が出ていた。
・新しい葉は緑色で、細長かった。
・高さは20 cmくらいで、前回より大きくなっていた。

→

ヒマワリ　6月22日 晴れ
育ち方

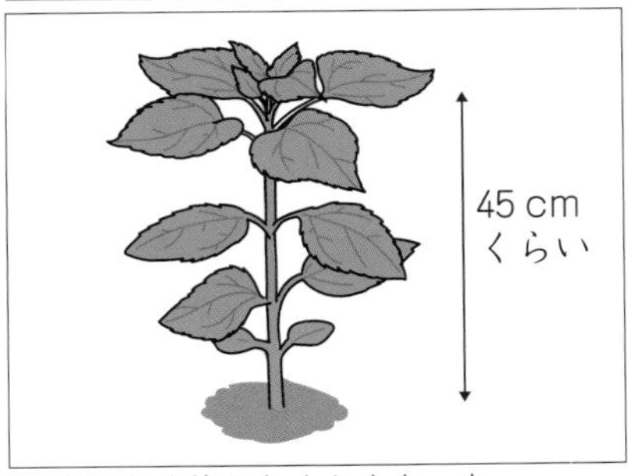
45 cm
くらい

・前回より葉がたくさんあった。手のひらよりも大きい葉もあった。
・葉の色は緑色だった。
・高さは45 cmくらいだった。

ホウセンカの育ち方

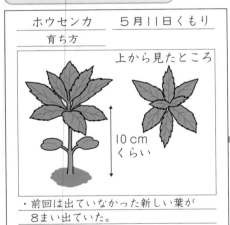

ホウセンカ　5月11日くもり
育ち方

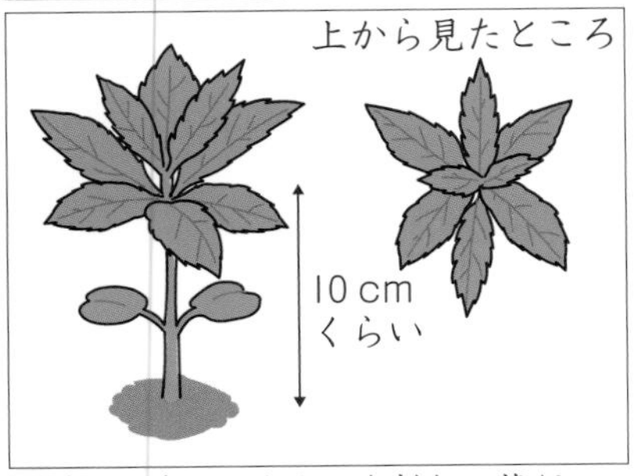
上から見たところ
10 cm
くらい

・前回は出ていなかった新しい葉が8まい出ていた。
・新しい葉は、先がとがっていた。
・高さは10 cmくらいで、前回より大きくなっていた。

→

ホウセンカ　6月22日 晴れ
育ち方

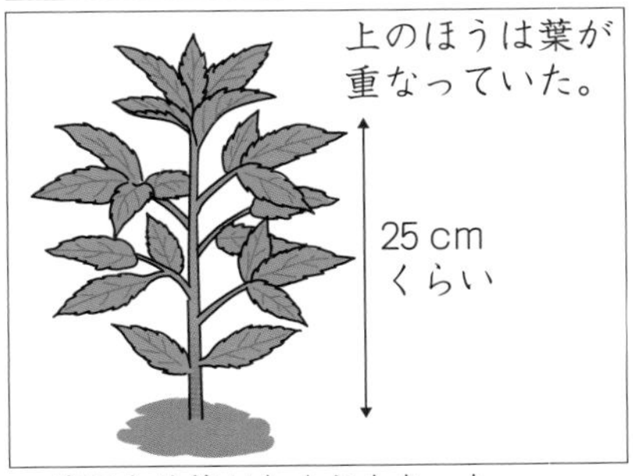
上のほうは葉が
重なっていた。
25 cm
くらい

・前回より葉がたくさんあった。
・葉の色は緑色だった。
・葉の形は細長くて、まわりがぎざぎざしていた。
・高さは25 cmくらいだった。

▶ 葉《は》は緑色《みどりいろ》で、大きさは(① 大きく ・ 小さく)なり、数が(② ふえて ・ へって)いる。

▶ 植物の全体《ぜんたい》の大きさは、(③ 大きく ・ 小さく)なっている。

▶ 植物の高さは、(④ 高く ・ ひくく)なっている。

ここがだいじ! ①植物は育つにつれて、高さが高くなる。また、葉が大きくなり、数も多くなる。

ぴたトリビア 植物の葉を上から見ると、できるだけ重《かさ》なり合わないようについています。これは、葉に日光がよく当たるようにするためのくふうです。

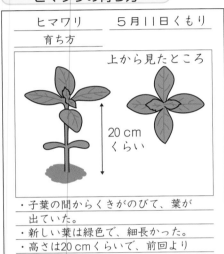

ぴったり2
練習

★ 葉がふえたころ

葉がふえたころ

学習日　　月　　日

教科書　52〜55ページ　　答え　14ページ

1 植物《しょくぶつ》のようすを調《しら》べます。①、②で調べていることを、［　　］の中からえらんでそれぞれ書きましょう。

①
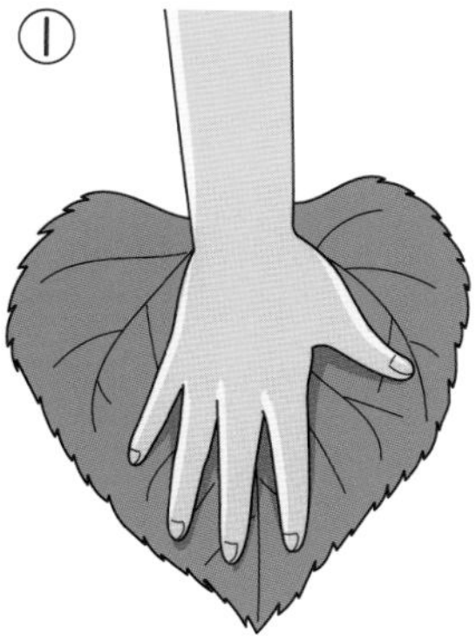

②

くきの太さ　植物の高さ
葉《は》の数　葉の大きさ

①(　　　　　　　)

②(　　　　　　　)

2 6月の植物のようすを、5月のようすとくらべます。

(1) ヒマワリの葉はどうなりましたか。正しいものを2つえらんで、(　)に○をつけましょう。

ア(　)大きくなった。
イ(　)小さくなった。
ウ(　)数がふえた。
エ(　)数がへった。

ヒマワリ

(2) ヒマワリの高さは、どうなりましたか。(　　　　　　　)

(3) 6月のホウセンカのようすは、あ、いのどちらですか。(　　)

ホウセンカ

ヒント ❷ (3)ヒマワリのようすをもとに考えましょう。

ぴったり1 じゅんび

3分でまとめ

学習日　　月　　日

4. ゴムと風の力のはたらき

①ゴムの力のはたらき

めあて
ゴムの力を大きくすると、ものを動かすはたらきがどうなるか、かくにんしよう。

教科書 56～64ページ　答え 15ページ

次《つぎ》の（　）に当てはまるものを○でかこもう。

1 ゴムの力を大きくすると、ものを動《うご》かすはたらきはかわるのだろうか。 教科書 56～63ページ

▶ゴムの力には、ものを動かすはたらきが
（① ある ・ ない ）。

▶ゴムを長くのばすと、ゴムの力は
（② 大きく ・ 小さく ）なる。

ゴムをのばすと、元にもどろうとする力がはたらくね。

ゴムののばし方と車が進《すす》むきょり

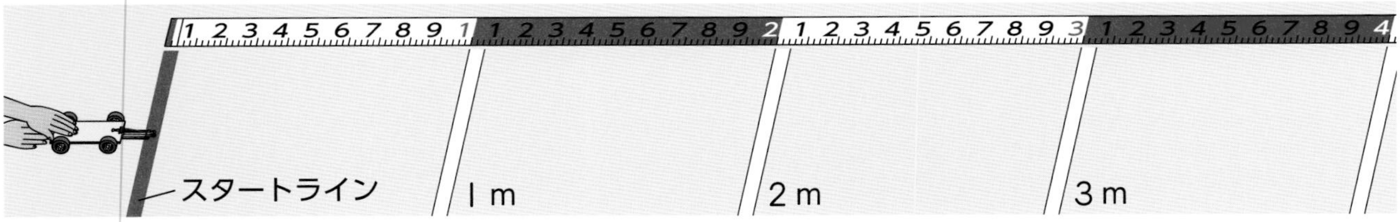

車が進んだきょり

	10cmにのばしたとき	15cmにのばしたとき
1回目	3mくらい	6mくらい
2回目	3mくらい	5mくらい
3回目	2mくらい	6mくらい

じっけんを何回か行うと、けっかをより正しくくらべることができるよ。

▶ゴムを長くのばして、ゴムの力を大きくすると、
ものを動かすはたらきは（③ 大きく ・ 小さく ）なる。

▶ゴムの力の大きさをかえると、ものが動くようすは（④ かわる ・ かわらない ）。

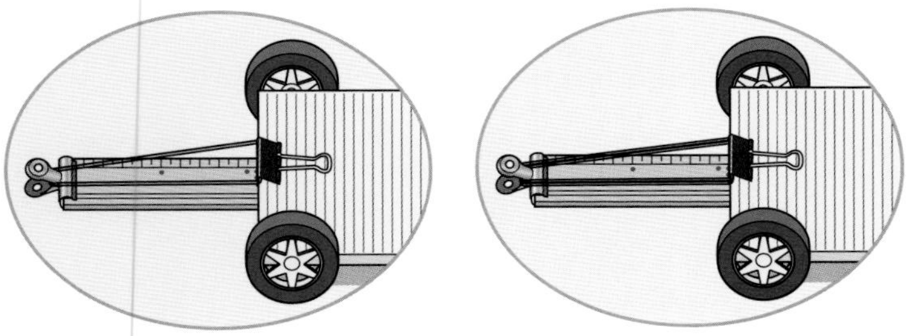

ゴムを太くしたり、ゴムの数をふやしたりしても、ものを動かすはたらきが大きくなるよ。

ここがだいじ！

①ゴムをのばすと、元にもどろうとする力がはたらき、ものを動かすことができる。

②ゴムを長くのばすほど、ゴムの力が大きくなり、ものを動かすはたらきが大きくなる。

ぴたトリビア　ばねをのばすと、ゴムと同じように、もとにもどろうとする力がはたらきます。ばねは、ちぢめても、もとにもどろうとする力がはたらき、ボールペンなどに使《つか》われています。

ぴったり2

練習

4. ゴムと風の力のはたらき

①ゴムの力のはたらき

学習日　　月　　日

教科書 56〜64ページ　答え 15ページ

1 ゴムののばし方をかえて車を動《うご》かし、けっかを表《ひょう》にまとめました。

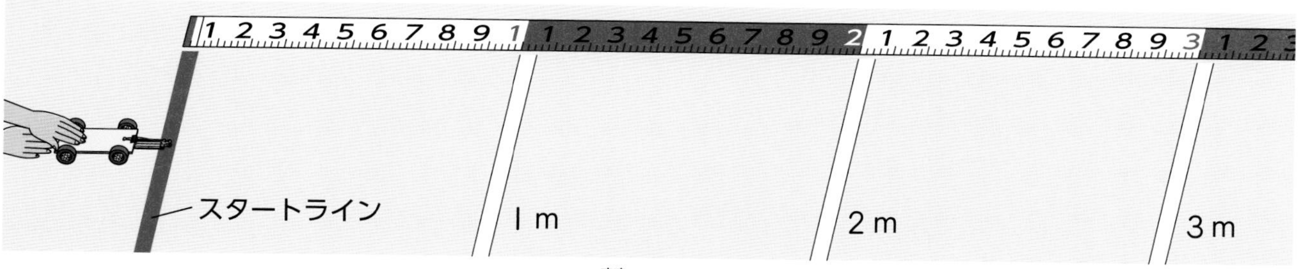

(1) のばしたゴムから手をはなすと、ゴムはどうなりますか。正しいほうの(　　)に○をつけましょう。

ア(　　)元にもどる。

イ(　　)さらにのびる。

車が進《すす》んだきょり

	10cmにのばしたとき	15cmにのばしたとき
1回目	3mくらい	6mくらい
2回目	3mくらい	5mくらい
3回目	2mくらい	6mくらい

(2) ゴムをのばしたときの手ごたえが大きいのは、10cmにのばしたときですか、15cmにのばしたときですか。
(　　　　　　)

(3) 車が進んだきょりが長いのは、ゴムののばし方が長いときですか、短《みじか》いときですか。
(　　　　　　)

(4) ゴムを長くのばすほど、ゴムの力がものを動かすはたらきはどうなりますか。
(　　　　　　　　　　)

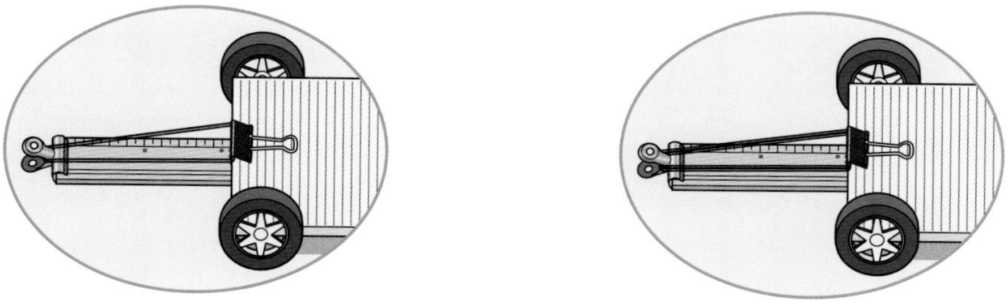

(5) ゴムを太いものにかえて同じようにじっけんすると、車が進むきょりはどうなりますか。
(　　　　　　　　　　)

(6) ゴムの数をふやして同じようにじっけんすると、車が進むきょりはどうなりますか。
(　　　　　　　　　　)

ヒント **1** (4)車が進むきょりが長いほど、ものを動かすはたらきが大きいといえます。

4. ゴムと風の力のはたらき

②風の力のはたらき

学習日　　月　　日

めあて
風の力を大きくすると、ものを動かすはたらきがどうなるか、かくにんしよう。

教科書　65～69ページ　　答え　16ページ

次《つぎ》の(　　)に当てはまる言葉《ことば》を書くか、当てはまるものを○でかこもう。

1 風の力を大きくすると、ものを動《うご》かすはたらきはかわるのだろうか。　教科書　65～68ページ

こいのぼり

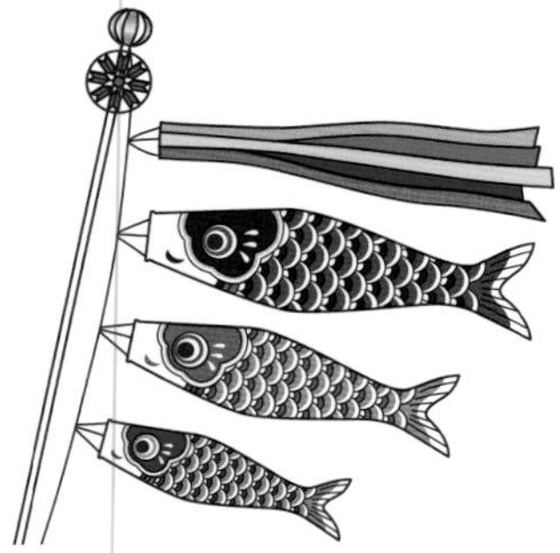

たこ

身《み》の回りには、
風で動いているものが
いろいろあるね。

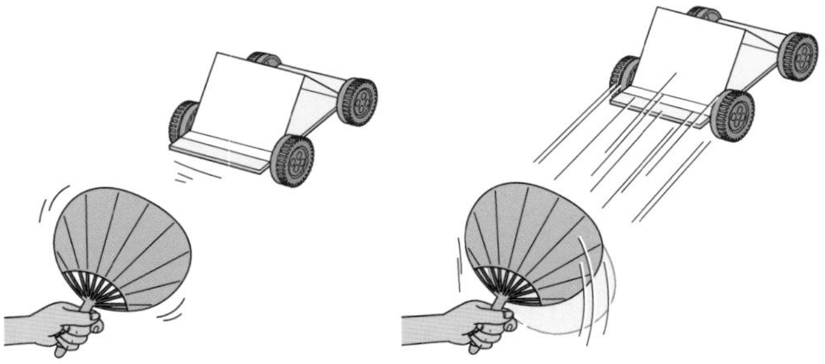

▶こいのぼりやたこは(①　　　　　)で動く。

▶風の力には、ものを動かすはたらきが(②　ある　・　ない　)。

▶うちわで車を動かすとき、あおぎ方が(③　強い　・　弱い　)ときのほうが、車がよく動く。

風の強さと車が進《すす》むきょり

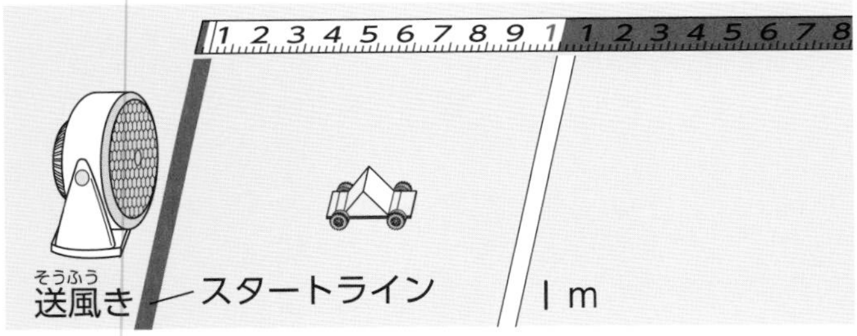
1 2 3 4 5 6 7 8 9 1 1 2 3 4 5 6 7 8
送風《そうふう》き
スタートライン
1 m

車が進んだきょり

	弱い風のとき	強い風のとき
1回目	3mくらい	6mくらい
2回目	2mくらい	5mくらい
3回目	3mくらい	5mくらい

▶風を強くすると、風が当たったときの手ごたえが(④　大きく　・　小さく　)なる。

▶風を強くして、風の力を大きくすると、ものを動かすはたらきは(⑤　大きく　・　小さく　)なる。

▶風の力の大きさをかえると、ものが動くようすは(⑥　かわる　・　かわらない　)。

ここが だいじ!
①風の力で、ものを動かすことができる。
②当てる風を強くするほど、風の力が大きくなり、ものを動かすはたらきが大きくなる。

ぴたトリビア
風が強くなるほど、風の力がものを動かすはたらきが大きくなります。台風《たいふう》のときは風がとても強くなるので、ふだんはとばされないようなものがとんでくることもあり、きけんです。

4. ゴムと風の力のはたらき

②風の力のはたらき

学習日　月　日

教科書　65～69ページ　答え　16ページ

1 風のはたらきで動《うご》くものをすべてえらんで、(　　)に○をつけましょう。

ア(　　)こいのぼり　イ(　　)ヨーヨー　ウ(　　)たこ

2 風の強さをかえて、車を動かしました。

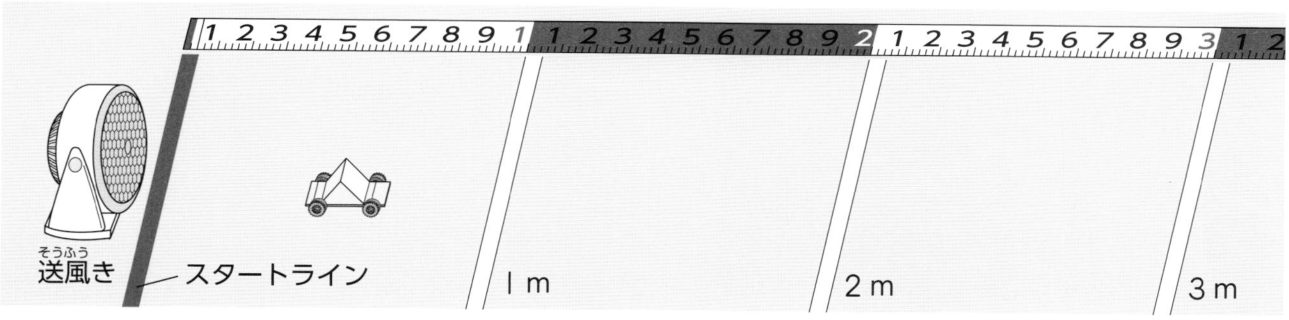

(1) 風が当たったときの手ごたえが大きいのは、どちらですか。(　　)に○をつけましょう。

ア(　　)風が強いとき。

イ(　　)風が弱いとき。

車が進《すす》んだきょり

	弱い風のとき	強い風のとき
1回目	3mくらい	6mくらい
2回目	2mくらい	5mくらい
3回目	3mくらい	5mくらい

(2) 車が進んだきょりが長いのは、風の強さが強いときと弱いときのどちらですか。

(　　　　　　　　　　　　)

(3) 風の強さが強いほど、風の力がものを動かすはたらきはどうなりますか。

(　　　　　　　　　　　　)

ヒント **2** (3)車が進むきょりが長いほど、ものを動かすはたらきが大きいといえます。

4. ゴムと風の力のはたらき

時間 30 分
／100
合格 70 点

教科書 56〜71ページ　答え 17ページ

よく出る

1 ㋐のようにゴムをのばして手をはなすと、㋑のようになりました。

1つ10点(30点)

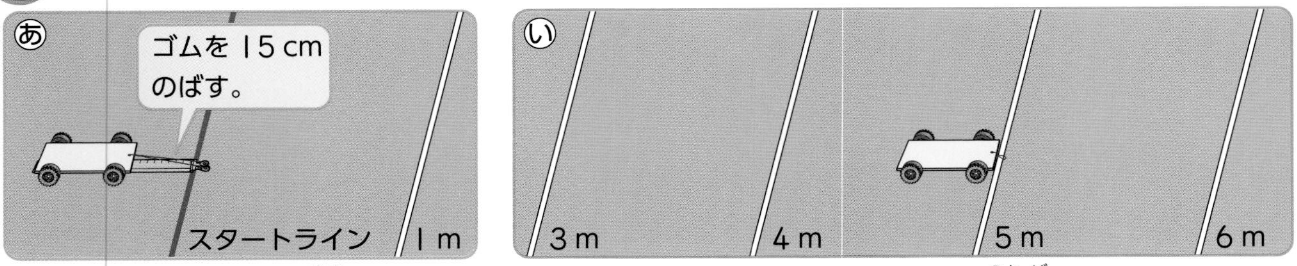
㋐
ゴムを15cm
のばす。
スタートライン
1m
㋑
3m
4m
5m
6m

(1) 手をはなすと車が進《すす》んだのはなぜですか。(　　)に当てはまる言葉《ことば》を書きましょう。

● ゴムをのばすと、(　　　　　　　　　　　　　　)力がはたらくから。

(2) 車が進んだきょりは何mですか。(　　　　　)

(3) 車が進むきょりを(2)より長くするには、どうすればよいですか。正しいほうを○でかこみましょう。　思考・表現

● ゴムをのばす長さを、15cmより(　長く　・　短《みじか》く　)する。

よく出る

2 風の力で車を動《うご》かします。

1つ10点(30点)

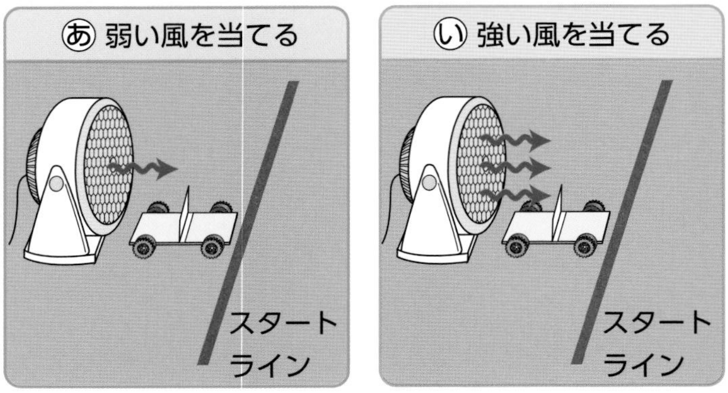
㋐ 弱い風を当てる
スタート
ライン
㋑ 強い風を当てる
スタート
ライン

(1) 手を送風《そうふう》きの前においたとき、手ごたえが大きいのは㋐、㋑のどちらですか。(　　　)

(2) 次《つぎ》の(　　)に当てはまる言葉を書きましょう。

● 風の強さが(　　　　　)ほど、ものを動かすはたらきが大きい。

(3) ㋐では、車が3m動きました。㋑では、何mくらい動きますか。正しいものを［　　］の中からえらんで書きましょう。(　　　　　　　)

1mくらい　　3mくらい　　5mくらい

3 ゴムで動く車を使《つか》って、ゲームをしました。

思考・表現　1つ10点(30点)

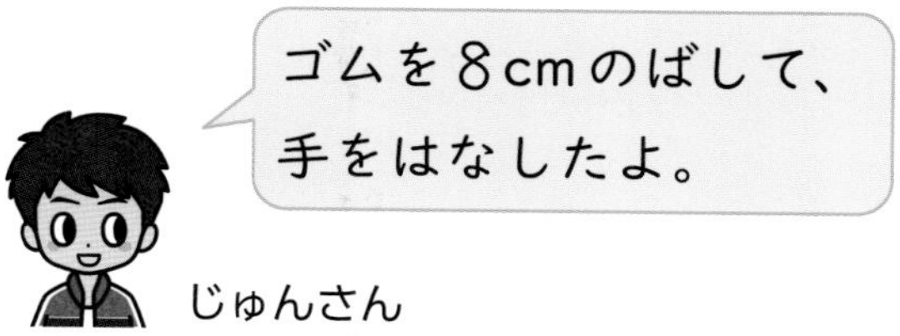
ゴムを 8cm のばして、
手をはなしたよ。
じゅんさん

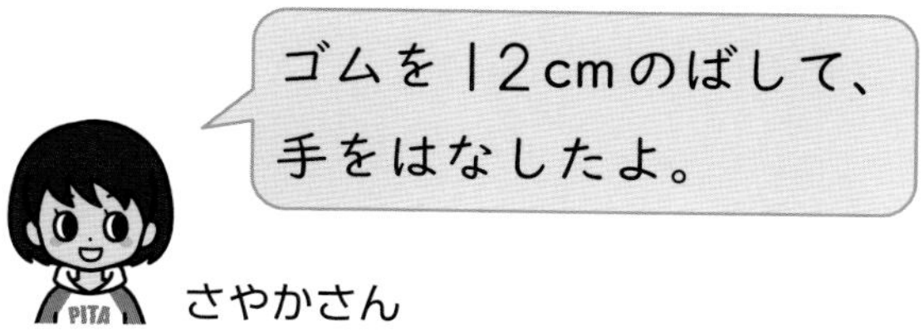
ゴムを 12cm のばして、
手をはなしたよ。
さやかさん

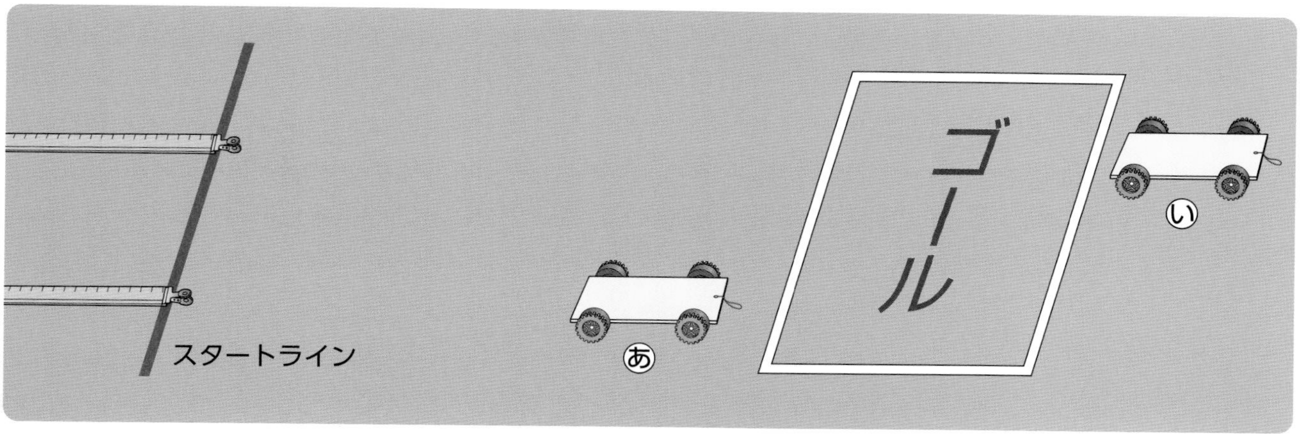
スタートライン
ゴール
あ
い

(1) ゴムをのばしたときの手ごたえが大きいのは、じゅんさんとさやかさんのどちらですか。
(　　　　　　　　)

(2) じゅんさんのけっかは、あ、いのどちらですか。　(　　　)

(3) 車をゴールに止めるには、ゴムをのばす長さをどうすればよいですか。正しいものを1つえらんで、(　　)に○をつけましょう。

ア(　　)8cmより短くする。

イ(　　)8cmより長く、12cmより短くする。

ウ(　　)12cmより長くする。

できたらスゴイ！

4 ひろきさんは、自転車《じてんしゃ》に乗《の》って走っています。とちゅうで、後ろから風がふいてきたので、楽に走ることができるようになりました。

(10点)

● 記述 後ろから風がふくと楽に走ることができるのはなぜですか。理由《りゆう》を書きましょう。　思考・表現

(　　　　　　　　　　　　　　　　　　)

ふりかえり
1がわからないときは、28ページの1にもどってかくにんしましょう。
4がわからないときは、30ページの1にもどってかくにんしましょう。

5. 音のふしぎ

①音の出方

②音のつたわり方

学習日　　月　　日

◎めあて
音が出たり、つたわったりするときの、もののようすをかくにんしよう。

教科書　72～83ページ　　答え　18ページ

次《つぎ》の(　　)に当てはまる言葉《ことば》を書くか、当てはまるものを○でかこもう。

1 音の大きさが大きくなると、もののふるえ方はどうなるのだろうか。　教科書　72～77ページ

▶音が出ているとき、ものは(①　　　　　　)いる。

▶音を出しているものを手でおさえると、ふるえが(②　大きく　・　なく　)なり、音が(③　大きく　・　出なく　)なる。

▶たたき方やはじき方を強くすると、音が(④　　　　　　)なり、もののふるえ方が(⑤　　　　　　)なる。

▶音の大きさがかわると、もののふるえ方は(⑥　かわる　・　かわらない　)。

たたく
入れもの
たいこ
ビーズ

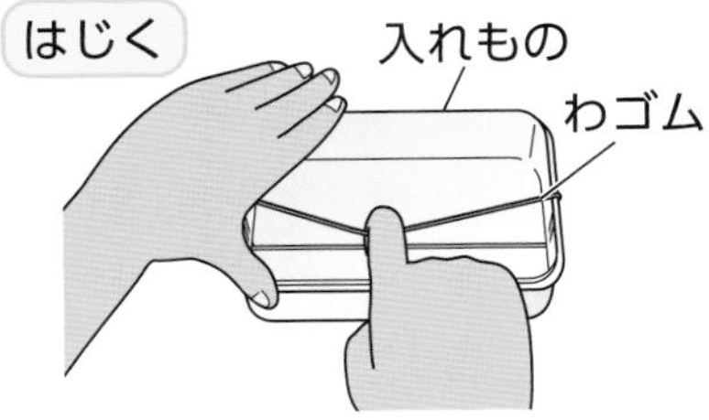
はじく
入れもの
わゴム

2 音がつたわるとき、ものはふるえているのだろうか。　教科書　79～83ページ

音がつたわるときのもののようす

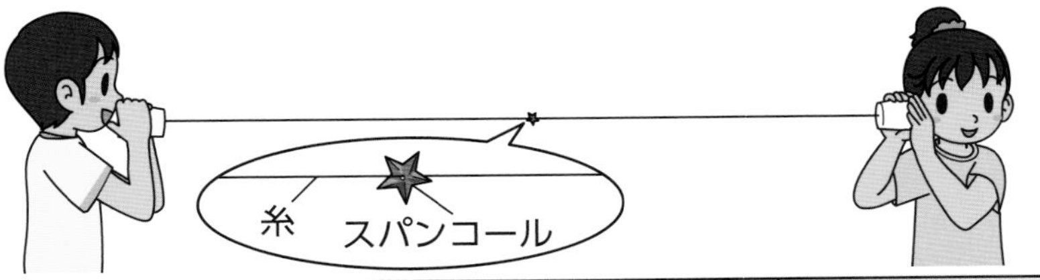
糸
スパンコール

	声を出したとき	声を出さなかったとき
スパンコールのようす	動いた。	動かなかった。
糸を指《ゆび》でさわったときのようす	糸がふるえていた。	糸がふるえていなかった。

▶音がつたわるとき、ものはふるえて(①　いる　・　いない　)。

▶音がつたわらないとき、ものはふるえて(②　いる　・　いない　)。

▶ものが(③　　　　　　)ことによって、音がつたわる。

ここが だいじ!
①音が大きくなるほど、もののふるえ方が大きくなる。
②ものがふるえることによって、音がつたわり、聞こえる。

ぴたトリビア　水も音をつたえます。アーティスティックスイミングは、水中にスピーカーがあり、水がつたえる音を聞いて、えんぎしています。

5. 音のふしぎ

①音の出方

②音のつたわり方

学習日　　月　　日

教科書 72〜83ページ　答え 18ページ

1 **指《ゆび》でわゴムをはじいて、音を出しました。**

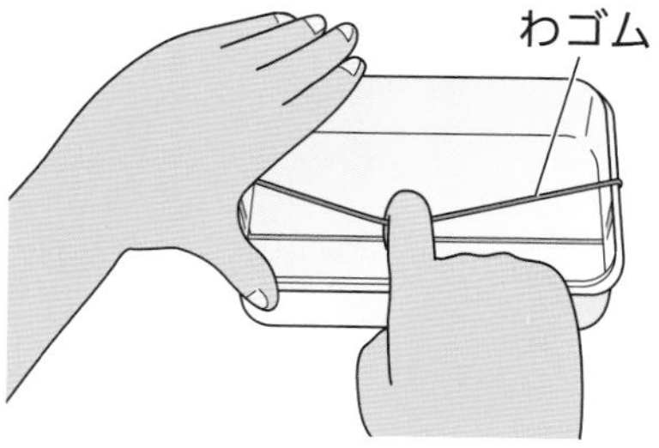

(1) 音を出しているわゴムは、どのようなようすですか。
正しいほうの(　　)に○をつけましょう。

ア(　　)ふるえている。

イ(　　)ふるえていない。

(2) 音を出しているわゴムを手でおさえると、わゴムのようすはどうなりますか。

(　　　　　　　　　　　　)

(3) (2)のとき、音はどうなりますか。(　　　　　　　　　　　　)

(4) わゴムを強くはじくと、音は大きくなりますか、小さくなりますか。

(　　　　　　　　　　　　)

(5) (4)のとき、わゴムのようすはどうなりますか。正しいものを１つえらんで、(　　)に○をつけましょう。

ア(　　)ふるえが大きくなる。

イ(　　)ふるえが小さくなる。

ウ(　　)ふるえが止まる。

2 **糸にスパンコールを通した糸電話で、声を出したり、出さなかったりしました。**

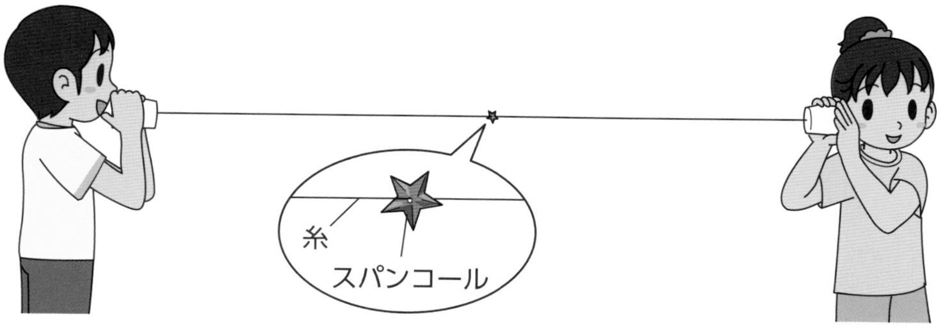

(1) 声を出しているときと出していないときのスパンコールのようすは、それぞれ次《つぎ》の**ア**、**イ**のどちらですか。

ア　動《うご》いている。　　**イ**　動いていない。

声を出しているとき(　　)　声を出していないとき(　　)

(2) 指でさわったとき、糸がふるえているのは、声を出しているときですか、出していないときですか。(　　　　　　　　　　　　)

(3) 音がつたわるときのようすについて、(　　)に当てはまる言葉《ことば》を書きましょう。

● 音は、ものが(　　　　　　　　)ことによってつたわる。

ぴったり3
たしかめのテスト

5. 音のふしぎ

時間 30 分

／100

合格 70 点

教科書 72〜85ページ　答え 19ページ

1 いろいろながっきを使《つか》って、音が出ているもののようすを調《しら》べました。

1つ10点(20点)

(1) 音を出しているとき、がっきはどのようなようすですか。正しいものを１つえらんで、(　　)に○をつけましょう。

ア(　　)ふくらんでいる。

イ(　　)ふるえている。

ウ(　　)止まっている。

(2) 記述 音を出しているがっきを手でおさえると、音が聞こえなくなるのはなぜですか。　思考・表現

(　　　　　　　　　　　　　　　　　　　　)

よく出る

2 たいこの上にピンポン玉をのせてたたくと、図１のようにピンポン玉がはねるように動《うご》きました。　1つ5点(20点)

図１

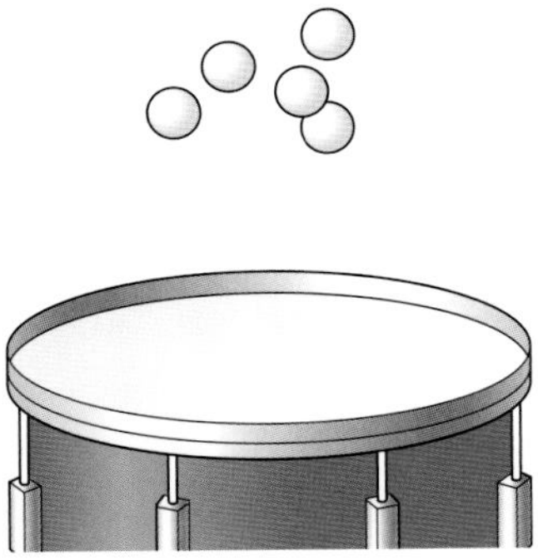

(1) 図１のようにピンポン玉が動いたことから、たいこがどのようになっていることがわかりますか。(　　)に当てはまる言《こと》葉《ば》をそれぞれ書きましょう。

- たいこが(①　　　　　)いて、(②　　　　)を出していること。

(2) たいこをたたく強さをかえると、ピンポン玉が動くようすが図２のようになりました。図１のときとくらべて、たいこをたたく強さをどのようにかえましたか。正しいほうを○でかこみましょう。　思考・表現

図２

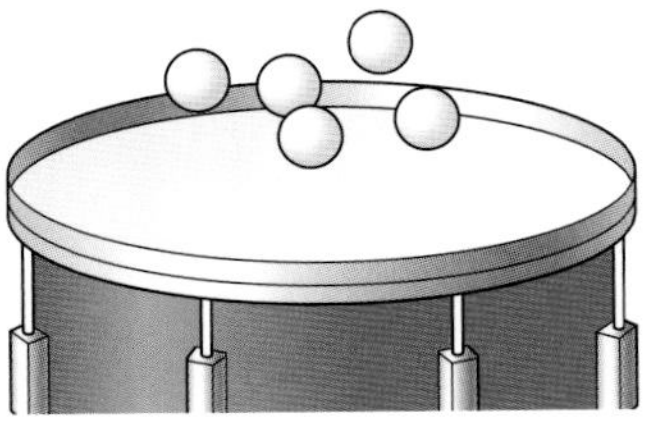

- たいこをたたく強さを(　強く　・　弱く　)した。

(3) 図２のときの音の大きさは、図１のときとくらべてどうでしたか。

(　　　　　　　　　　)

よく出る

3 糸電話を作って、話をしています。

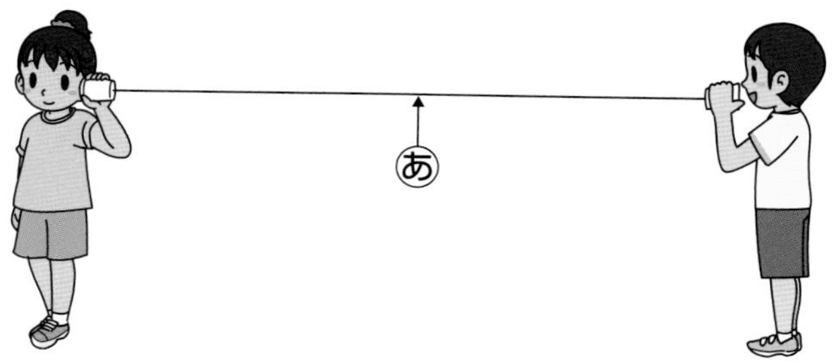

1つ10点(40点)

(1) 相手《あいて》の声が聞こえているとき、糸はふるえていますか、ふるえていませんか。

(　　　　　　　　　　)

(2) (1)のとき、糸のⓐを指《ゆび》でつまむとどうなりますか。正しいほうの(　　)に○をつけましょう。

ア(　　)声が聞こえつづける。

イ(　　)声が聞こえなくなる。

(3) 記述 (2)のようになるのはなぜですか。「糸」、「音」という言葉を使って、理由《りゆう》をせつめいしましょう。　思考・表現

(　　　　　　　　　　)

(4) 記述 大きな声で話をしているとき、糸のようすは(1)とはどのようにちがいますか。　思考・表現

(　　　　　　　　　　)

できたらスゴイ!

4 みんなでがっきをえんそうします。次の①、②のとき、がっきをどのようにえんそうすればよいですか。正しいものをそれぞれ１つえらんで、(　　)に○をつけましょう。

思考・表現　1つ10点(20点)

①

たいこの音をだんだん大きくしたいな。

ア(　　)たいこをたたく強さを、だんだん強くする。

イ(　　)たいこをたたく強さを、だんだん弱くする。

ウ(　　)たいこを同じ強さでたたきつづける。

②

シンバルを大きく鳴らして、すぐに音を止めたいな。

ア(　　)シンバルを強くたたいて、そのままにする。

イ(　　)シンバルを弱くたたいて、そのままにする。

ウ(　　)シンバルを強くたたいて、すぐに手でおさえる。

エ(　　)シンバルを弱くたたいて、すぐに手でおさえる。

ふりかえり

3がわからないときは、34ページの2にもどってかくにんしましょう。
4がわからないときは、34ページの1にもどってかくにんしましょう。

ぴったり1 じゅんび

★ 花

花

3分でまとめ

学習日　　月　　日

めあて
植物のようすがどのようにかわっているか、かくにんしよう。

教科書　86〜89ページ　答え　20ページ

次《つぎ》の(　　)に当てはまる言葉《ことば》を書くか、当てはまるものを○でかこもう。

1 植物《しょくぶつ》のようすは、どのようにかわったのだろうか。

教科書　86〜89ページ

ヒマワリの育《そだ》ち方

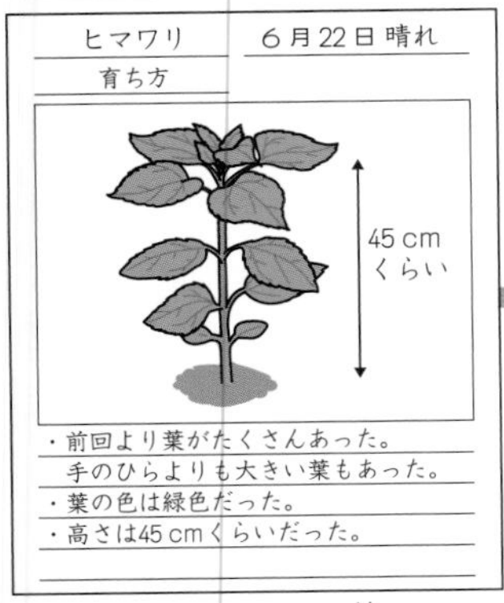

ヒマワリ　6月22日 晴れ
育ち方
45 cm くらい
・前回より葉がたくさんあった。
手のひらよりも大きい葉もあった。
・葉の色は緑色だった。
・高さは45 cmくらいだった。

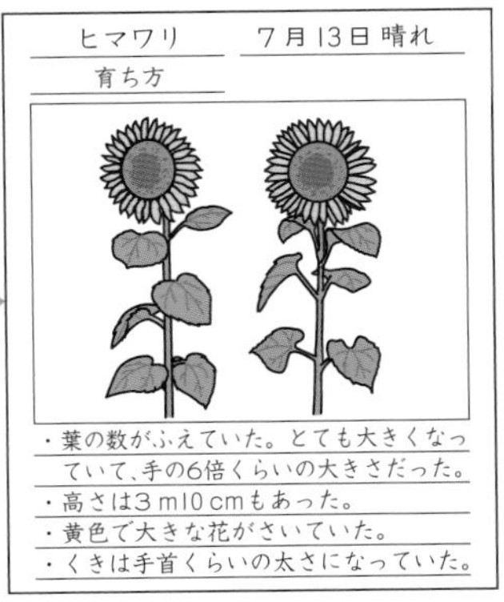

ヒマワリ　7月13日 晴れ
育ち方
・葉の数がふえていた。とても大きくなっていて、手の6倍くらいの大きさだった。
・高さは3 m10 cmもあった。
・黄色で大きな花がさいていた。
・くきは手首くらいの太さになっていた。

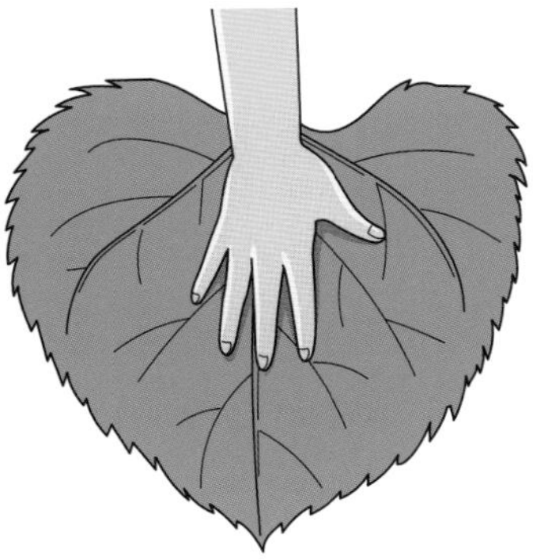

▶ヒマワリの葉《は》は、大きさが(①　　　　)なり、数が(②　　　　)いる。

▶ヒマワリの高さは、(③　　　　)なっている。

▶ヒマワリのくきの太さは、(④　太く　・　細く　)なっている。

▶ヒマワリには、(⑤　黄　・　ピンク　)色で大きな花がさいている。

ホウセンカの育ち方

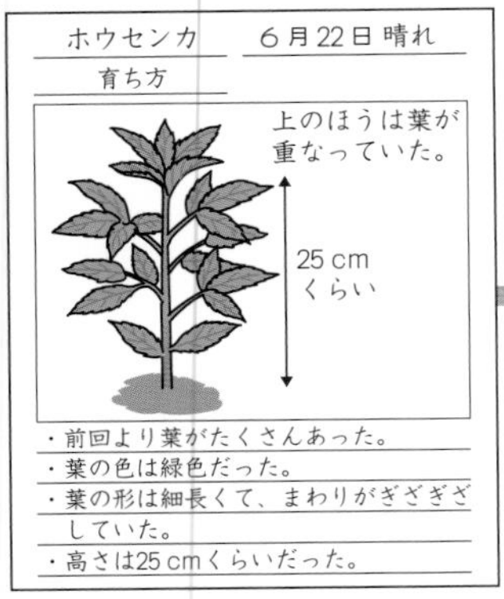

ホウセンカ　6月22日 晴れ
育ち方
上のほうは葉が重なっていた。
25 cm くらい
・前回より葉がたくさんあった。
・葉の色は緑色だった。
・葉の形は細長くて、まわりがぎざぎざしていた。
・高さは25 cmくらいだった。

ホウセンカ　7月13日 晴れ
育ち方
・葉の数がふえていた。
・高さは50 cmくらいで、前回より大きくなっていた。
・こいピンク色の花がさいていた。
・くきの下のほうが赤くなっていた。

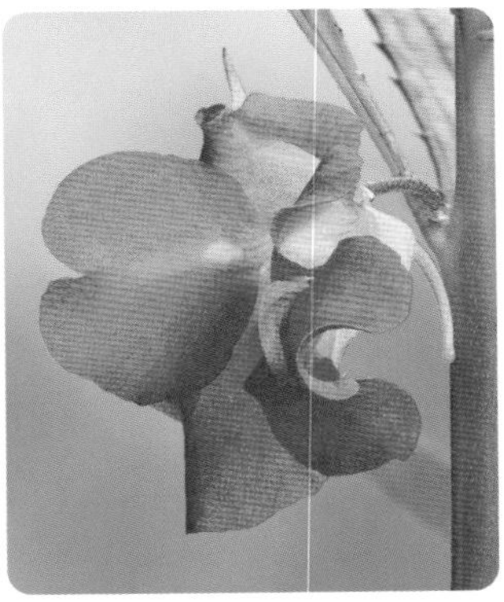

ホウセンカの花の色や形、大きさは、ヒマワリの花とはちがっているね。

▶ホウセンカの葉は、数が(⑥　　　　)いる。

▶ホウセンカの高さは、(⑦　　　　)なっている。

▶ホウセンカのくきは、下のほうが赤くなっている。

▶ホウセンカには、こい(⑧　黄　・　ピンク　)色の花がさいている。

ここがだいじ!

①7月になると植物はさらに育ち、葉は大きくなったり、数がふえたりする。また、植物全体《ぜんたい》の高さは高くなる。

②花がさいている植物もある。花の色や大きさなどのすがたは植物によってちがう。

ぴたトリビア　植物の花が色あざやかだったり、あまいみつを出したりしているのは、こん虫《ちゅう》や鳥などの動物《どうぶつ》を引きよせるためです。

この本の終わりにある「夏のチャレンジテスト」をやってみよう！

1 ヒマワリが育《そだ》つようすを調《しら》べました。

あ

い

う

(1) ヒマワリが育つじゅんに、あ～うをならべかえましょう。

（　　→　　→　　）

(2) あのころの葉《は》の大きさは、どれくらいですか。正しいものを１つえらんで、（　）に○をつけましょう。

ア（　）手より小さい。
イ（　）手と同じくらい。
ウ（　）手の６倍《ばい》くらい。

2 ホウセンカが育つようすを調べました。

あ

・葉の数がふえていた。
・高さは50 cmくらいで、前回より大きくなっていた。
・こいピンク色の花がさいていた。
・くきの下のほうが赤くなっていた。

い
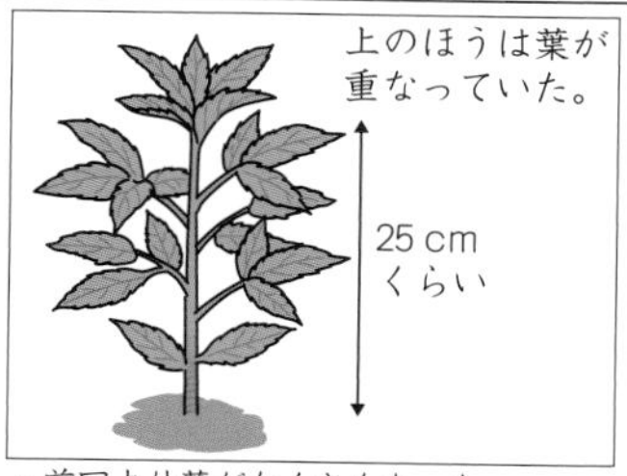
上のほうは葉が重なっていた。
25 cm くらい

・前回より葉がたくさんあった。
・葉の色は緑色だった。
・葉の形は細長くて、まわりがぎざぎざしていた。
・高さは25 cmくらいだった。

う
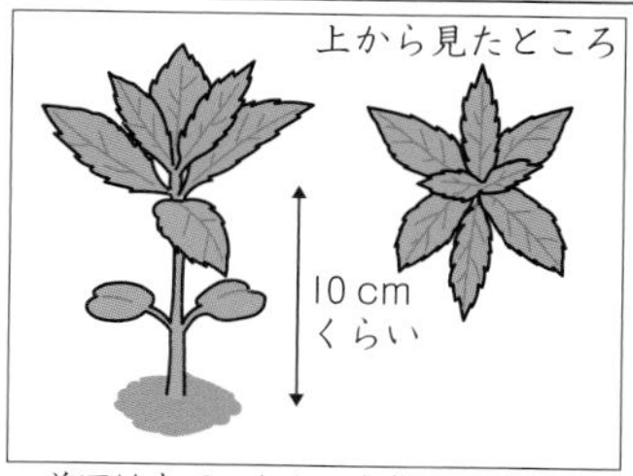
上から見たところ
10 cm くらい

・前回は出ていなかった新しい葉が8まい出ていた。
・新しい葉は、先がとがっていた。
・高さは10 cmくらいで、前回より大きくなっていた。

(1) ホウセンカが育つじゅんに、あ～うをならべかえましょう。

（　　→　　→　　）

(2) ホウセンカとヒマワリの花をくらべます。色や形、大きさなどのすがたは、同じですか、ちがいますか。

（　　　　）

ヒント
1 (1)植物《しょくぶつ》が育つにつれて、葉や花のようすがどうなるかを考えましょう。
2 (1)植物が育つにつれて、葉の数や植物の高さがどうなるかを考えましょう。

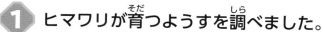

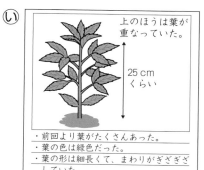

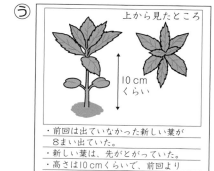

ぴったり1 じゅんび

6. 動物のすみか

動物のすみか

学習日　　月　　日

めあて
動物がどんな場所にいて、何をしているのか、かくにんしよう。

教科書 92〜97ページ　答え 21ページ

次《つぎ》の(　　)に当てはまる言葉《ことば》を書こう。

1 動物《どうぶつ》は、どんな場所《ばしょ》にいて、何をしているのだろうか。

教科書 92〜97ページ

▶①〜④の(　　)に当てはまる動物の名前を、〔　〕からえらんで書きましょう。

〔　カマキリ　ダンゴムシ　バッタ　アゲハ　モンシロチョウ　〕

動物の名前	(①　　　　)
見つけた場所	植物《しょくぶつ》の花の上
動物のようす	花のみつをすっていた。しばらくすると、べつの花のほうにとんでいった。

動物の名前	(②　　　　)
見つけた場所	植物の葉《は》の上
動物のようす	体の色や形が葉とよくにていた。葉を食べたのか、近くの葉がぎざぎざになっていた。

動物の名前	(③　　　　)
見つけた場所	植物の葉の上
動物のようす	葉の上でじっとしていた。えものをねらっているんだと思う。

動物の名前	(④　　　　)
見つけた場所	落《お》ち葉《ば》の上
動物のようす	さわると丸くなった。しばらくすると、落ち葉の下にもぐっていった。

▶動物は、(⑤　　　　　　)がある場所や、(⑥　　　　　　)ことができる場所に多くいる。

▶動物は、植物や土の中などをすみかにして、まわりの(⑦　　　　　　)とかかわり合って生きている。

ダンゴムシは、石の下にもいたよ。

ここがだいじ！
①動物は、食べものがある場所や、かくれることができる場所に多くいる。
②動物は、まわりのしぜんとかかわり合って生きている。

ぴたトリビア　動物は、ほかの動物や植物を食べて生きています。ほかの生きものなしでは生きられません。

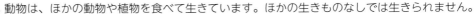

6.動物のすみか

動物のすみか

教科書 92～97ページ　答え 21ページ

1 動物《どうぶつ》のすみかやようすについて調《しら》べました。

(1) アゲハやダンゴムシは、どのようなところで見つかりますか。［　　］からえらんで書きましょう。

アゲハ　(　　　　　　)

ダンゴムシ(　　　　　　)

落《お》ち葉《ば》や石の下　　森の中　　花だんや野原

(2) 右のアゲハは、何をしていますか。正しいものを１つえらんで、(　)に○をつけましょう。

ア(　)葉《は》を食べている。

イ(　)えものをねらっている。

ウ(　)花のかげにかくれようとしている。

エ(　)花のみつをすっている。

アゲハ

(3) 植物《しょくぶつ》の葉の上をさがすと、バッタやカマキリが見つかりました。

① バッタが植物の葉の上にいるのはなぜですか。正しいほうの(　)に○をつけましょう。

ア(　)バッタは、植物の葉を食べるから。

イ(　)植物の葉の近くには、食べものになる虫が多くいるから。

バッタ

② 右のカマキリは、何をしていますか。正しいものを１つえらんで、(　)に○をつけましょう。

ア(　)植物の葉のしるをすっている。

イ(　)植物の葉を食べている。

ウ(　)えものをねらっている。

カマキリ

(4) 動物は、まわりのしぜんとかかわり合って生きているといえますか。　(　　　　　　)

ヒント **1** (3)カマキリは、バッタやクモなどの虫を食べものにしています。

6. 動物のすみか

時間 30 分

／100

合格 70 点

教科書 92〜99ページ　答え 22ページ

1 動物《どうぶつ》がいる場所《ばしょ》やようすを調《しら》べます。①〜③の動物を調べるには、どこをさがせばよいですか。ア〜エからそれぞれえらびましょう。 技能 1つ10点(30点)

① カマキリ

② ダンゴムシ

③ アゲハ

ア

イ

ウ

エ

よく出る

2 いろいろな動物をかんさつし、見つけた場所や動物のようすを記ろくしました。①〜③の動物に当てはまる記ろくを、ア〜エからそれぞれえらびましょう。

1つ10点(30点)

① オンブバッタ

② カブトムシ

③ モンシロチョウ

ア

見つけた場所　野原

動物のようす　花の上にとまって、みつをすっていた。

イ

見つけた場所　公園

動物のようす　糸をはって、えものがかかるのを待《ま》っていた。

ウ

見つけた場所　野原

動物のようす　草の上で、じっとしていた。

エ

見つけた場所　公園

動物のようす　木のみきにとまって、木のしるをすっていた。

学習日　　月　　日

3 北海道《ほっかいどう》の雪原でくらすユキウサギは、1年のうちで、毛の色がかわります。

1つ10点(30点)

夏

冬

(1) 地面《じめん》の色はどうなっていますか。正しいほうの(　　)に○をつけましょう。

ア(　　)夏も冬も、地面の色は同じである。

イ(　　)夏と冬では、地面の色がちがう。

(2) 次《つぎ》の文の(　　)に当てはまる言葉《ことば》を、[　　]からえらんで書きましょう。

思考・表現

● ユキウサギの毛の色は、まわりの地面の色と(①　　　　　　　　)ので、(②　　　　　　　　)やすくなっている。

にている	にていない	目立ち	かくれ

できたらスゴイ!

4 サクラの木のえだに、ナナフシがとまっていました。

思考・表現　(10点)

ナナフシの体の色や形は、
サクラの木のえだの色や形と
とてもよくにているね。

● 記述 ナナフシの体のようすが、サクラの木のえだとよくにていることは、生きていくうえで、どのように役《やく》立《だ》っていると考えられますか。

(　　　　　　　　　　　　　　　　　　　　)

ふりかえり

2 がわからないときは、40ページの 1 にもどってかくにんしましょう。
4 がわからないときは、40ページの 1 にもどってかくにんしましょう。

★ 花がさいた後

花がさいた後

学習日　月　日

めあて
植物のようすがどのようにかわっているか、かくにんしよう。

教科書 100〜107ページ　答え 23ページ

次《つぎ》の(　　)に当てはまる言葉《ことば》を書くか、当てはまるものを○でかこもう。

1 植物《しょくぶつ》のようすは、どのようにかわったのだろうか。

教科書 100〜102ページ

ヒマワリの育《そだ》ち方

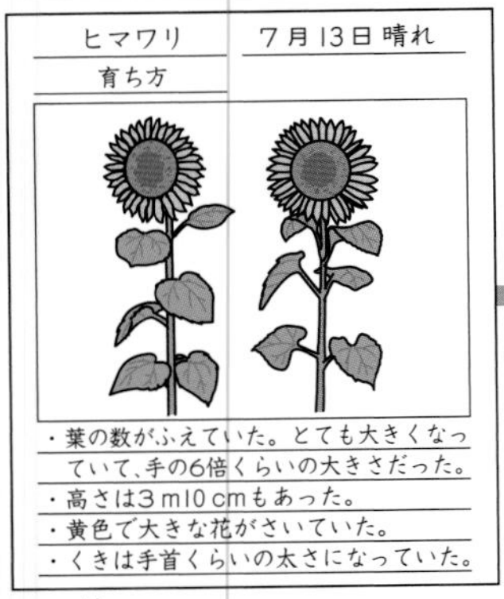
ヒマワリ　7月13日 晴れ
育ち方
・葉の数がふえていた。とても大きくなっていて、手の6倍くらいの大きさだった。
・高さは3m10cmもあった。
・黄色で大きな花がさいていた。
・くきは手首くらいの太さになっていた。

ヒマワリ　9月28日 晴れ
育ち方
・葉が茶色っぽくなり、かれているものもあった。
・花は下を向き、実がたくさんついていた。
・根をほり出すと、根もかれ始めていた。

ホウセンカの育ち方

ホウセンカ　7月13日 晴れ
育ち方
・葉の数がふえていた。
・高さは50cmくらいで、前回より大きくなっていた。
・こいピンク色の花がさいていた。
・くきの下のほうが赤くなっていた。

ホウセンカ　9月28日 晴れ
育ち方
・葉が黄色っぽくなっていた。
・くきから、黄緑色の小さい実が、たくさんぶら下がっていた。
・高さは60cmくらいで、前回よりさらに大きくなっていた。

▶葉《は》は、色がかわったり、(① しげったり ・ かれたり)している。

▶花があったところには、(②　　　　)ができている。

2 植物は、たねからどのように育つのだろうか。

教科書 103〜106ページ

ホウセンカの育ち方

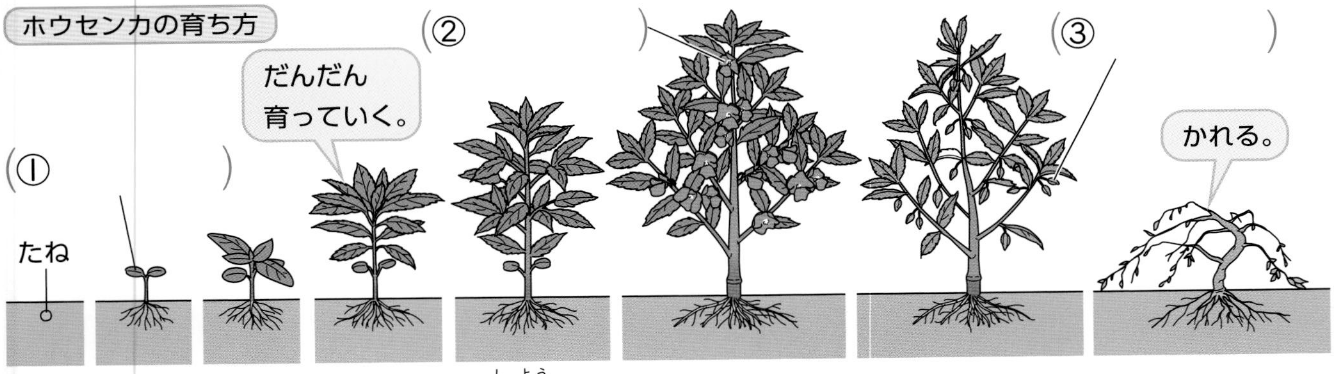
(②　　　　)
(③　　　　)
(①　　　　)
だんだん育っていく。
かれる。
たね

▶植物は、(④　　　　　)から子葉《しよう》が出た後、
葉が(⑤ ふえたり ・ へったり)、
くきや根《ね》がのびたりする。

▶葉がしげって(⑥　　　　　)がさいた後、
(⑦　　　　)ができて、やがてかれる。

ヒマワリやオクラ、ダイズなど、ほかの植物も同じじゅんじょで育つよ。

ここがだいじ! ①植物は、たねから子葉が出た後、葉がふえて、くきや根がのびる。葉がしげって花がさくと、実《み》ができて、やがてかれる。

ぴたトリビア 植物の実には、食べられるものもあります。ミカンやスイカなどのくだものや、キュウリやトマトなどのやさいは、実を食べています。

1　9月のヒマワリやホウセンカのようすを調《しら》べました。

(1) あ、いは、それぞれヒマワリとホウセンカのどちらですか。
あ(　　　　)
い(　　　　)

(2) 花がさいた後、★ができました。★を何といいますか。(　　　　)

(3) 葉《は》のようすは、7月とくらべてどうなっていましたか。正しいほうの(　)に○をつけましょう。
ア(　)緑色《みどりいろ》がこくなり、しげっていた。
イ(　)黄色や茶色になり、かれ始《はじ》めていた。

(4) この後、ヒマワリやホウセンカはどうなりますか。(　　　　)

2　植物《しょくぶつ》が育《そだ》つじゅんじょをまとめます。

あ　い　う　え　お　か

(1) ホウセンカが育つじゅんに、い〜かをならべかえましょう。
(あ →　　→　　→　　→　　→　　)

(2) ヒマワリが育つじゅんじょは、ホウセンカが育つじゅんじょと同じですか、ちがいますか。(　　　　)

(3) 次《つぎ》の文の(　)に当てはまる言葉《ことば》を、[　]からえらんで書きましょう。

● 植物は、たねから(①　　　)が出た後、
葉、くき、根《ね》がだんだん(②　　　)いく。
やがて(③　　　)がさき、あとには(④　　　)ができる。
葉はだんだん黄色っぽくなっていき、
さいごは植物全体《ぜんたい》が(⑤　　　)しまう。

実《み》
花
子葉《しよう》
かれて
育って

ぴったり3

たしかめのテスト

★ 花がさいた後

時間 30 分
／100
合格 70 点

教科書 100〜109ページ　答え 24ページ

よく出る

1 ホウセンカのたねをまいて育《そだ》てました。

1つ6点(30点)

4月25日
5月1日
あ
6月22日
7月13日
9月28日
い

(1) 植物《しょくぶつ》のたねの色や形、大きさについて、正しいほうの(　　)に○をつけましょう。

ア(　　)どんな植物でも同じである。

イ(　　)植物のしゅるいによって、それぞれちがう。

(2) さいしょに出てくるあの葉《は》を何といいますか。　(　　　　　)

(3) ホウセンカの根《ね》について、正しいほうの(　　)に○をつけましょう。

ア(　　)葉やくきが育つにつれて、根ものびていく。

イ(　　)葉やくきが育っても、根はのびない。

(4) 花があったところにできるいを何といいますか。　(　　　　　)

(5) いができた後、ホウセンカはどうなりますか。　(　　　　　　　)

2 マリーゴールドのたねをまいて育てました。

思考・表現

1つ10点、(1)は全部できて10点(40点)

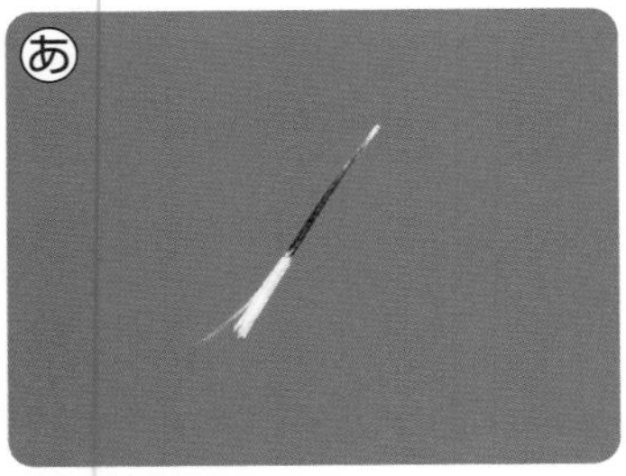

あ

い

う

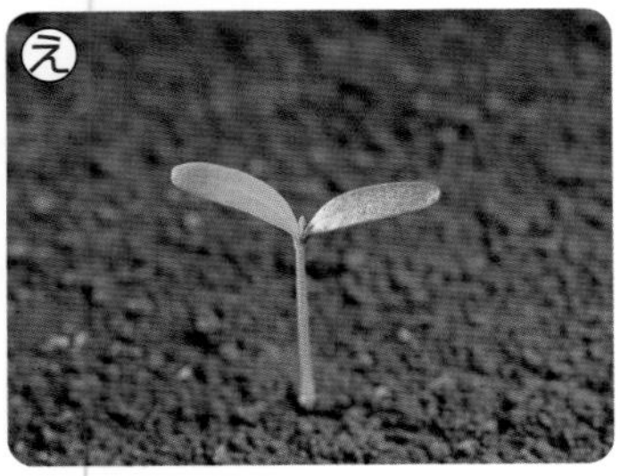

え

お

か

(1) あ〜かを、たねから育つじゅんにならべかえましょう。

(　　　→　　　→　　　→　　　→　　　→　　　)

(2) 次の記ろくは、あ～かのどのころのものですか。

① 

花があったところに、実《み》ができていたよ。

(　　)

② 

2まいの子葉《しよう》の間には、小さなめが見えたよ。

(　　)

(3) オクラやダイズについても、たねから育つようすを調《しら》べました。育つようすについて、正しいものを1つえらんで、(　　)に○をつけましょう。

ア(　　)オクラもダイズも、マリーゴールドと同じじゅんじょで育つ。

イ(　　)オクラはマリーゴールドと同じじゅんじょで育つが、ダイズはマリーゴールドとはちがうじゅんじょで育つ。

ウ(　　)オクラはマリーゴールドとはちがうじゅんじょで育つが、ダイズはマリーゴールドと同じじゅんじょで育つ。

エ(　　)オクラもダイズも、マリーゴールドとはちがうじゅんじょで育つ。

できたらスゴイ！

3 ヒマワリが育つようすをまとめました。

1つ10点(30点)

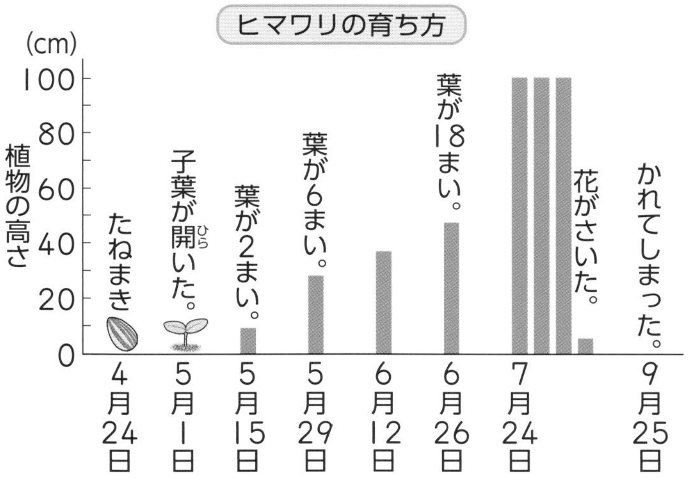

(1) 記述 ヒマワリの高さをはかるとき、次《つぎ》のように、いつも同じきまりではかるのはなぜですか。　技能

いつも「地面《じめん》からいちばん新しい葉のつけ根まで」をはかったよ。

(　　　　　　　　　　　　)

(2) 記述 育つにつれて、ヒマワリの高さはどのようにかわりましたか。　思考・表現

(　　　　　　　　　　　　)

(3) 6月12日の葉の数はどうなっていたと考えられますか。正しいものを1つえらんで、(　　)に○をつけましょう。　思考・表現

ア(　　)6まいより少ない。

イ(　　)6まいより多く、18まいより少ない。

ウ(　　)18まいより多い。

ふりかえり
1がわからないときは、44ページの2にもどってかくにんしましょう。
3がわからないときは、44ページの2にもどってかくにんしましょう。

ぴったり1 じゅんび

3分でまとめ

7. 地面のようすと太陽

①かげのでき方と太陽のいち1

学習日　　月　　日

めあて　かげがどんな向きにできるのか、かくにんしよう。

教科書 110〜113ページ　答え 25ページ

次《つぎ》の(　　)に当てはまる言葉《ことば》を書くか、当てはまるものを○でかこもう。

1 かげの向《む》きや太陽《たいよう》のいちは、どうなっているのだろうか。 教科書 110〜112ページ

- (①　　　　　　　　)ので、太陽を直せつ見てはいけない。
- 太陽を見るときは、かならずあの(②　　　　　)を使《つか》う。
- 太陽の光を(③　　　　　)という。

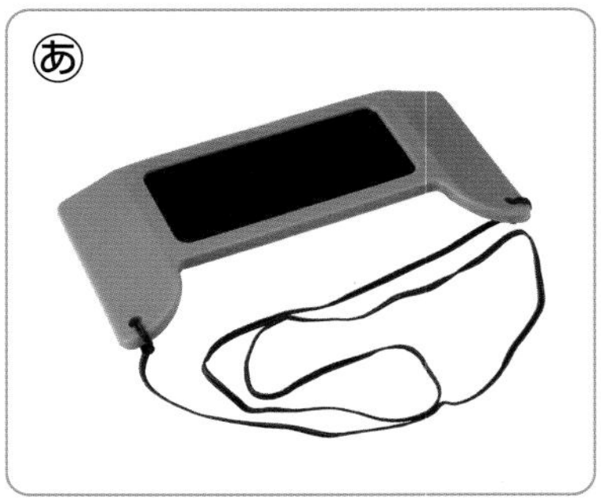

- 人やものが(④　　　　　)をさえぎると、かげができる。
- 人やもののかげは、(⑤ 同じ ・ べつべつの)向きにできる。
- かげができているとき、太陽はかげの(⑥ 同じがわ ・ 反対《はんたい》がわ)にある。

2 時間がたつと、かげのいちはどうなるのだろうか。 教科書 113ページ

- かげのいちは、時《じ》こくによって(① かわる ・ かわらない)。
- かげのいちがかわるのは、(②　　　　　)のいちがかわるからである。

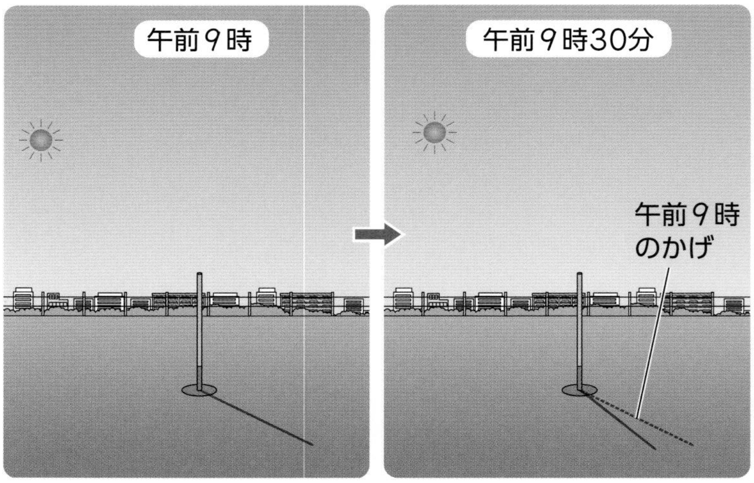

ここがだいじ!
①人やものが日光をさえぎると、太陽の反対がわにかげができる。
②太陽のいちがかわると、かげのいちもかわる。

ぴたトリビア 時間がたつとかげの向きがかわることを使って、およその時こくを調《しら》べることができます。このような時計を日時計といいます。

7. 地面のようすと太陽

①かげのでき方と太陽のいち１

教科書 110〜113ページ　答え 25ページ

1 かげのでき方を調《しら》べました。

(1) 太陽《たいよう》を見るときには、★を使《つか》います。

① ★を何といいますか。　(　　　　　)

② ★を使うのはなぜですか。(　　)に当てはまる言葉《ことば》を書きましょう。

- 太陽を直せつ見ると、(　　　　　　　　　　)から。

(2) かげの向《む》きについて、正しいものを１つえらんで、(　　)に○をつけましょう。

ア(　　)かげは、太陽と同じがわにできる。

イ(　　)かげは、太陽の反対《はんたい》がわにできる。

ウ(　　)かげの向きは、太陽のいちとはかんけいがない。

(3) 上の図で、女の子のかげは［　　］のどの向きにできますか。正しいものを黒くぬりましょう。

2 時《じ》こくをかえて、かげのいちを調べました。

(1) 午前9時30分のかげのいちは、どうなりますか。正しいほうの(　　)に○をつけましょう。

ア(　　)午前9時と同じいちにできる。

イ(　　)午前9時とはちがういちにできる。

(2) (1)のようになるのはなぜですか。(　　)に当てはまる言葉を書きましょう。

- (　　　　　　)のいちがかわるから。

ヒント ① (3)かげは、どれも同じ向きにできます。

学習日　　月　　日

7. 地面のようすと太陽

①かげのでき方と太陽のいち２

めあて
時間がたつと太陽のいちがどのようにかわるか、かくにんしよう。

教科書 114～118ページ　答え 26ページ

次《つぎ》の(　)に当てはまる言葉《ことば》を書くか、当てはまるものを○でかこもう。

1 ほういじしんの使《つか》い方をまとめよう。

教科書 198ページ

1

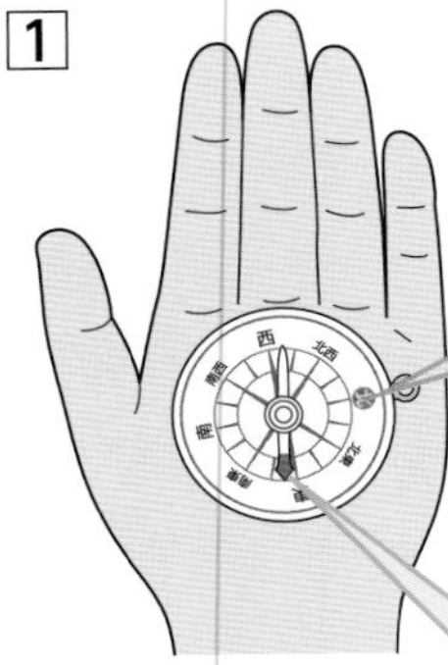

手のひらに、(①　　　　)になるようにおく。

色がついているほうの先は、(②　　　　)をさす。

2

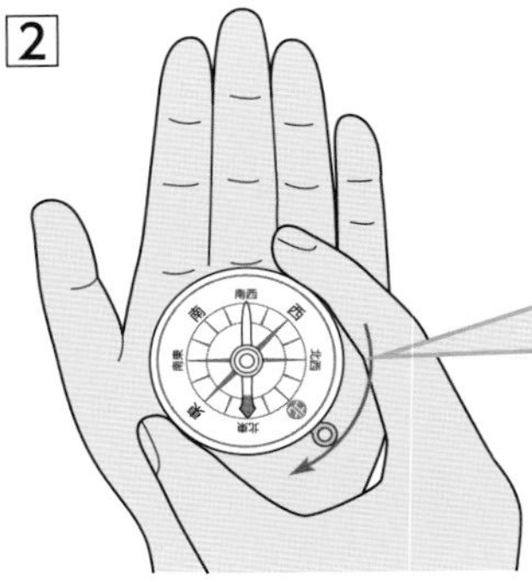

はりの色がついているほうの先を、(③　　　　)の文字に合わせる。

3

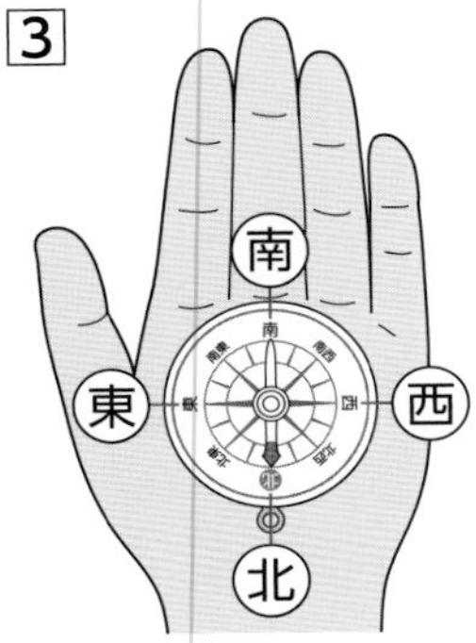
南
東
西
北

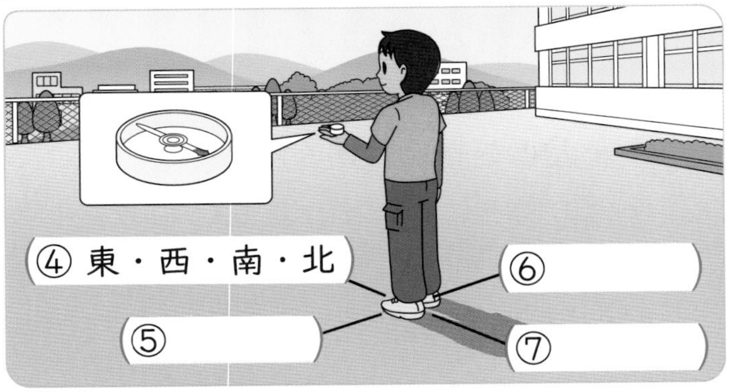
④ 東・西・南・北
⑤
⑥
⑦

2 時間がたつと、太陽《たいよう》のいちはどのようにかわるのだろうか。

教科書 114～118ページ

- 太陽のいちは、(①　　　　)のほうから、(②　　　　)の空を通り、(③　　　　)のほうにかわる。
- 太陽のいちが東→南→西とかわるのに合わせて、かげのいちは(④　　　　)→(⑤　　　　)→(⑥　　　　)とかわる。

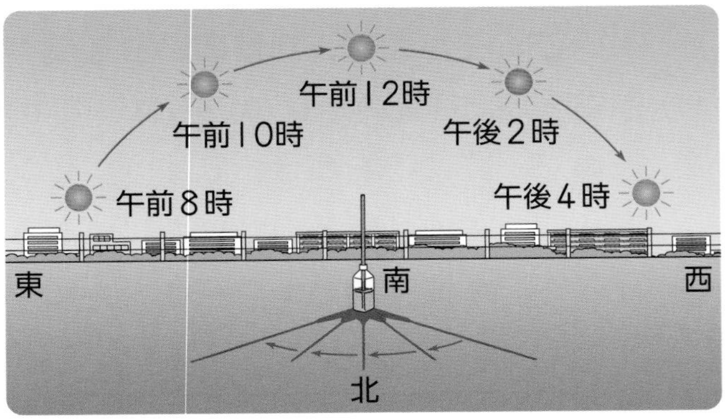
午前８時
午前１０時
午前１２時
午後２時
午後４時
東
南
西
北

ここが だいじ！
①太陽のいちは、東→南→西とかわる。
②太陽のいちがかわるのに合わせて、かげのいちは西→北→東とかわる。

ぴたトリビア
かげの長さは、太陽が南の高いところにあるときは短《みじか》くなり、西や東のひくいところにあるときは長くなります。

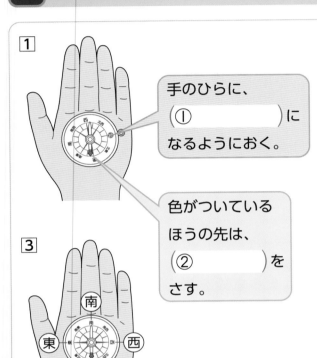

7. 地面のようすと太陽

①かげのでき方と太陽のいち２

学習日　　月　　日

教科書　114〜118ページ　　答え　26ページ

1 太陽《たいよう》が見えるほういを調《しら》べます。

(1) ほういを調べるときに使《つか》う、★を何といいますか。

(　　　　　　　　)

(2) ★のはりの色がついているほうの先は、どのほうい をさすようにつくられていますか。正しいものを１つえらんで、(　　)に○をつけましょう。

ア(　　)東
イ(　　)西
ウ(　　)南
エ(　　)北

(3) 右のようになったとき、太陽が見えるほういは、東・西・南・北のどれですか。　(　　　　)

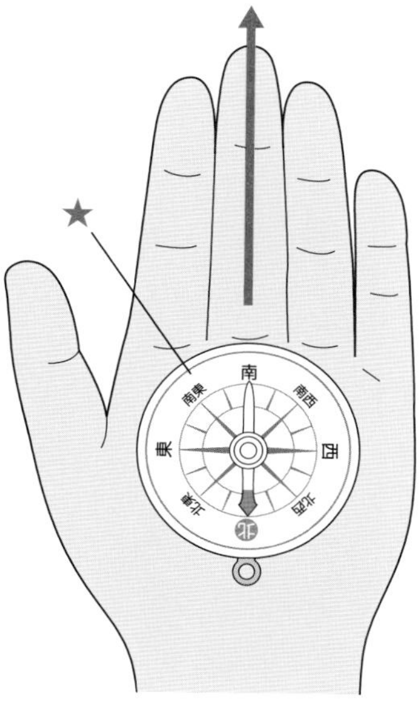

2 １日の間で、太陽のいちがかわるようすを調べました。

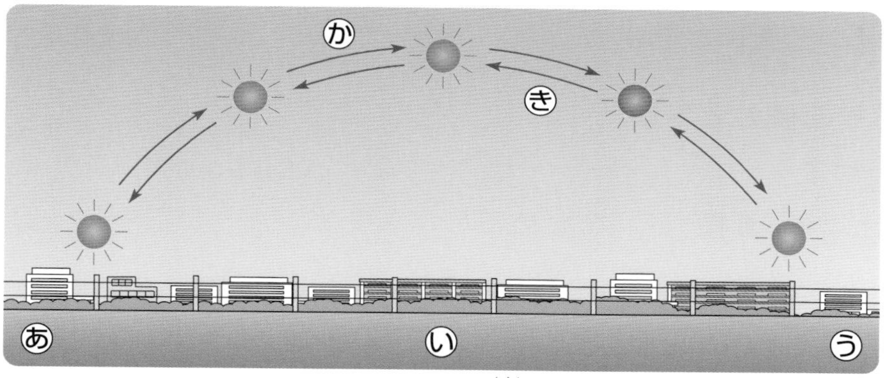

(1) あ〜うは、東・西・南・北のどのほういを表《あらわ》していますか。

あ(　　　　)　い(　　　　)　う(　　　　)

(2) 太陽のいちがかわる向《む》きは、か、きのどちらですか。　(　　　　)

(3) 太陽のいちがかわると、ぼうのかげのいちは、どのようにかわりますか。正しいものを１つえらんで、(　　)に○をつけましょう。

ア(　　)東→南→西
イ(　　)東→北→西
ウ(　　)西→南→東
エ(　　)西→北→東

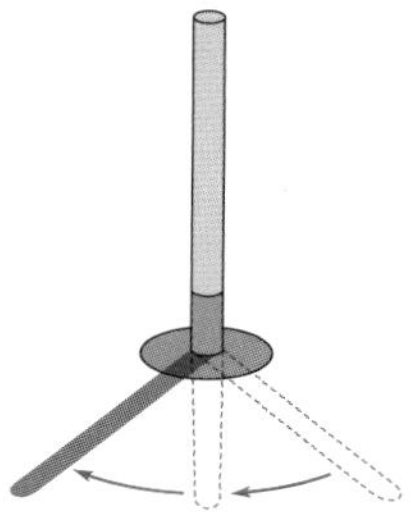

ヒント　2 (3)太陽のいちがかわるのに合わせて、かげのいちもかわります。

7. 地面のようすと太陽

②日なたと日かげの地面のようす1

めあて
日なたと日かげの地面のようすのちがいをかくにんしよう。

教科書 119〜120ページ 答え 27ページ

次《つぎ》の表や(　　)に当てはまる言葉《ことば》を書くか、当てはまるものを○でかこもう。

1 日なたと日かげでは、地面《じめん》のようすがどのようにちがうのだろうか。 教科書 119〜120ページ

▶表の①〜⑥に当てはまる言葉を、〔　〕からえらんで書きましょう。

〔 明るい　暗《くら》い　つめたい　あたたかい
かわいている　少ししめっている 〕

太陽《たいよう》の光が当たっているところが日なた、さえぎられているところが日かげだね。

	日なたの地面	日かげの地面
明るさ	①	②
あたたかさ	③	④
しめり気《け》	⑤	⑥

2 温度計《おんどけい》の使《つか》い方をまとめよう。 教科書 199ページ

▶温度計の目もりを読むときは、目もりに合わせて
(① ななめ上 ・ 真横《まよこ》 ・ ななめ下)
から見る。

えきが動《うご》かなくなってから、目もりを読むよ。

えきの先が目もりの上にあるとき　　えきの先が目もりの線と線の間にあるとき

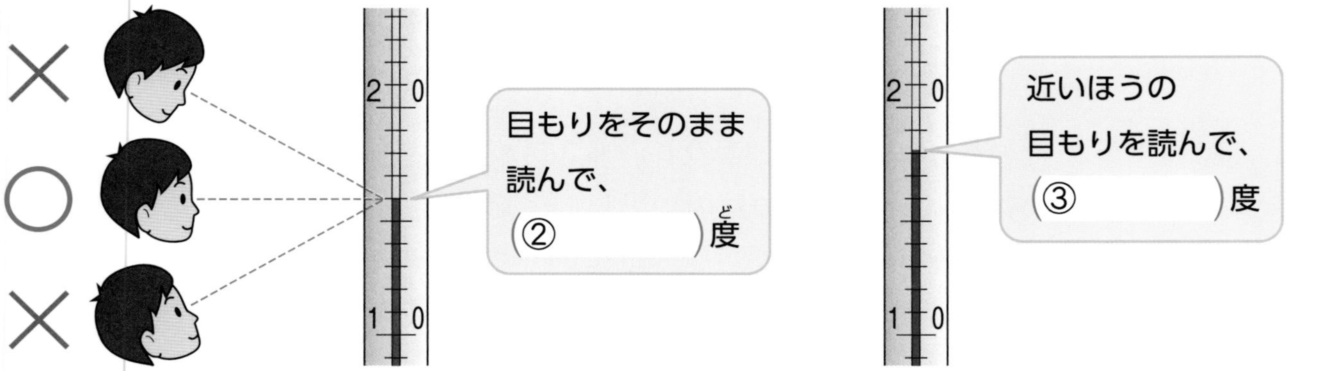
×
○
×
20
10
目もりをそのまま読んで、
(②　　　　)度《ど》
20
10
近いほうの目もりを読んで、
(③　　　　)度

ここが だいじ!
①日なたは明るく、日かげは暗い。
②日なたの地面はあたたかくかわいていて、日かげの地面はつめたく少ししめっている。

ぴたトリビア
温度計のえきだめには、色をつけたとう油《ゆ》などが入っています。えきだめがあたたまると、とう油がふくらみ、細いくだの中のえきの先が上がります。

7. 地面のようすと太陽

②日なたと日かげの地面のようす1

教科書 119〜120ページ 答え 27ページ

1 日なたと日かげの地面《じめん》のようすをくらべました。

(1) 太陽《たいよう》の光が当たっているのは、日なたと日かげのどちらですか。

(　　　　　)

(2) 地面が暗《くら》くなっているのは、日なたと日かげのどちらですか。

(　　　　　)

(3) 日なたの地面のようすを2つえらんで、(　)に○をつけましょう。

ア(　)つめたい。
イ(　)あたたかい。
ウ(　)かわいている。
エ(　)少ししめっている。

2 水や湯《ゆ》の温度《おんど》をはかりました。

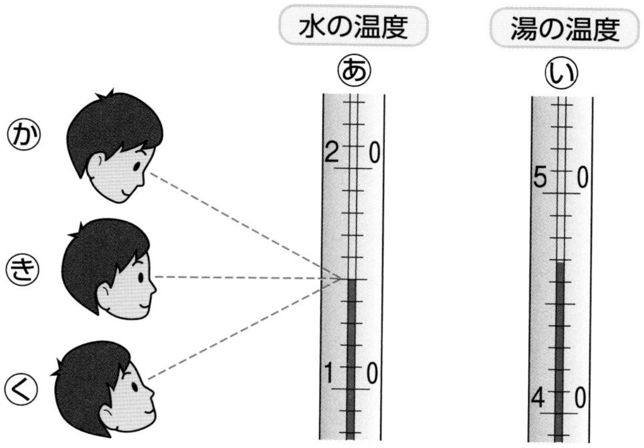

(1) 温度計の使《つか》い方で、正しいほうの(　)に○をつけましょう。

ア(　)温度計のえきだめを入れたら、すぐに目もりを読む。
イ(　)えきが動《うご》かなくなってから、目もりを読む。

(2) 目もりを読むとき、か～くのどこから見ますか。

(　　)

(3) あの水の温度は何度《ど》ですか。

(　　　)

(4) いの湯の温度は何度ですか。

(　　　)

ヒント 2 (4)えきの先が目もりと目もりの間にあるときは、近いほうの目もりを読みます。

7. 地面のようすと太陽

②日なたと日かげの地面のようす2

学習日 月 日

めあて
日なたと日かげの地面のあたたかさのちがいをかくにんしよう。

教科書 121〜123ページ　答え 28ページ

次《つぎ》の(　)に当てはまる言葉《ことば》を書くか、当てはまるものを○でかこもう。

1 地面《じめん》の温度《おんど》のはかり方をまとめよう。

教科書 199ページ

▶地面の温度をはかるときは、温度計におおいをして、(①　　　　)が当たらないようにする。

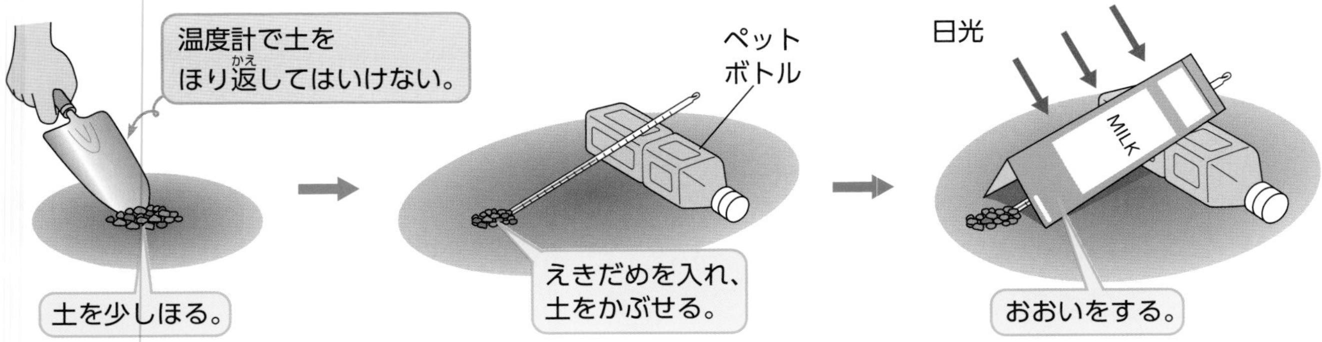

温度計で土をほり返《かえ》してはいけない。
土を少しほる。
ペットボトル
えきだめを入れ、土をかぶせる。
日光
MILK
おおいをする。

2 日なたと日かげでは、地面のあたたかさがどのようにちがうのだろうか。

教科書 121〜122ページ

▶(①　温度計　・　ものさし　)を使《つか》うと、あたたかさを数字で表《あらわ》すことができる。

日なたと日かげの地面の温度

	日なたの地面の温度	日かげの地面の温度
午前9時	14度	13度
午前12時	20度	15度

ぼうグラフにすると、くらべやすくなるね。

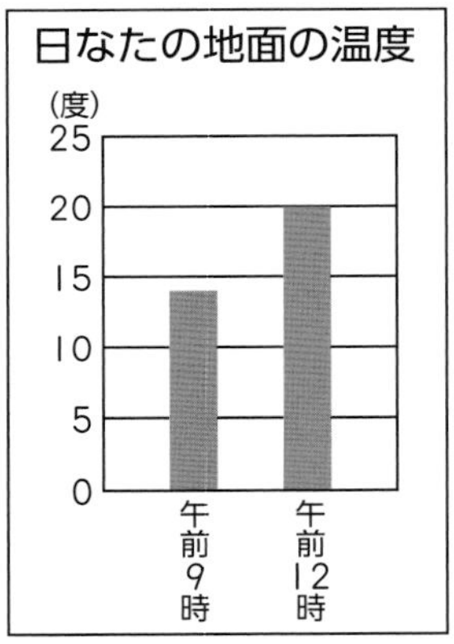

日なたの地面の温度
(度)
25
20
15
10
5
0
午前9時
午前12時

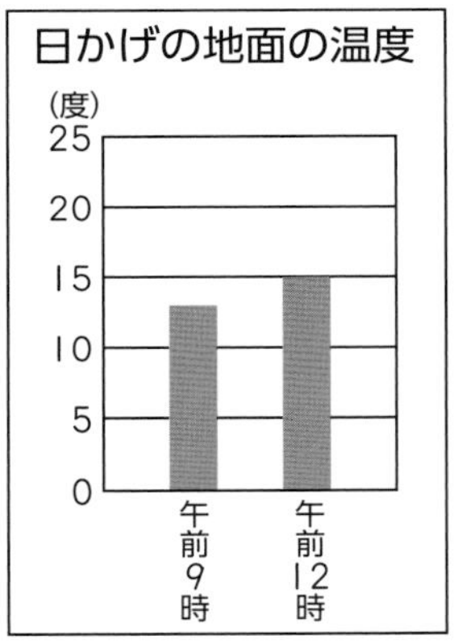

日かげの地面の温度
(度)
25
20
15
10
5
0
午前9時
午前12時

▶地面の温度は、(②　日なた　・　日かげ　)のほうが高い。

▶日なたの地面の温度は、(③　朝　・　昼　)のほうが高い。

▶地面の温度の上がり方は、(④　日なた　・　日かげ　)のほうが大きい。

▶日なたの地面は、(⑤　　　　)であたためられるため、温度の上がり方が大きくなる。

ここがだいじ!
①地面の温度は、日かげよりも日なたのほうが高い。
②日なたの地面は、日光であたためられるため、温度の上がり方が大きくなる。

ぴたトリビア　植物《しょくぶつ》で「緑《みどり》のカーテン」をつくると、日かげができるので、すずしくなります。

7. 地面のようすと太陽

②日なたと日かげの地面のようす２

教科書　121〜123ページ　　答え　28ページ

1 図１のようにして、地面《じめん》の温度《おんど》をはかりました。

(1) えきだめを入れるためのあなをほります。正しいほうの（　　）に○をつけましょう。

ア（　　）温度計で土をほり返《かえ》す。

イ（　　）い植《しょく》ごてで土をほり返す。

(2) おおいをするのは、温度計に何が当たらないようにするためですか。

（　　　　　）

(3) 図２のときの地面の温度は何度ですか。

（　　　　　）

図１

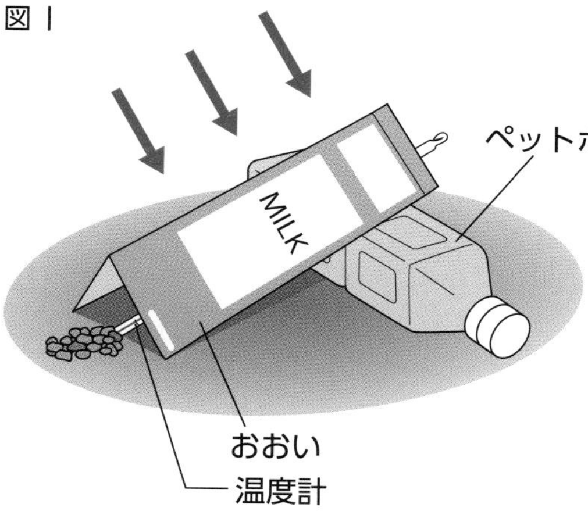
MILK
ペットボトル
おおい
温度計

図２

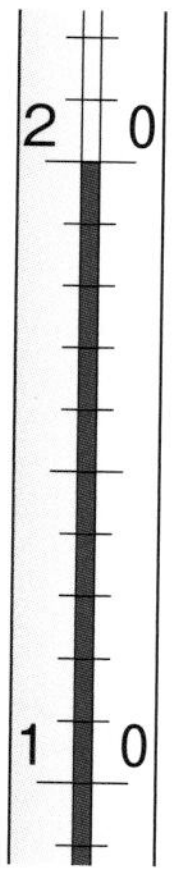
2　0
1　0

2 午前９時と午前１２時に、日なたと日かげの地面の温度を調《しら》べ、ぼうグラフに表《あらわ》しました。

(1) 日なたと日かげの地面の温度について、正しいものを１つえらんで、（　　）に○をつけましょう。

ア（　　）日なたのほうが、地面の温度が高い。

イ（　　）日かげのほうが、地面の温度が高い。

ウ（　　）地面の温度は同じである。

(2) 日なたの地面の温度をくらべます。温度が高いのは、午前９時と午前１２時のどちらですか。

（　　　　　　　）

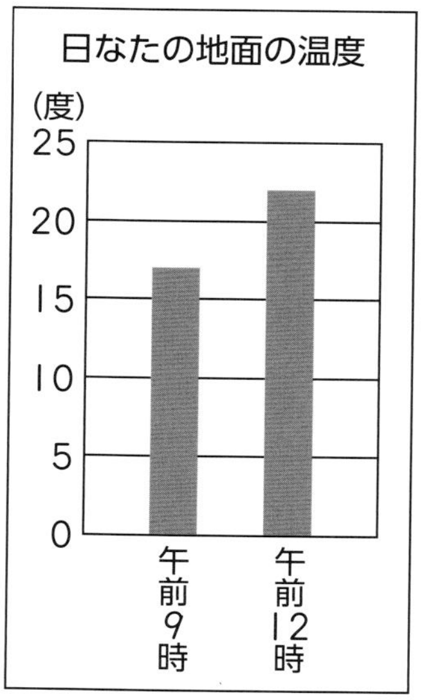
日なたの地面の温度
(度)
25
20
15
10
5
0
午前9時
午前12時

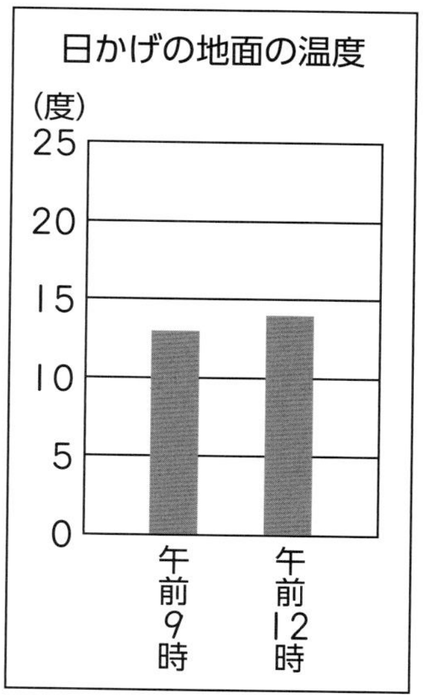
日かげの地面の温度
(度)
25
20
15
10
5
0
午前9時
午前12時

(3) (1)、(2)のようになるのは、なぜですか。（　　）に当てはまる言葉《ことば》を、［　　］からえらんで書きましょう。

- 日なたでは、（　　　　　）によって地面があたためられるから。

雨　　風　　雲　　日光

ぴったり3
たしかめのテスト
7. 地面のようすと太陽

時間 30 分　／100　合格 70 点

教科書 110〜125ページ　答え 29ページ

1 あ、いを使《つか》って、太陽《たいよう》が見えるほういを調《しら》べます。　技能　1つ10点(30点)

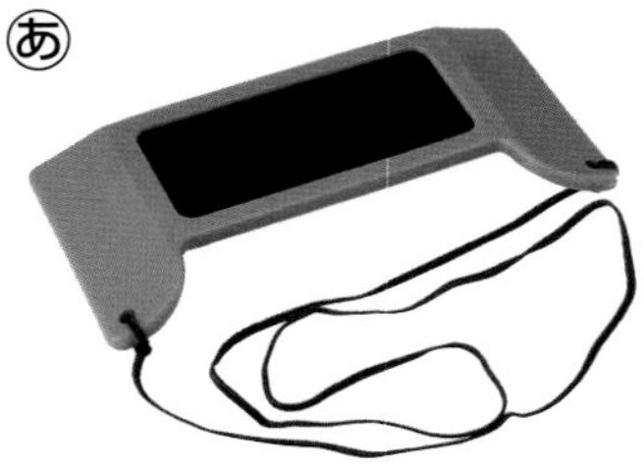

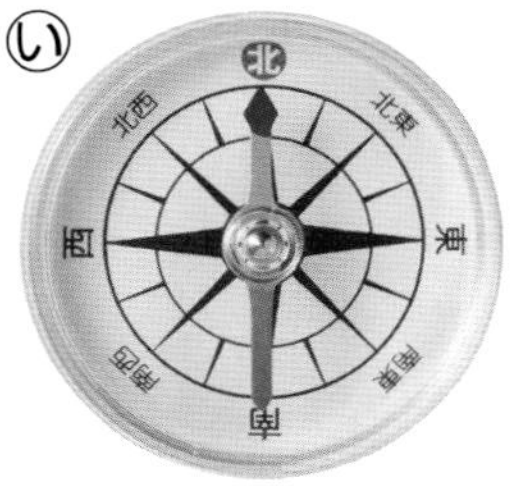

(1) あ、いをそれぞれ何といいますか。

あ(　　　　　　　　)

い(　　　　　　　　)

(2) いのはりの、色がついているほうの先は、東・西・南・北のどのほういをさしますか。(　　　)

よく出る

2 時《じ》こくをかえて、太陽とかげのいちを調べました。　1つ5点、(1)は全部できて5点(15点)

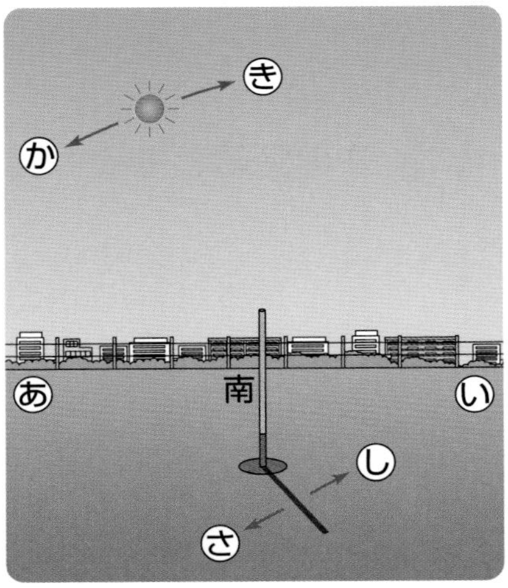

(1) あ、いは、それぞれ北・東・西のどのほういを表《あらわ》していますか。　あ(　　　)　い(　　　)

(2) 時間がたつと、太陽のいちはか、きのどちらのほうにかわりますか。(　　　)

(3) (2)のとき、ぼうのかげのいちはどうなりますか。正しいものを1つえらんで、(　　)に○をつけましょう。

ア(　　)かわらない。

イ(　　)さのほうにかわる。

ウ(　　)しのほうにかわる。

よく出る

3 日なたと日かげの地面《じめん》のようすをくらべます。日かげのようすを3つえらんで、(　　)に○をつけましょう。　1つ5点(15点)

ア(　　)暗《くら》い。

イ(　　)明るい。

ウ(　　)つめたい。

エ(　　)あたたかい。

オ(　　)かわいている。

カ(　　)少ししめっている。

4 午前９時と午前１２時に、日なたと日かげの地面の温度《おんど》をはかりました。

思考・表現 1つ10点(30点)

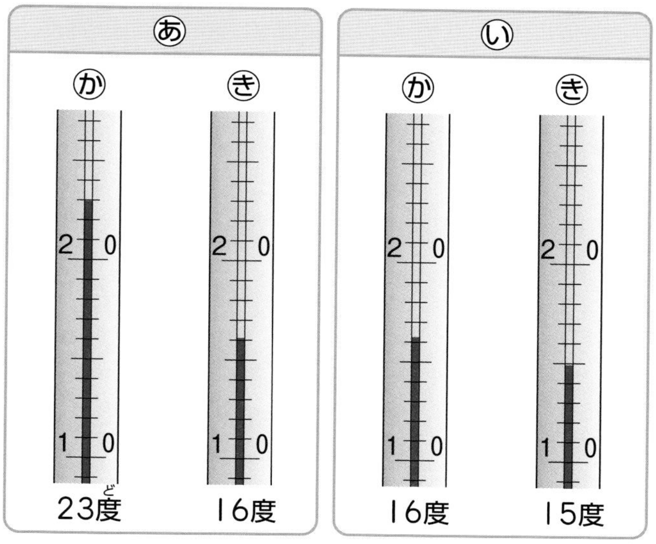

(1) 午前１２時の地面の温度を表しているのは、あ、いのどちらですか。

(　　)

(2) 日なたの地面の温度を表しているのは、か、きのどちらですか。

(　　)

(3) 記述 日なたと日かげで、地面の温度がちがうのはなぜですか。

(　　　　　　　　　　　　　　　　)

できたらスゴイ！

5 次《つぎ》の図は、ある時こくの校庭《こうてい》のようすを表しています。

思考・表現

全部できて10点(10点)

● 記述 かげのでき方がまちがっているところが１つあります。まちがっているところを○でかこみましょう。また、そう考えた理由《りゆう》もせつめいしましょう。

(　　　　　　　　　　　　　　　　)

ふりかえり
3 がわからないときは、52ページの 1 にもどってかくにんしましょう。
5 がわからないときは、48ページの 1 にもどってかくにんしましょう。

8. 太陽の光

かがみではね返した日光1

めあて
かがみではね返した日光のようすを、かくにんしよう。

教科書 126〜129ページ　答え 30ページ

次《つぎ》の(　)に当てはまるものを○でかこもう。

1 かがみではね返《かえ》した日光は、どのように進《すす》むのだろうか。

教科書 126〜129ページ

▶かがみを使《つか》うと、日光を
(① とめる ・ はね返す)ことが
できる。

かがみではね返した日光のようす

▶かがみではね返した日光は、(② まっすぐに ・ 曲《ま》がりながら)進む。
▶かがみではね返した日光は、集《あつ》めることが(③ できる ・ できない)。

▶日光は、(④ まっすぐに ・ 曲がりながら)進み、
集めることが(⑤ できる ・ できない)。

木の間やブラインドから
さしこむ日光は、
まっすぐに進んでいるね。

ここがだいじ!
①日光は、かがみを使ってはね返すことができる。
②はね返した日光はまっすぐに進み、集めることができる。

ぴたトリビア
水面《すいめん》にまわりのけしきがうつってみえるのは、水面がかがみのはたらきをして、光をはね返しているからです。

8. 太陽の光

かがみではね返した日光1

教科書 126〜129ページ　答え 30ページ

1 かがみを使《つか》って、日光の進《すす》み方を調《しら》べました。

(1) 次《つぎ》の文の（　　）に当てはまる言葉《ことば》を、［　　］からえらんで書きましょう。

● 日光は、かがみに当たると（　　　　　　　　　）。

［ 通りぬける　　とまる　　はね返《かえ》る ］

(2) あで、かがみに当たった後の日光は、どのように進んでいますか。正しいほうの（　　）に○をつけましょう。

ア（　　）まっすぐに進んでいる。
イ（　　）曲《ま》がりながら進んでいる。

(3) かがみに当たった後の日光について、正しいほうの（　　）に○をつけましょう。

ア（　　）重《かさ》ねて集《あつ》めることができる。
イ（　　）重ねて集めることができない。

ぴったり1 じゅんび

8. 太陽の光

かがみではね返した日光2

学習日　　月　　日

めあて
かがみではね返した日光を当てたところのようすをかくにんしよう。

教科書 130〜135ページ　答え 31ページ

次《つぎ》の(　　)に当てはまる言《こと》葉《ば》を○でかこもう。

1 かがみで日光を集《あつ》めると、明るさやあたたかさはどうなるのだろうか。 教科書 130〜132ページ

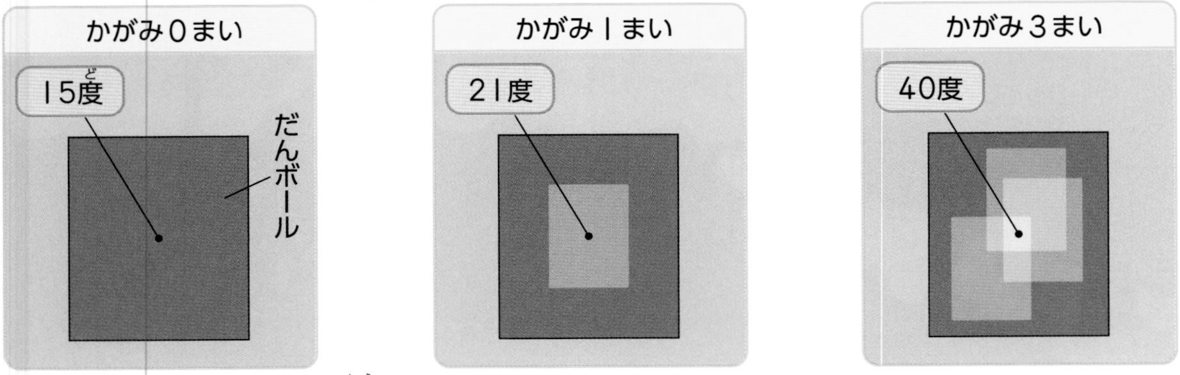

かがみ０まい
15度《ど》
だんボール
かがみ１まい
21度
かがみ３まい
40度

▶ ものにかがみではね返《かえ》した日光を当てると、日光を当てたところが
(① 明るく ・ 暗《くら》く)、(② あたたかく ・ つめたく)なる。

▶ かがみで日光をたくさん集めるほど、日光を当てたところは
(③ 明るく ・ 暗く)、(④ あたたかく ・ つめたく)なる。

2 虫めがねで日光を集めると、明るさやあたたかさはどうなるのだろうか。 教科書 134〜135ページ

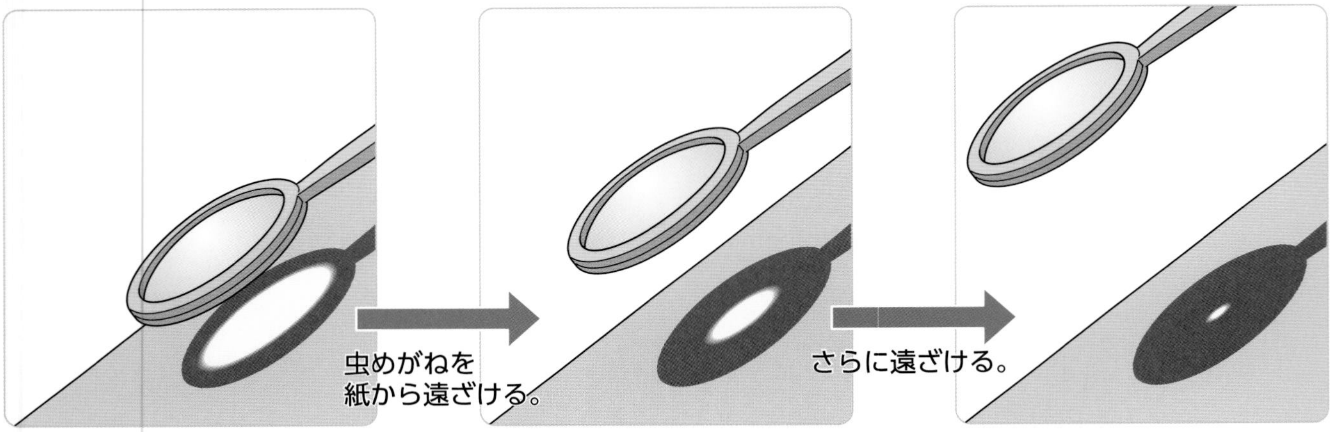

虫めがねを
紙から遠ざける。
さらに遠ざける。

▶ 虫めがねで日光を集めると、日光を集めたところが
(① 明るく ・ 暗く)、(② あたたかく ・ つめたく)なる。

▶ 虫めがねを紙から遠ざけると、日光が集まるところは
(③ 大きく ・ 小さく)なり、明るさが(④ 明るく ・ 暗く)なる。

ここがだいじ!
①かがみで日光を集めるほど、日光を当てたところが明るく、あたたかくなる。
②虫めがねで日光を集めるほど、日光を集めたところが明るく、あたたかくなる。

ぴたトリビア
水を入れたペットボトルも、虫めがねと同じように光を集めます。水を入れたペットボトルを日なたにおいておくと、集まった光がもとになって、火事《かじ》が起《お》こることがあります。

1 かがみではね返《かえ》した日光をまとに当てて、日光が当たったところの明るさと温度《おんど》を調《しら》べました。

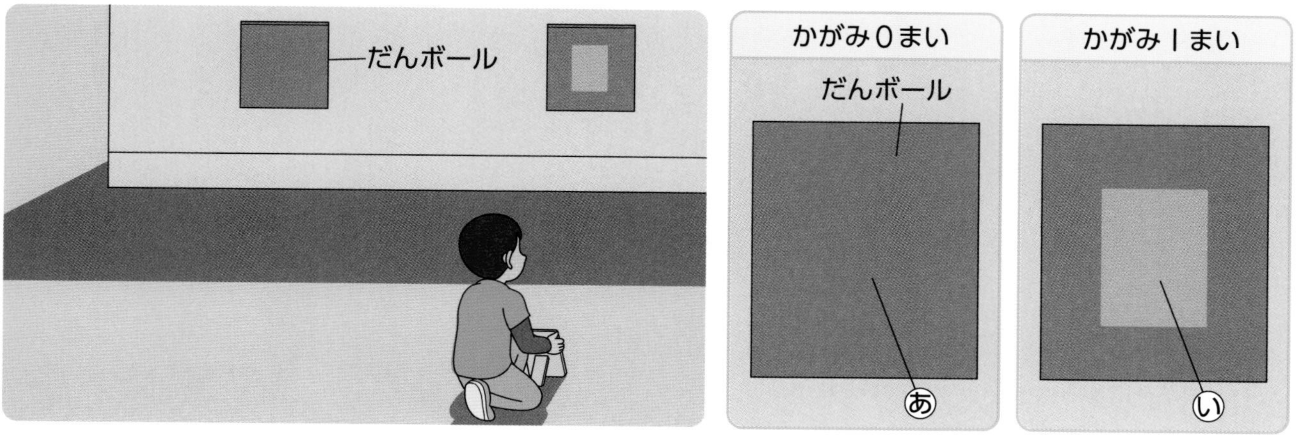

(1) (あ)と(い)では、どちらのほうが明るいですか。（　　）

(2) (あ)と(い)では、どちらのほうが温度が高いですか。（　　）

(3) かがみを３まいにして、日光を集《あつ》めました。

① いちばん明るいのは、(か)〜(く)のどこですか。（　　）

② いちばん温度が高いのは、(か)〜(く)のどこですか。（　　）

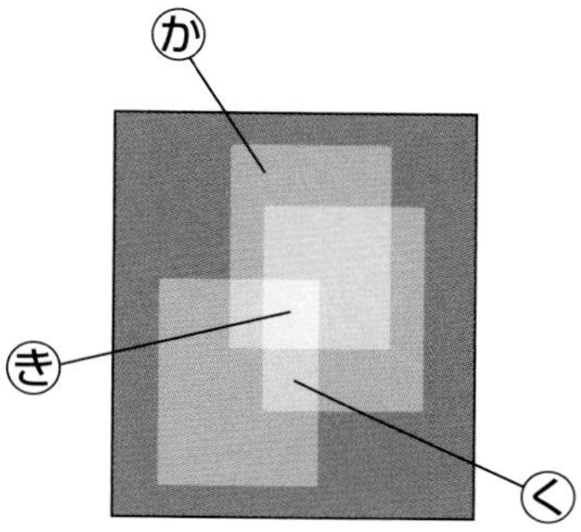

2 虫めがねで集めた日光を、紙に当てました。

(1) 虫めがねを(あ)の向《む》きに動《うご》かしました。

① 日光が集まるところの大きさはどうなりますか。（　　）

② 日光が集まるところの明るさはどうなりますか。（　　）

(2) 虫めがねを(い)の向きに動かしました。

① 日光が集まるところの大きさはどうなりますか。（　　）

② 日光が集まるところの明るさはどうなりますか。（　　）

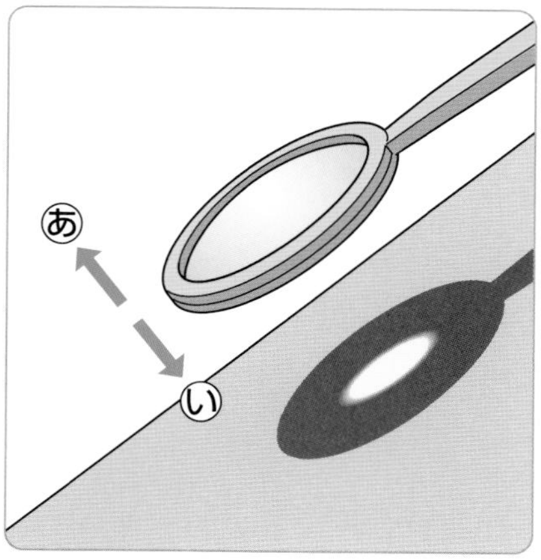

ぴったり3 たしかめのテスト

8. 太陽の光

時間 30 分　／100　合格 70 点

教科書 126〜137ページ　答え 32ページ

よく出る

1 かがみを使《つか》って、日かげのかべに日光を当てました。

1つ8点(32点)

(1) かがみには、どのようなはたらきがありますか。
　(　　)に当てはまる言葉《ことば》を書きましょう。
　● かがみには、日光を(　　　　　　　　)
　　はたらきがある。

(2) かがみに当たった後の日光は、どのように進《すす》みますか。正しいほうの(　　)に○をつけましょう。
　ア(　　)曲《ま》がりながら進む。
　イ(　　)まっすぐに進む。

(3) 日光を当てたところについて、正しいほうの(　　)に○をつけましょう。
　ア(　　)日かげなので、日光が当たっても明るくならない。
　イ(　　)日かげでも、日光が当たると明るくなる。

(4) さわるとあたたかいのは、あ、いのどちらですか。　(　　　)

2 虫めがねを使います。

技能

⑵は10点、ほかは1つ7点(24点)

(1) 虫めがねでぜったいに見てはいけないものを、［　　　］からえらんで書きましょう。　(　　　　　　)

こん虫《ちゅう》　　植物《しょくぶつ》　　太陽《たいよう》　　人間

(2) 記述 (1)のものを見てはいけないのはなぜですか。
　(　　　　　　　　　　　　　　　　　　　　　　　　　　)

(3) 虫めがねで集《あつ》めた日光を調《しら》べます。正しい調べ方を1つえらんで、(　　)に○をつけましょう。
　ア(　　)集めた日光を着《き》ている服《ふく》に当てて、こげ方を調べる。
　イ(　　)集めた日光を手のひらに当てて、あたたかさを調べる。
　ウ(　　)集めた日光をだんボールに当てて、明るさを調べる。

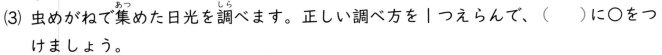

よく出る

3 虫めがねで集めた日光を、紙に当てました。

1つ8点(16点)

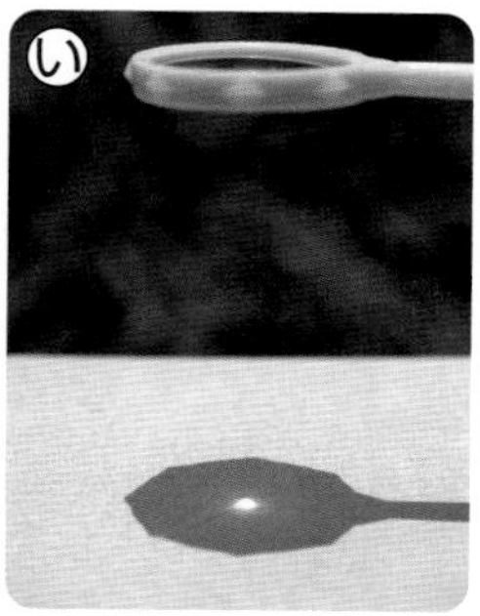

(1) 日光が集まったところが明るいのは、Ⓐ、Ⓘのどちらですか。　(　　)

(2) 日光が集まったところの温度《おんど》が高いのは、Ⓐ、Ⓘのどちらですか。　(　　)

できたらスゴイ!

4 3まいのかがみを使って、だんボールに日光を当てました。

1つ7点(28点)

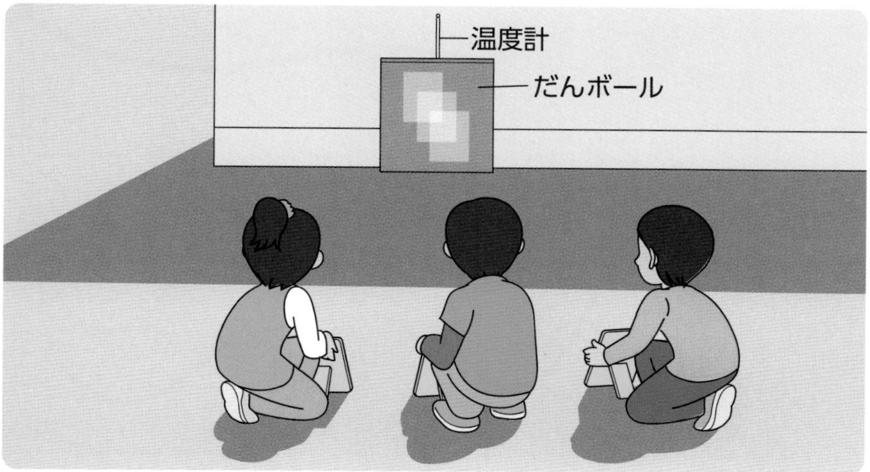

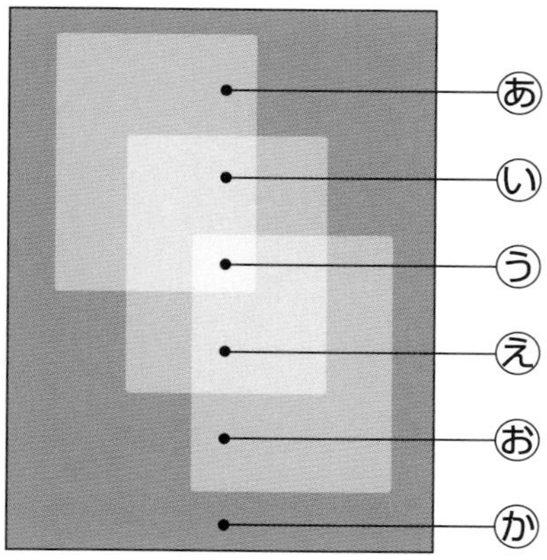

(1) あと同じあたたかさになったのは、い～かのどこですか。　(　　)

(2) いちばんあたたかくなったのは、あ～かのどこですか。　(　　)

(3) このじっけんからわかることを1つえらんで、(　)に○をつけましょう。

ア(　)集めた日光が多いところほど、あたたかくなる。　思考・表現

イ(　)集めた日光が少ないところほど、あたたかくなる。

ウ(　)集めた日光が多くても少なくても、あたたかさは同じになる。

(4) たけるさんは、かがみを使って水をあたためることにしました。いちばんよく水があたたまるものを1つえらんで、(　)に○をつけましょう。　思考・表現

ア(　)

イ(　)

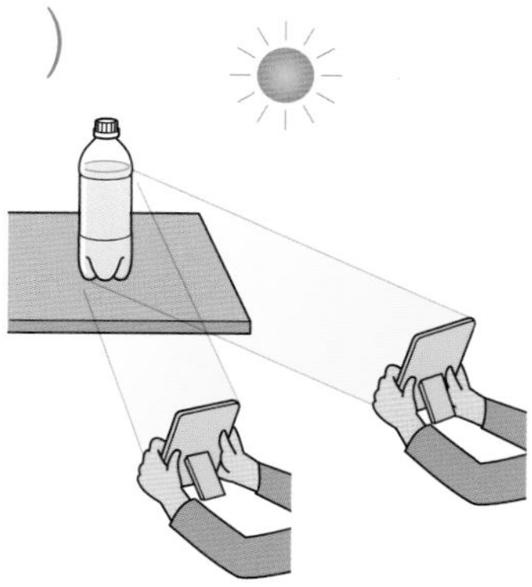

ウ(　)

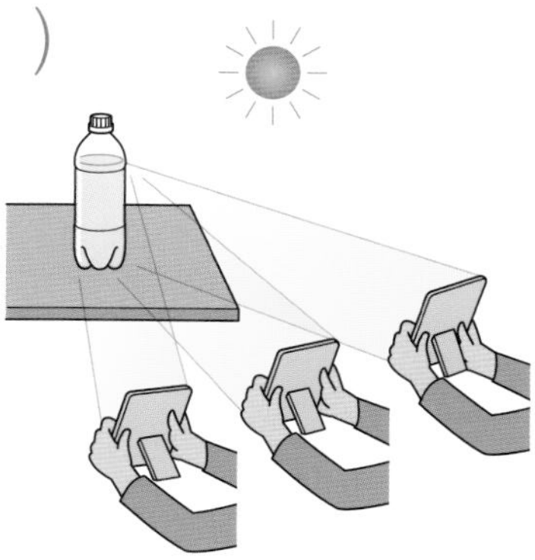

ふりかえり
3がわからないときは、60ページの2にもどってかくにんしましょう。
4がわからないときは、60ページの1にもどってかくにんしましょう。

9. 電気の通り道

電気の通り道1

学習日　月　日

めあて
かん電池と豆電球をどのようにつなげば明かりがつくか、かくにんしよう。

教科書 138〜141ページ　答え 33ページ

次《つぎ》の(　)に当てはまる言葉《ことば》を書こう。

1 かん電池と豆電球《まめでんきゅう》をどのようにつなげば、明かりがつくのだろうか。 教科書 138〜141ページ

かん電池

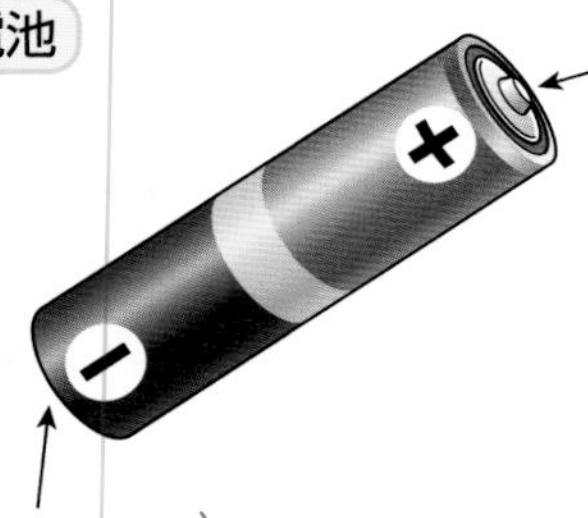

(① 　　　)きょく

(② 　　　)きょく

豆電球

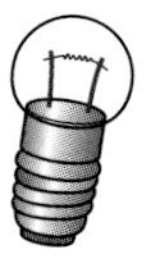

導線《どうせん》つきソケット

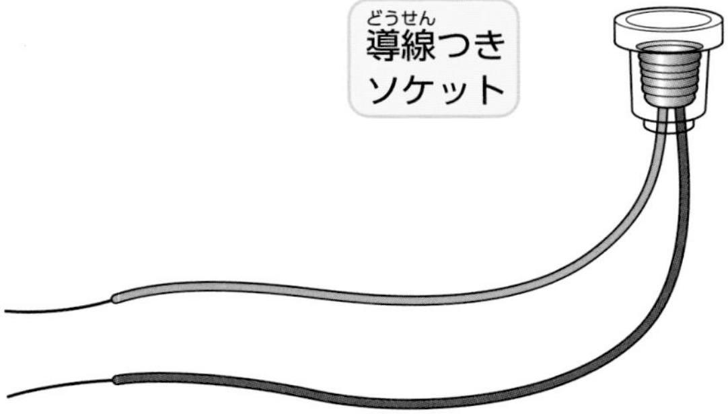

明かりが(③ 　　　)。

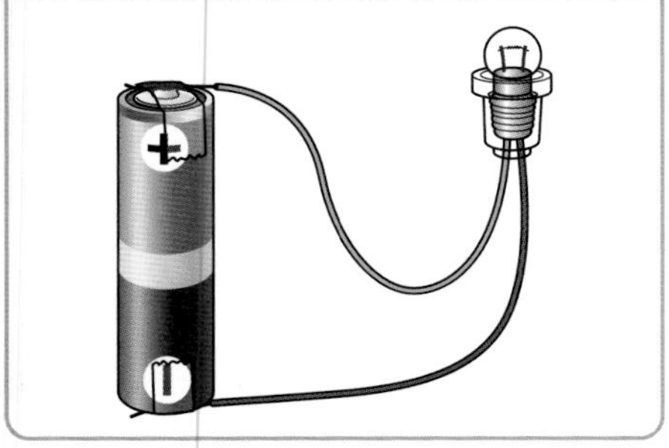

明かりが(④ 　　　)。

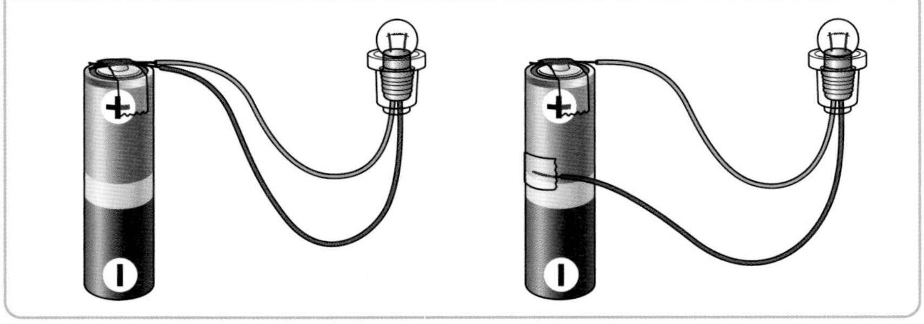

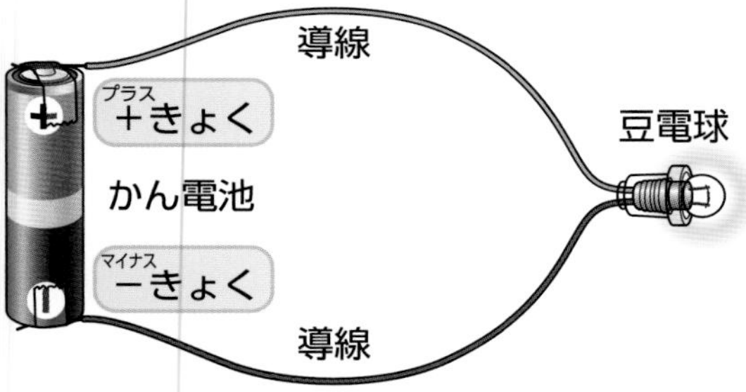
導線
プラス
＋きょく
かん電池
マイナス
−きょく
導線
豆電球

▶導線をかん電池の(⑤ 　　　)きょくと(⑥ 　　　)きょくにつなぐと、電気の通り道が１つの(⑦ 　　　)のようにつながり、電気が通る。

▶わになっている電気の通り道を(⑧ 　　　)という。

豆電球とソケットのしくみ

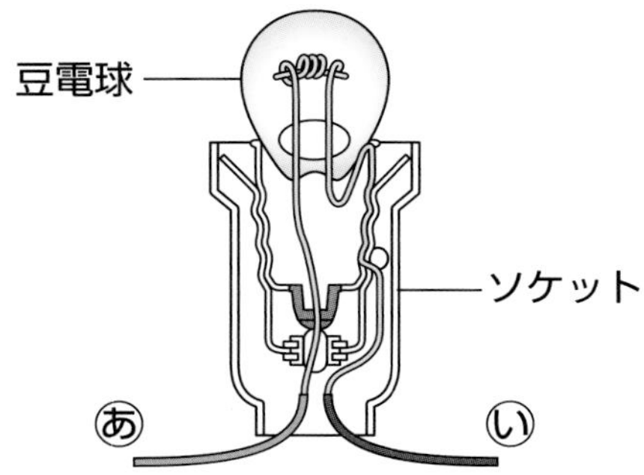
豆電球
ソケット
あ
い

豆電球やソケットの中には電気の通り道があり、あからいまで、つながっているよ。

ここがだいじ!

①かん電池の＋きょくと−きょくに導線をつなぐと、電気の通り道が１つのわのようにつながり、電気が通る。

②わになっている電気の通り道を回路《かいろ》という。

ぴたトリビア 遠くの発電所《はつでんしょ》からわたしたちの家まで電気が運《はこ》ばれてくるのは、導線が長くなっても、回路がつながっていれば電気が通るからです。

9. 電気の通り道

電気の通り道1

1 かん電池と豆電球《まめでんきゅう》をつないで、明かりをつけます。

㋐

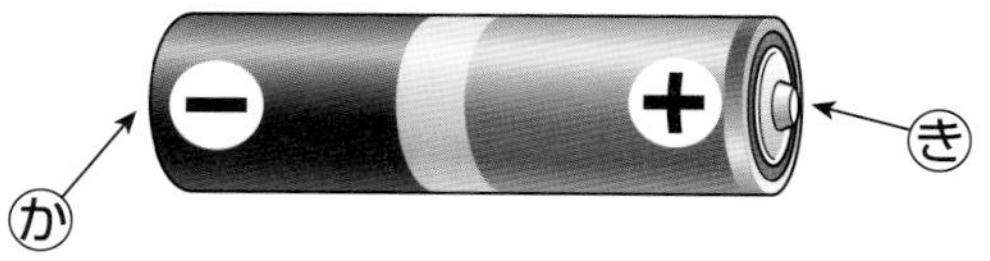

（　　　　　　　）

㋑

（　　　　　　　）

㋒

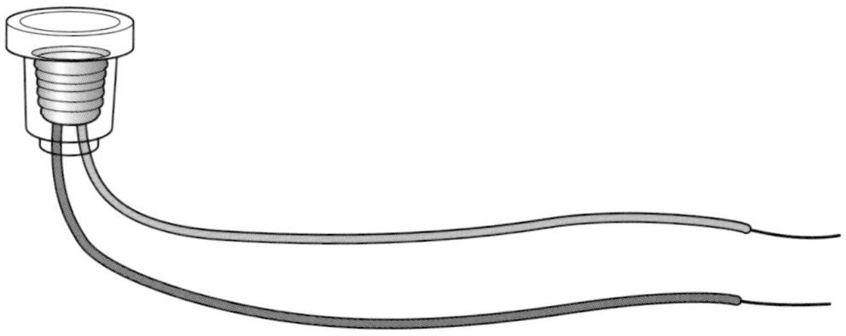

（　　　　　　　　　　　）

(1) ㋐～㋒のきぐの名前を、上の（　　）に書きましょう。

(2) ＋《プラス》きょくは、㋕、㋖のどちらですか。　（　　）

(3) 次《つぎ》の文の（　　）に当てはまる言葉《ことば》を、［　　］からえらんで書きましょう。

ひも　　わ　　回路《かいろ》　　通路

- 電気の通り道が１つの（①　　　　）のようにつながっていると、電気が通る。この電気の通り道を（②　　　　）という。

(4) 明かりがつくものには○、つかないものには×を（　　）につけましょう。

①（　　）

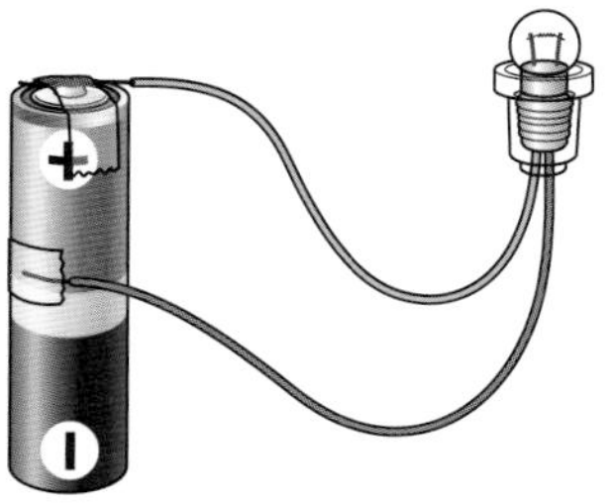

②（　　）

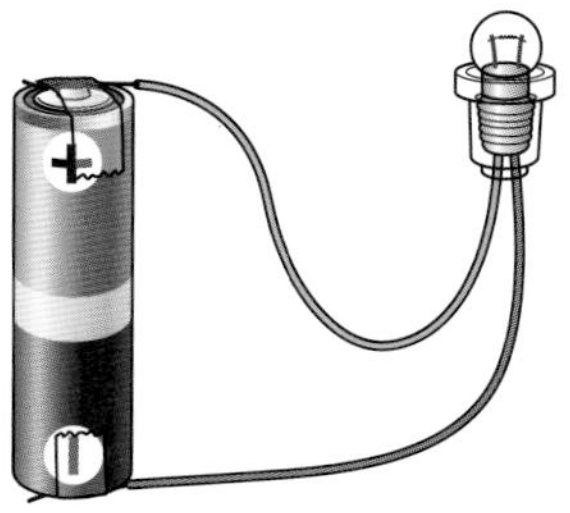

③（　　）

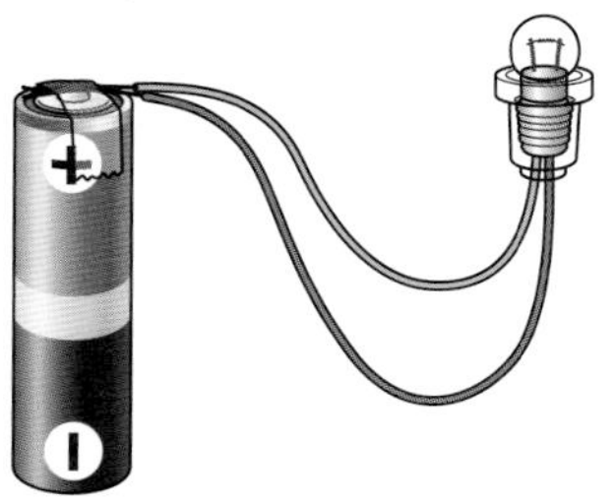

ヒント 1 (4)電気が通ると、豆電球に明かりがつきます。

学習日　月　日

9. 電気の通り道

電気の通り道2

めあて
どのようなものが電気を通すか、かくにんしよう。

教科書 142～149ページ　答え 34ページ

次《つぎ》の(　)に当てはまる言葉《ことば》を書くか、当てはまるものを○でかこもう。

1 どのようなものが、電気を通すのだろうか。

教科書 142～145ページ

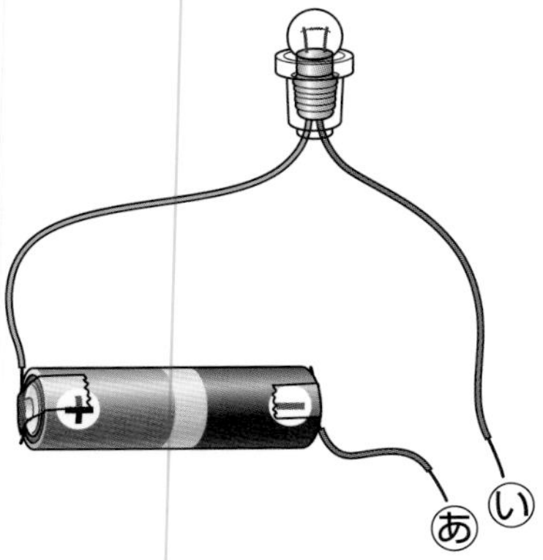

あといの間に
いろいろなものをつなぐ。

調《しら》べるもの

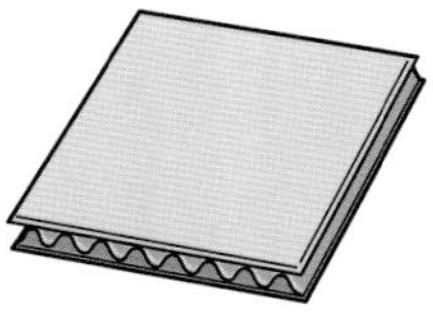
だんボール[紙]

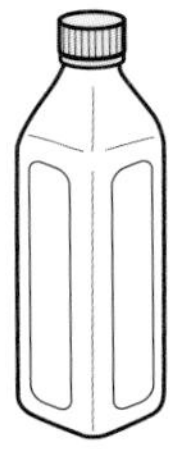
ペットボトル
[プラスチック]

コップ
[ガラス]

アルミニウムはく
[アルミニウム]

くぎ
[銅《どう》]

くぎ
[鉄《てつ》]

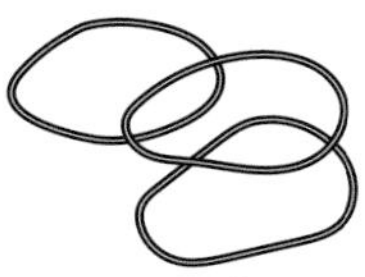
わゴム
[ゴム]

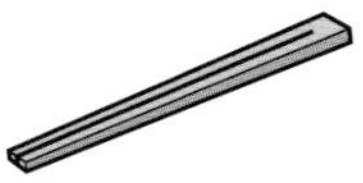
わりばし
[木]

電気を(①　　　　)もの	電気を(②　　　　)もの
・アルミニウムはく[アルミニウム] ・くぎ[銅] ・くぎ[鉄]	・だんボール[紙] ・ペットボトル[プラスチック] ・コップ[ガラス] ・わゴム[ゴム] ・わりばし[木]

- 鉄や銅、アルミニウムなどは電気を(③　通す　・　通さない　)。
- プラスチックや紙、木などは電気を(④　通す　・　通さない　)。
- 鉄や銅、アルミニウムなどを(⑤　　　　　)という。
- 金ぞくは電気を(⑥　通す　・　通さない　)。
- じっけんで使《つか》う導線《どうせん》は、
  電気を(⑦　通す　・　通さない　)
  銅などの金ぞくの線を、
  電気を(⑧　通す　・　通さない　)
  プラスチックでおおっている。

導線のしくみ

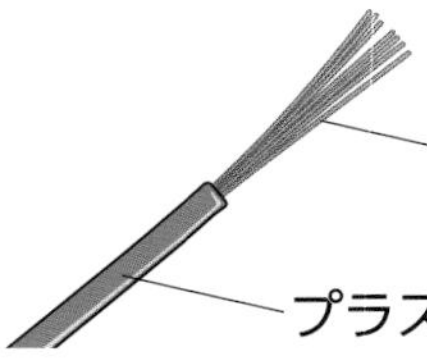

導線のつなぎ方

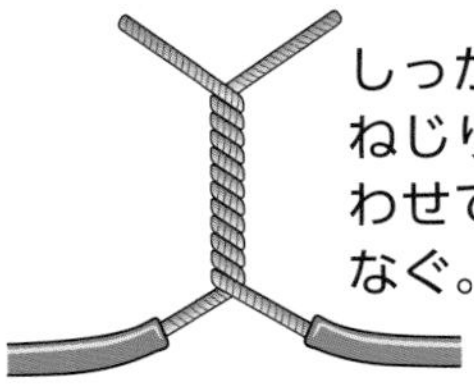

ここが、だいじ!
①鉄や銅、アルミニウムなどの金ぞくは、電気を通す。
②プラスチックや紙、木などは金ぞくではないので、電気を通さない。

ぴたトリビア　電気を通しやすい金ぞくのベスト3は銀《ぎん》、銅、金です。金や銀は高いので、導線には銅が使《つか》われています。

1 電気を通すものと通さないものを調《しら》べました。

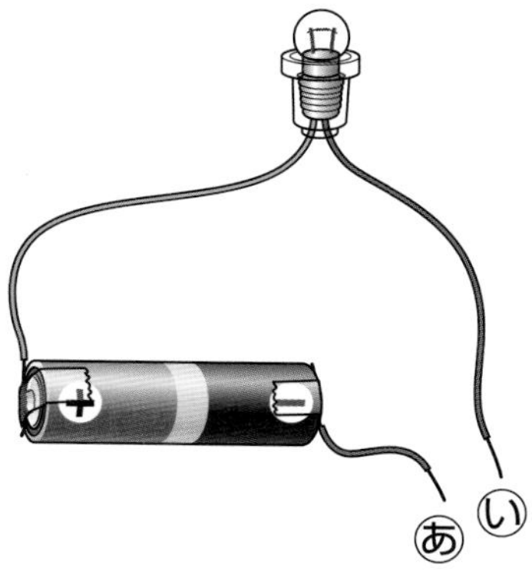

(1) 次《つぎ》の文の(　　)に当てはまる言葉《ことば》を書きましょう。

● あといの間に電気を通すものをつなぐと、(　　　　　)ができるので、豆電球《まめでんきゅう》の明かりがつく。

(2) あといの間につなぐと、豆電球の明かりがつくものには○、つかないものには×を、(　　)につけましょう。

①(　　)

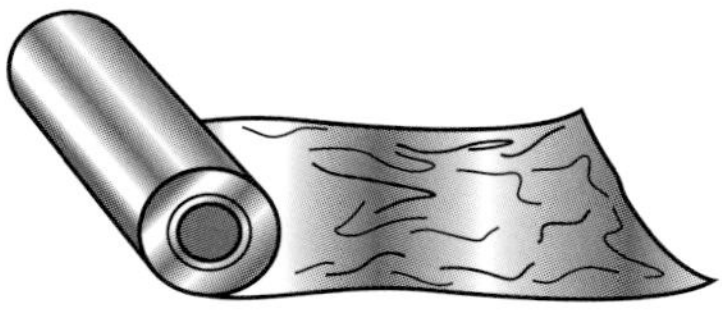
アルミニウムはく[アルミニウム]

②(　　)

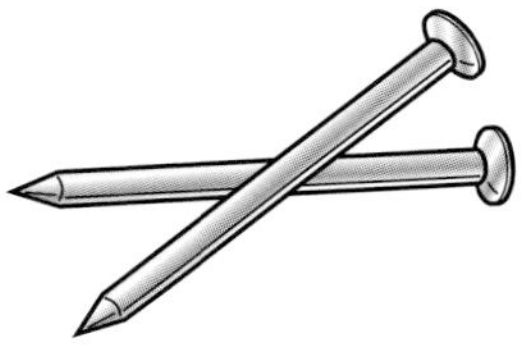
くぎ[鉄《てつ》]

③(　　)

コップ[ガラス]

④(　　)

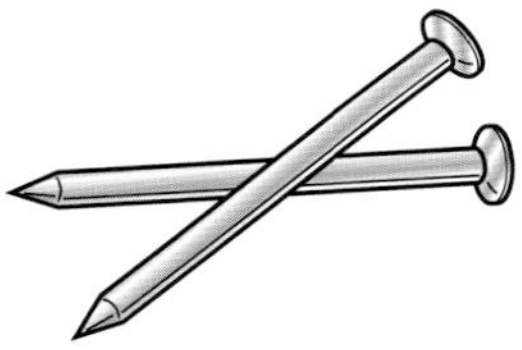
くぎ[銅《どう》]

⑤(　　)

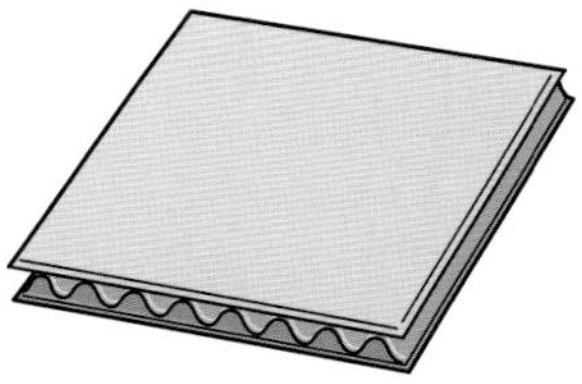
だんボール[紙]

⑥(　　)

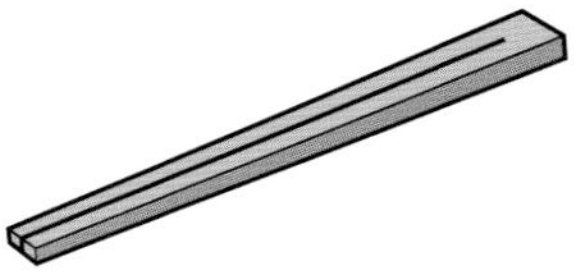
わりばし[木]

(3) 電気を通すものは、何でできていますか。　(　　　　　)

(4) じっけんで使《つか》う導線《どうせん》で、(3)でできているのはか、きのどちらですか。　(　　)

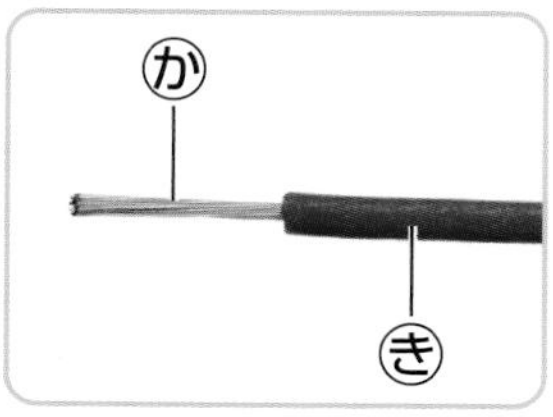

1 豆電球《まめでんきゅう》に明かりをつけます。

1つ10点(30点)

(1) 明かりがつくものを１つえらんで、(　　)に○をつけましょう。

ア(　　)

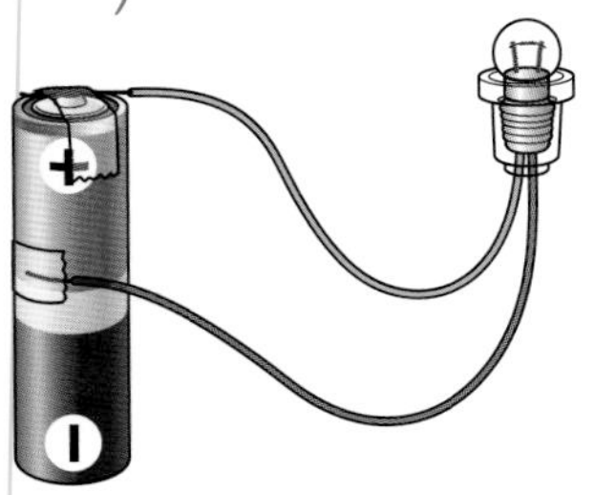

イ(　　)

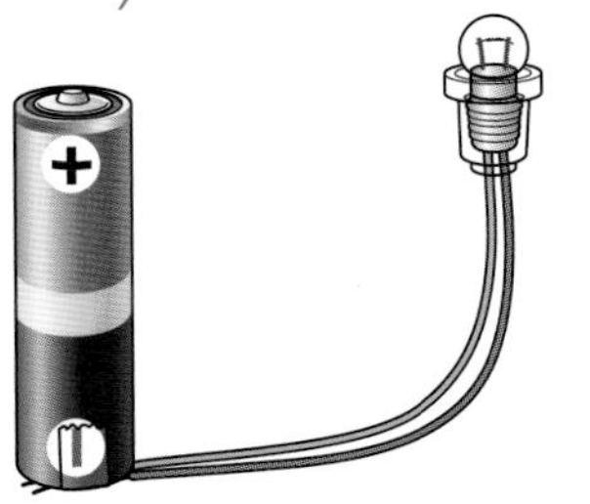

ウ(　　)

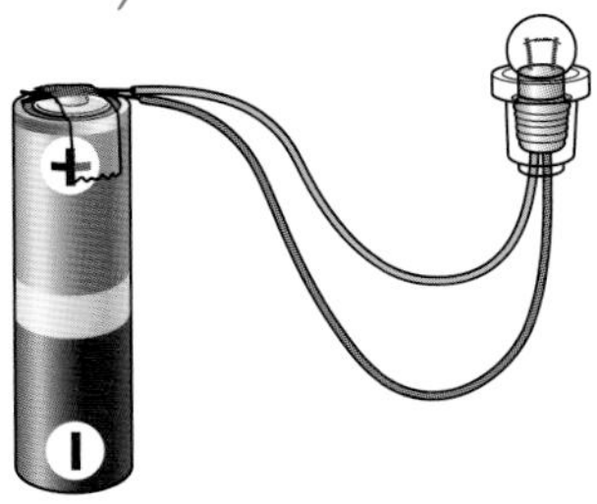

エ(　　)

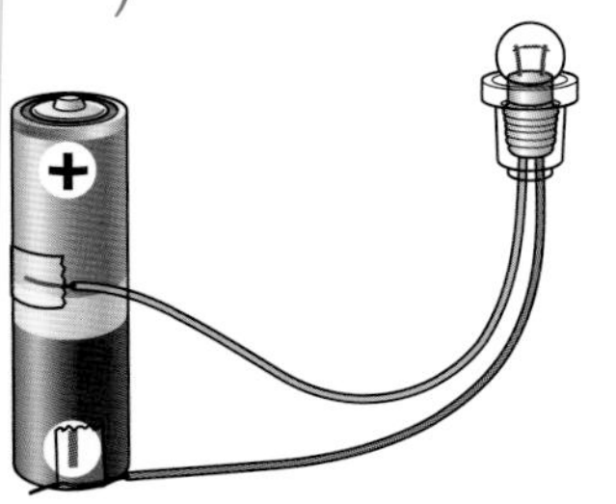

オ(　　)

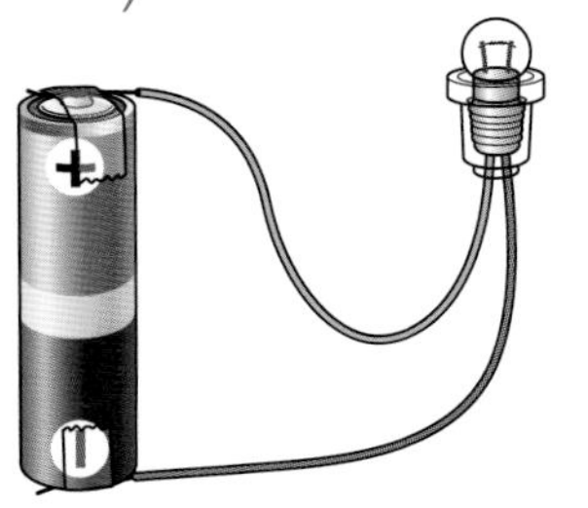

(2) 明かりがつくときの電気の通り道は、どうなっていますか。正しいほうの(　　)に○をつけましょう。

ア(　　)１つのわのようになっている。

イ(　　)１本のまっすぐな線になっている。

(3) (2)の電気の通り道を何といいますか。　(　　　　)

よく出る

2 電気を通すものと通さないものを調《しら》べます。

1つ10点、(1)は全部できて10点(30点)

(1) ㋐と㋑の間にはさむと豆電球の明かりがつくものをすべてえらんで、(　　)に○をつけましょう。

ア(　　)アルミニウムはく

イ(　　)ペットボトル

ウ(　　)紙コップ

エ(　　)銅《どう》のくぎ

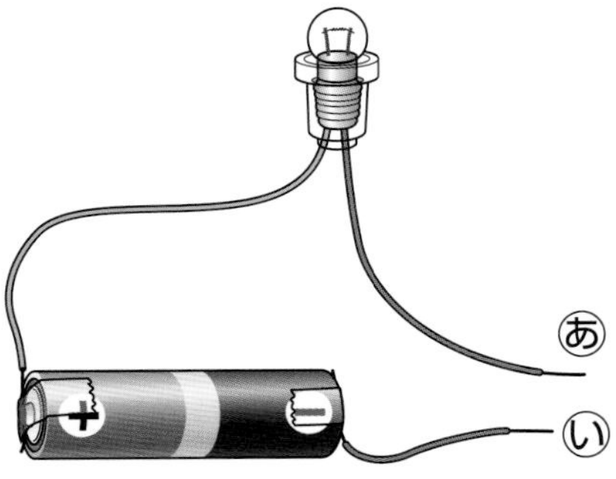

(2) 電気を通すものは、何でできていますか。

(　　　　　)

(3) 作図 ㋕のはさみをつないで豆電球の明かりをつけるには、導線《どうせん》をどのようにつなげばよいですか。㋖の図に ― でかきましょう。

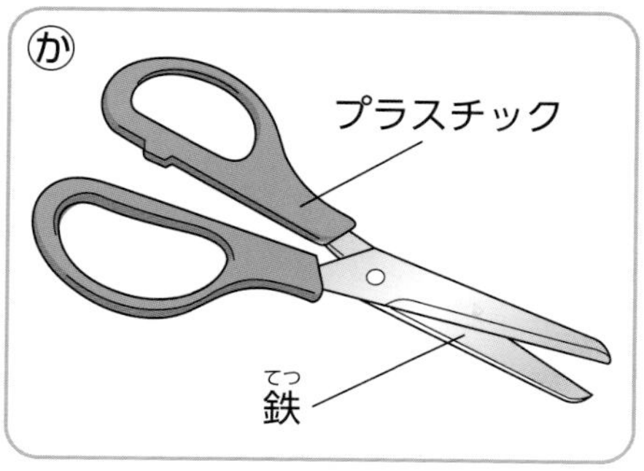

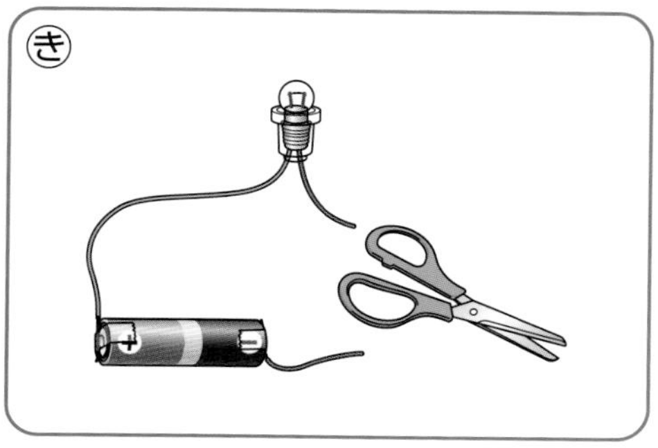

3 記述 ㋐～㋒のように導線で豆電球をかん電池につなぎましたが、明かりがつきませんでした。どのようにすれば明かりがつきますか。 思考・表現

1つ10点(30点)

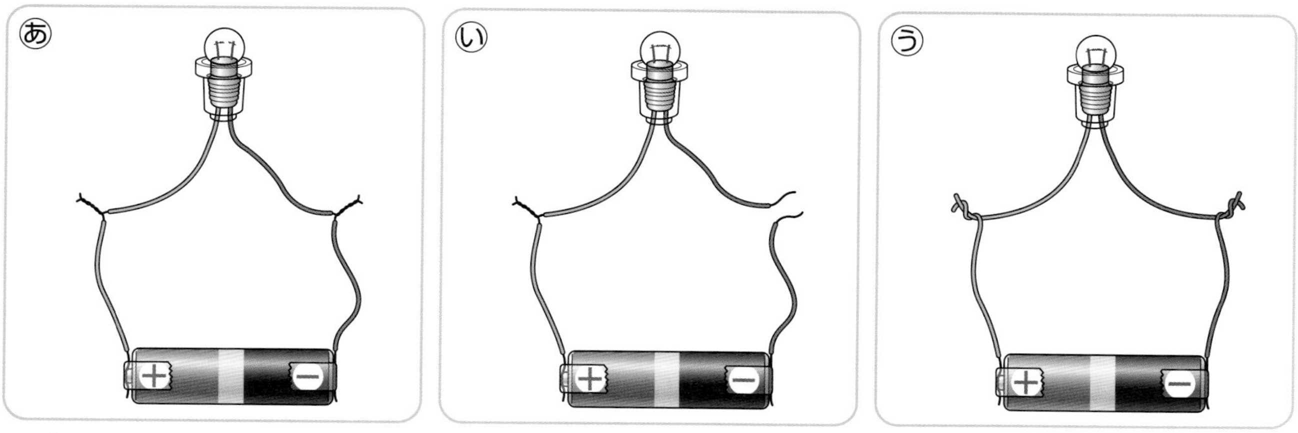

㋐(　　　　　　　　　　　　　　　　　　　　)
㋑(　　　　　　　　　　　　　　　　　　　　)
㋒(　　　　　　　　　　　　　　　　　　　　)

できたらスゴイ！

4 ㋐は、豆電球の中の電気の通り道を表《あらわ》しています。ソケットを使《つか》わずに豆電球に明かりをつけるには、どのように導線をつないだらよいですか。正しいものを１つえらんで、(　　)に○をつけましょう。 思考・表現 (10点)

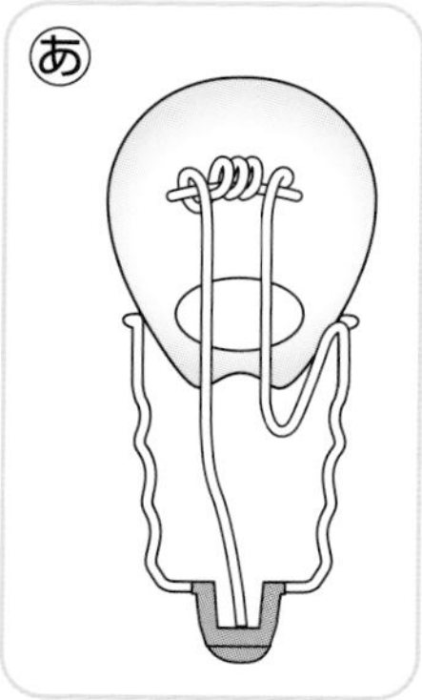

ア(　　)　イ(　　)　ウ(　　)

この本の終わりにある「冬のチャレンジテスト」をやってみよう！

ふりかえり
2がわからないときは、66ページの1にもどってかくにんしましょう。
4がわからないときは、64ページの1にもどってかくにんしましょう。

ぴったり1 じゅんび

3分でまとめ

学習日　　月　　日

10. じしゃくのふしぎ

①じしゃくに引きつけられるもの1

めあて
どのようなものがじしゃくに引きつけられるか、かくにんしよう。

教科書 152～161ページ　答え 36ページ

次《つぎ》の(　　)に当てはまる言葉《ことば》を書くか、当てはまるものを○でかこもう。

1 どのようなものが、じしゃくに引きつけられるのだろうか。 教科書 152～156ページ

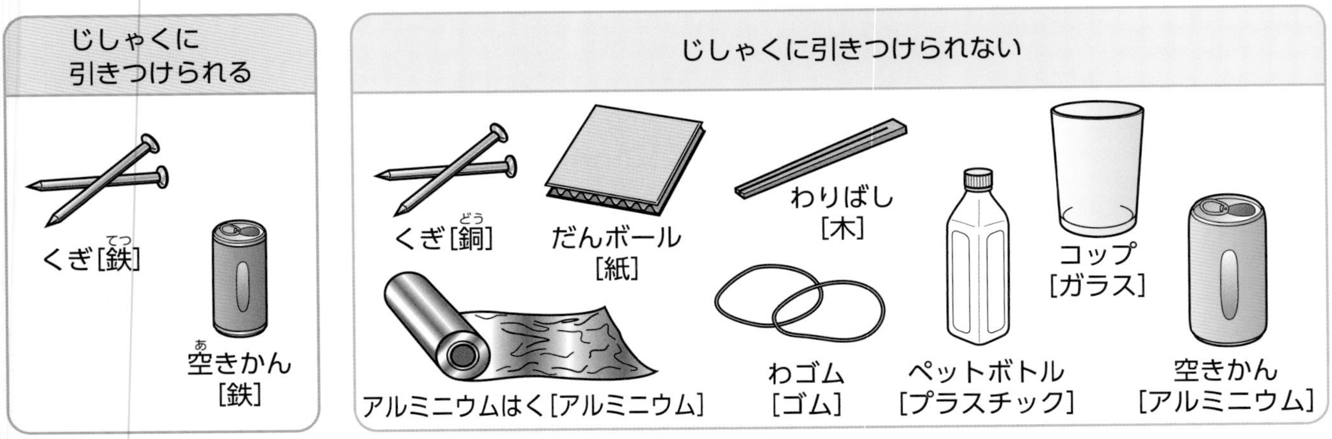

じしゃくに引きつけられる
くぎ[鉄《てつ》]
空《あ》きかん[鉄]
じしゃくに引きつけられない
くぎ[銅《どう》]
だんボール[紙]
わりばし[木]
コップ[ガラス]
アルミニウムはく[アルミニウム]
わゴム[ゴム]
ペットボトル[プラスチック]
空きかん[アルミニウム]

▶じしゃくに引きつけられるものは、(①　　　　)でできている。

2 じしゃくと鉄のきょりがかわると、どうなるのだろうか。 教科書 158～160ページ

▶じしゃくと鉄がはなれているとき、じしゃくは鉄を
(①　引きつける　・　引きつけない　)。

▶じしゃくと鉄の間に、じしゃくに引きつけられないものがあるとき、
じしゃくは鉄を(②　引きつける　・　引きつけない　)。

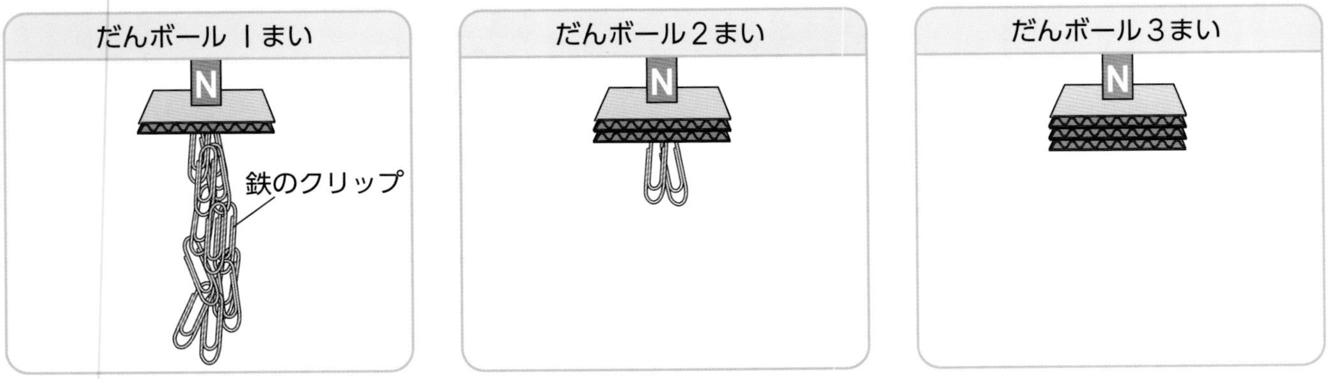

だんボール１まい
N
鉄のクリップ
だんボール２まい
N
だんボール３まい
N

▶じしゃくと鉄のきょりが長くなると、じしゃくが鉄を引きつける力は
(③　強く　・　弱く　)なる。

ここがだいじ!
①じしゃくには、鉄を引きつけるはたらきがある。
②じしゃくは、はなれている鉄も引きつける。
③じしゃくと鉄のきょりが長くなると、鉄を引きつける力が弱くなる。

ぴたトリビア　鉄はじしゃくにつきますが、アルミニウムはじしゃくにつきません。このちがいを使《つか》って、鉄の空きかんとアルミニウムの空きかんを分けています。

ぴったり2 練習

10. じしゃくのふしぎ

①じしゃくに引きつけられるもの1

学習日　　月　　日

教科書 152〜161ページ　答え 36ページ

1 じしゃくに引きつけられるものと、引きつけられないものを調《しら》べます。

(1) じしゃくに引きつけられるものには○、引きつけられないものには×を(　　)につけましょう。

①(　　)

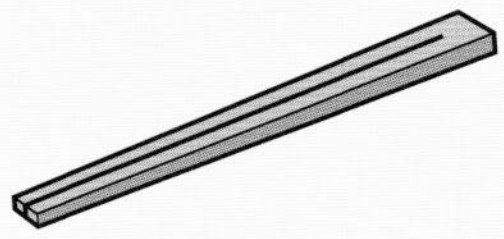

わりばし
[木]

②(　　)

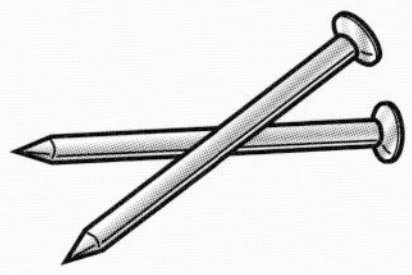

くぎ
[鉄《てつ》]

③(　　)

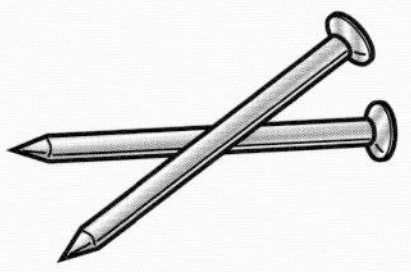

くぎ
[銅《どう》]

④(　　)

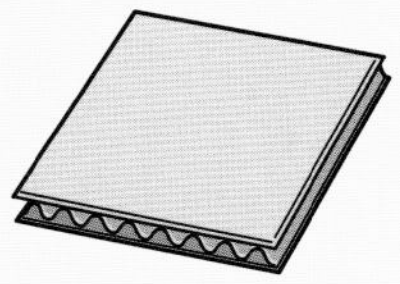

だんボール
[紙]

⑤(　　)

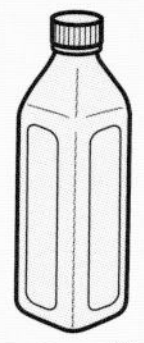

ペットボトル
[プラスチック]

⑥(　　)

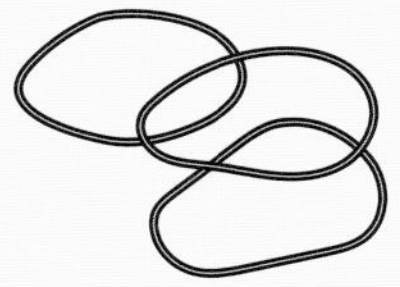

わゴム
[ゴム]

⑦(　　)

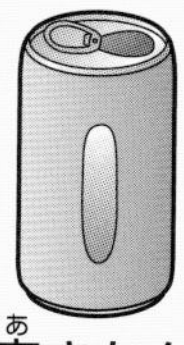

空《あ》きかん
[アルミニウム]

⑧(　　)

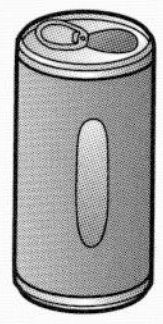

空きかん
[鉄]

(2) じしゃくに引きつけられるものは、何でできていますか。　(　　　　)

2 鉄のクリップに、じしゃくを近づけます。

(1) 図1のように、クリップにじしゃくを近づけると、クリップはどうなりますか。正しいものを1つえらんで、(　　)に○をつけましょう。

図1

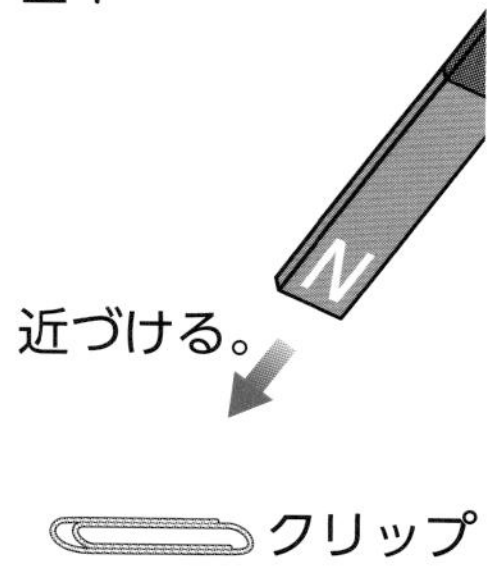
N
近づける。
クリップ

ア(　　)動《うご》かない。

イ(　　)じしゃくに引きつけられる。

ウ(　　)じしゃくから遠ざかる。

(2) 図2のように、だんボールをはりつけたじしゃくを、クリップに近づけます。引きつけられるクリップの数が多いのは、あ、いのどちらですか。

(　　　)

図2

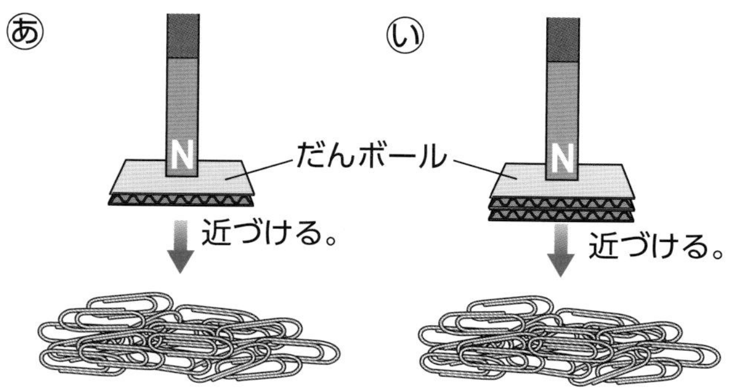
あ
い
N
だんボール
N
近づける。
近づける。

ヒント 2 (2)じしゃくと鉄のきょりが長くなると、鉄を引きつける力が弱くなります。

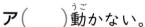

学習日　　月　　日

10. じしゃくのふしぎ

①じしゃくに引きつけられるもの２
②じしゃくと鉄

めあて
じしゃくに近づけた鉄は、じしゃくになるのか、かくにんしよう。

教科書 162～169ページ　答え 37ページ

次《つぎ》の(　　)に当てはまる言葉《ことば》を書くか、当てはまるものを○でかこもう。

1 じしゃくのきょくどうしを近づけると、どうなるのだろうか。

教科書 162～165ページ

- じしゃくのはしの、鉄《てつ》を強く引きつける部分《ぶぶん》を(①　　　　　)という。
- じしゃくのきょくには、(②　　　　)きょくと(③　　　　)きょくがある。
- じしゃくの同じきょくどうしは(④　引き合う　・　しりぞけ合う　)。
- じしゃくのちがうきょくどうしは(⑤　引き合う　・　しりぞけ合う　)。
- じしゃくを自由《じゆう》に動《うご》けるようにしておくと、N《エヌ》きょくは(⑥　　　　)をさして止まり、S《エス》きょくは(⑦　　　　)をさして止まる。

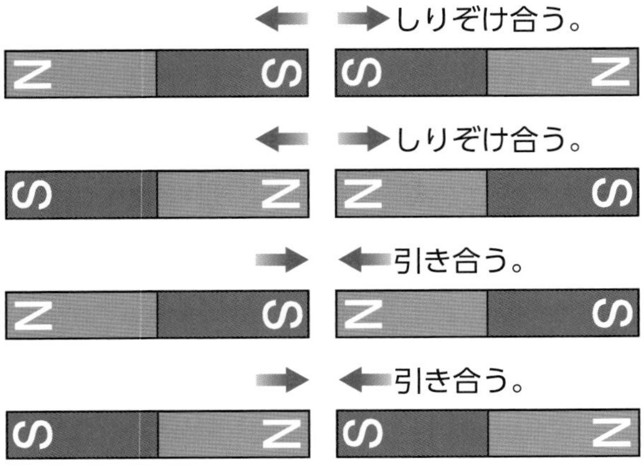
しりぞけ合う。
N S S N
しりぞけ合う。
S N N S
引き合う。
N S N S
引き合う。
S N S N

ほういじしんのはりも、じしゃくだよ。

2 じしゃくに近づけた鉄は、じしゃくになるのだろうか。

教科書 166～169ページ

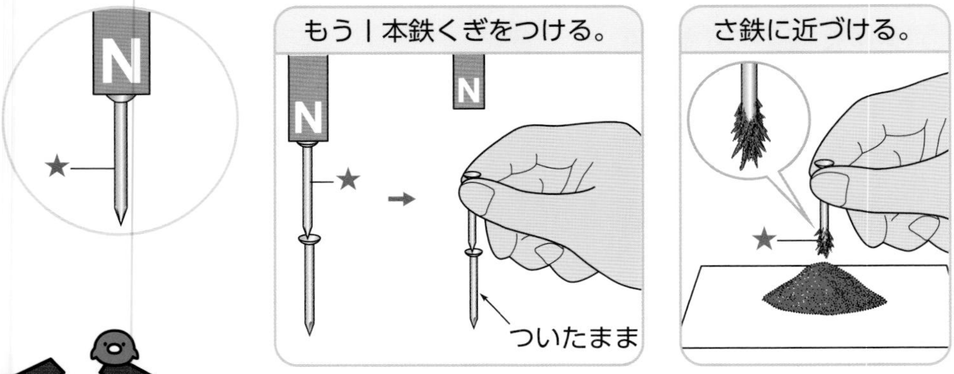
N
★
もう１本鉄くぎをつける。
N
★
N
ついたまま
さ鉄に近づける。
★

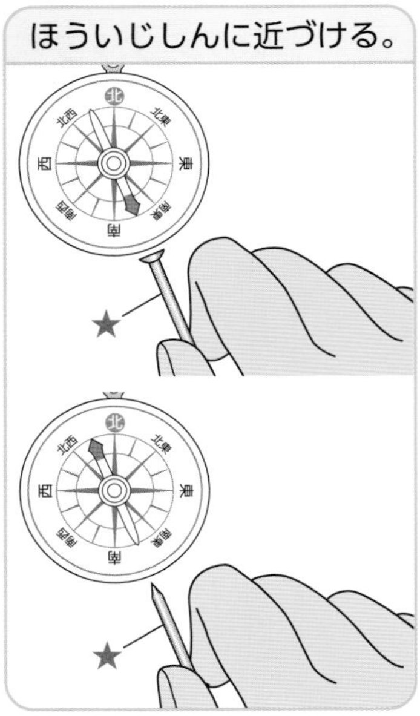
ほういじしんに近づける。
★
★

★のくぎについて調べるよ。

- じしゃくに近づけた鉄は、じしゃくに(①　なる　・　ならない　)。

ここがだいじ!
①じしゃくのはしの部分をきょくといい、鉄を強く引きつける。
②じしゃくの同じきょくどうしはしりぞけ合い、ちがうきょくどうしは引き合う。
③じしゃくに近づけた鉄は、じしゃくになる。

ぴたトリビア
じしゃくを切ると、一方のはしがNきょくになり、もう一方のはしがSきょくになります。Nきょくだけのじしゃくや、Sきょくだけのじしゃくは、いまのところ見つかっていません。

10. じしゃくのふしぎ

①じしゃくに引きつけられるもの2

②じしゃくと鉄

教科書 162～169ページ 答え 37ページ

1 じしゃくのせいしつを調《しら》べました。

図1

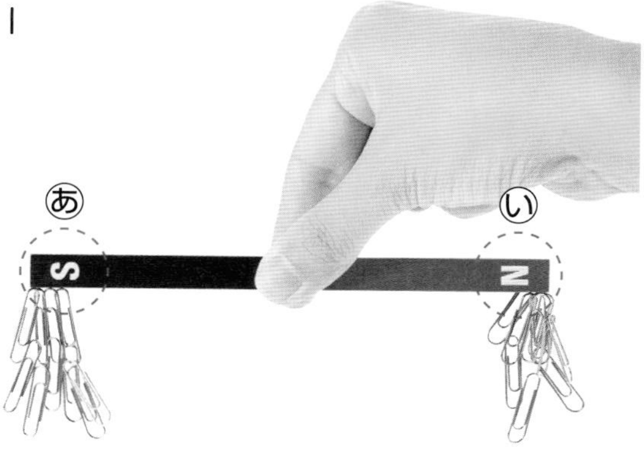
あ
い
S
N

図2

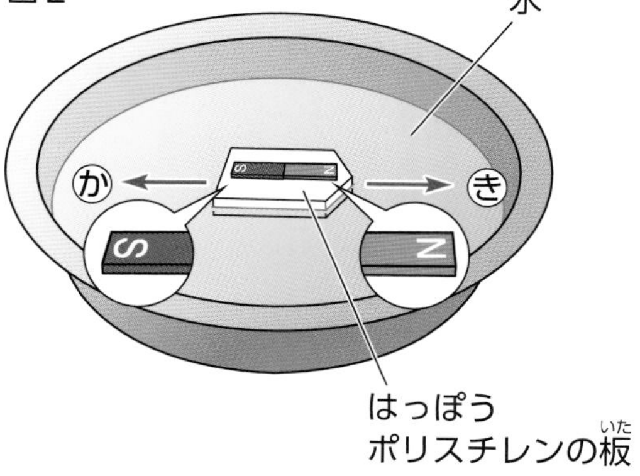
水
か
き
S
N
はっぽう
ポリスチレンの板《いた》

(1) 図1のあ、いのように、じしゃくのはしの鉄《てつ》を強く引きつける部分《ぶぶん》を何といいますか。

( )

(2) じしゃくが引き合うほうの( )に○をつけましょう。

ア( )

N
S

イ( )

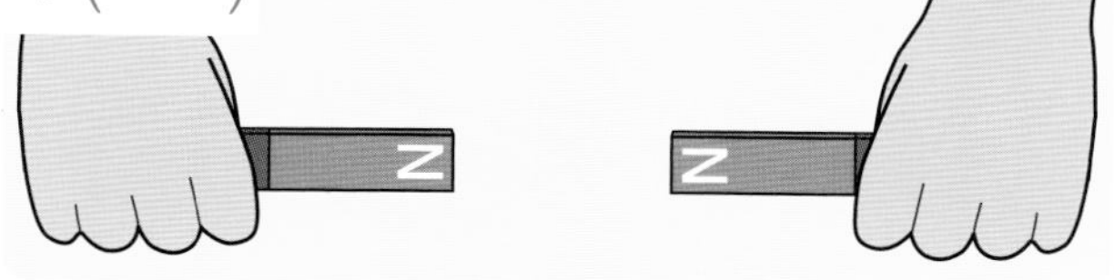
N
N

(3) じしゃくを水にうかべて自由《じゆう》に動《うご》くようにしておくと、図2のようになって止まりました。か、きは、それぞれ東・西・南・北のどれをさしていますか。

か( ) き( )

2 図1のように、鉄くぎあを、しばらくじしゃくにつけておきました。

図1

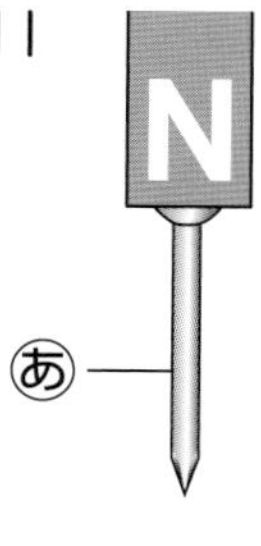
N
あ

図2

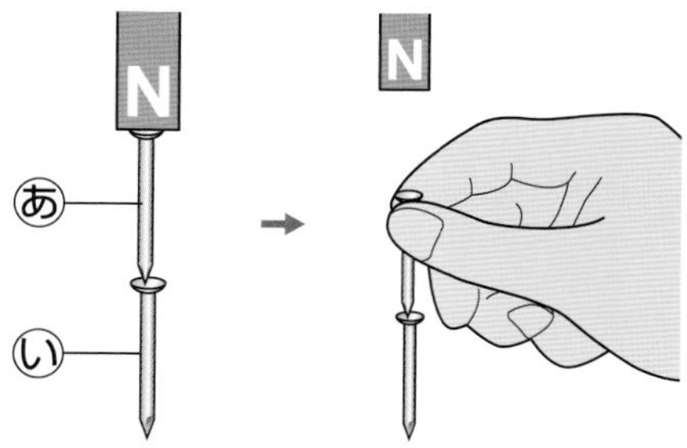
N
あ
い
N

図3

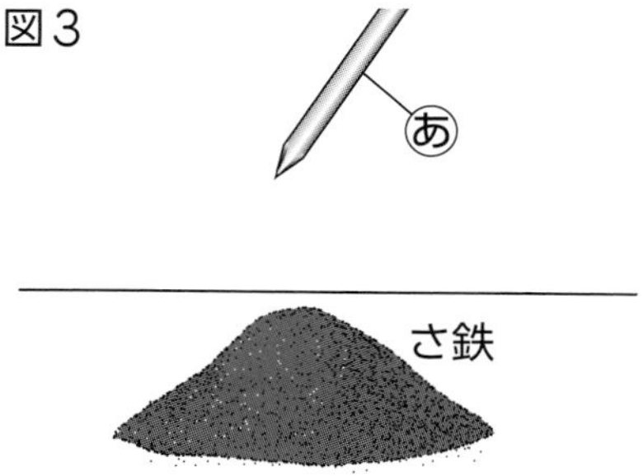
あ
さ鉄

(1) 図2のように、鉄くぎいをつけた後、あをしずかにはなしました。いは落《お》ちますか、落ちませんか。

( )

(2) 図3のように、あをさ鉄に近づけると、どうなりますか。

( )

ヒント 2 じしゃくについた鉄は、じしゃくになります。

ぴったり3

たしかめのテスト

10. じしゃくのふしぎ

時間 30 分

／100

合格 70 点

教科書 152〜171ページ　答え 38ページ

よく出る

1 いろいろなものに、じしゃくを近づけました。

1つ5点(10点)

(1) じしゃくに引きつけられるものを１つえらんで、(　　)に○をつけましょう。

ア(　　)紙コップ

イ(　　)アルミニウムはく

ウ(　　)鉄《てつ》くぎ

エ(　　)ガラスびん

(2) 次《つぎ》の文の(　　)に当てはまる言葉《ことば》を書きましょう。

● じしゃくに引きつけられるものは、(　　　　)でできている。

よく出る

2 じしゃくのせいしつを調《しら》べました。

1つ10点(30点)

(1) じしゃくに鉄のクリップが引きつけられるようすとして、正しいものを１つえらんで、(　　)に○をつけましょう。

ア(　　)

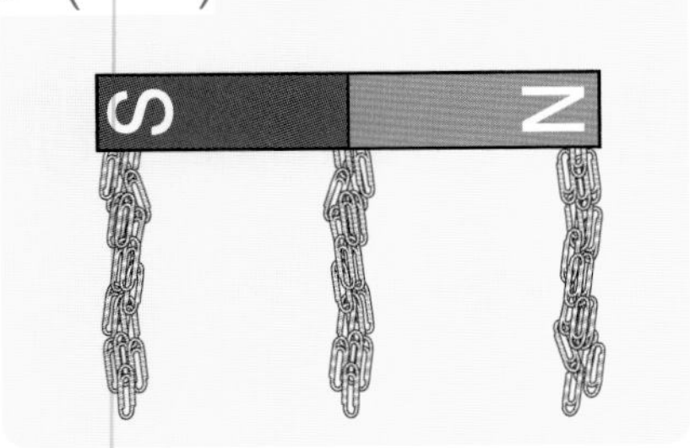

イ(　　)

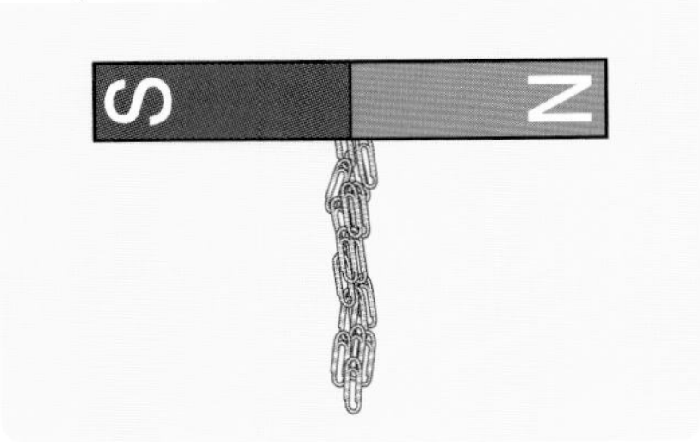

ウ(　　)

(2) 図１は、じしゃくにはりつけるだんボールの数をかえて、鉄のクリップを引きつけるようすを調べたときのようすです。図１からわかることをまとめた次の文の、(　　)に当てはまる言葉を書きましょう。

● じしゃくは、鉄とのきょりが長くなるほど、鉄を引きつける力が(　　　　　　)。

図１

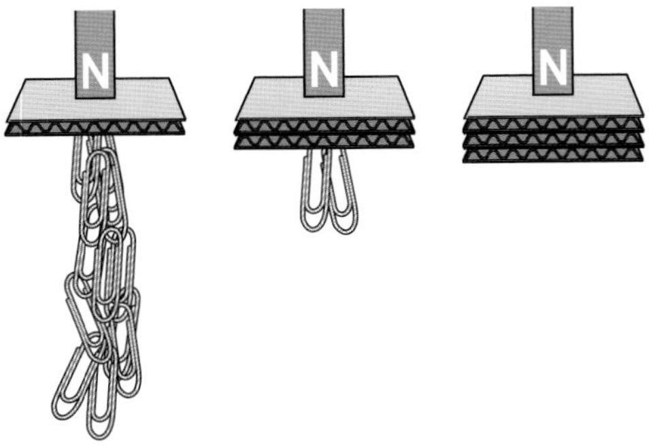

(3) 図２のように、じしゃくのS《エス》きょくどうしを近づけると、じしゃくは引き合いますか、しりぞけ合いますか。

(　　　　　　　)

図２

3 じしゃくについている鉄くぎが、じしゃくになっていることをたしかめます。

1つ10点(20点)

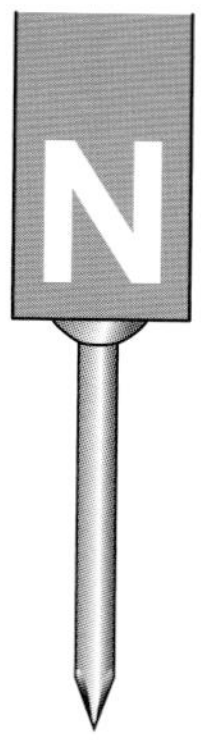

(1) くぎがじしゃくになっていることをたしかめるには、どうすればよいですか。正しいものを１つえらんで、(　　)に○をつけましょう。 技能

ア(　　)回路《かいろ》につなぐ。

イ(　　)べつのじしゃくに近づける。

ウ(　　)さ鉄に近づける。

(2) (1)のようにすると、どうなりますか。 思考・表現

(　　　　　　　　　　　　　　　　　　　　　　　　　　)

4 紙でつくったチョウに鉄のクリップをつけ、糸でむすんでからじしゃくで引きつけました。①、②のようにすると、チョウはどうなりますか。［　　］から１つえらんで、記号を書きましょう。

思考・表現　1つ10点(20点)

① 図１のように、プラスチックの下じきを入れる。 (　　)

② 図２のように、はさみで糸を切る。 (　　)

㋐ そのままちゅうにうく。

㋑ 下に落《お》ちる。

㋒ じしゃくにつく。

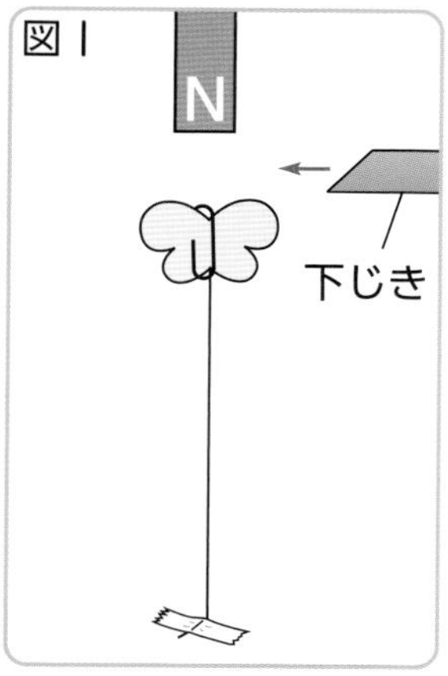

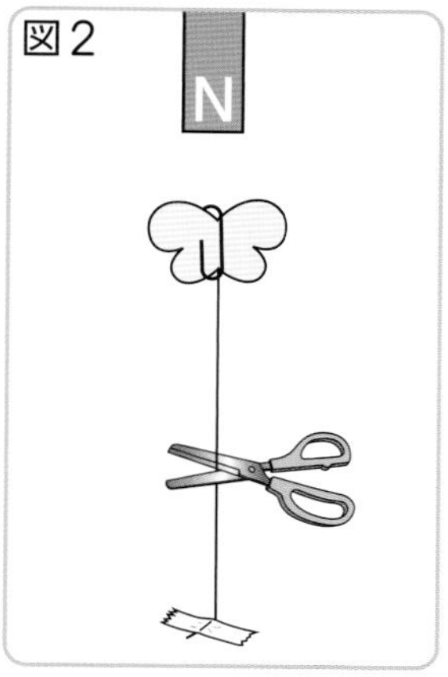

できたらスゴイ!

5 ほういじしんのはりは、じしゃくになっています。

1つ10点(20点)

(1) ほういじしんは、はりの色がついているほうの先が東・西・南・北のどのほういをさして止まるようにつくられていますか。 技能 (　　　　)

(2) 記述 まいさんは、右の図のようにしてほういを調べましたが、はりの先が(1)のほういをさしませんでした。どのようにすれば、ほういを正しく調べられますか。 思考・表現

(　　　　　　　　　　　　　　　　　　　　　　　　　　)

ふりかえり
1がわからないときは、70ページの1にもどってかくにんしましょう。
5がわからないときは、72ページの1にもどってかくにんしましょう。

ぴったり1 じゅんび

3分でまとめ

学習日　　月　　日

11. ものの重さ

①もののしゅるいと重さ

②ものの形と重さ

めあて
もののしゅるいや形によって重さがかわるのか、かくにんしよう。

教科書 174〜183ページ　答え 39ページ

次《つぎ》の(　　)に当てはまる言葉《ことば》を書くか、当てはまるものを○でかこもう。

1 もののしゅるいがちがうと、重《おも》さがちがうのだろうか。　教科書 174〜178ページ

▶水などのかさ(大きさ)のことを、(①　　　　　　)という。

同じ体積《たいせき》のものの重さ

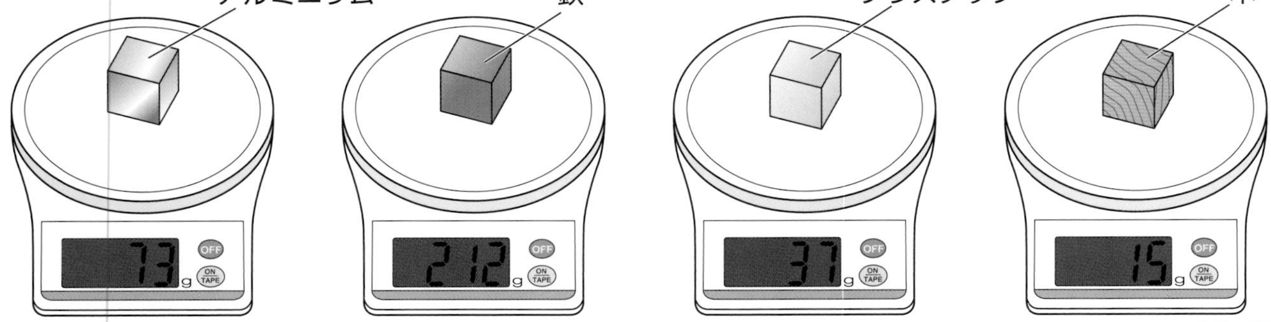

▶同じ体積でも、もののしゅるいによって、重さが(②　かわる　・　かわらない　)。

2 形をかえると、ものの重さはどうなるのだろうか。　教科書 180〜182ページ

形をかえたときのものの重さ

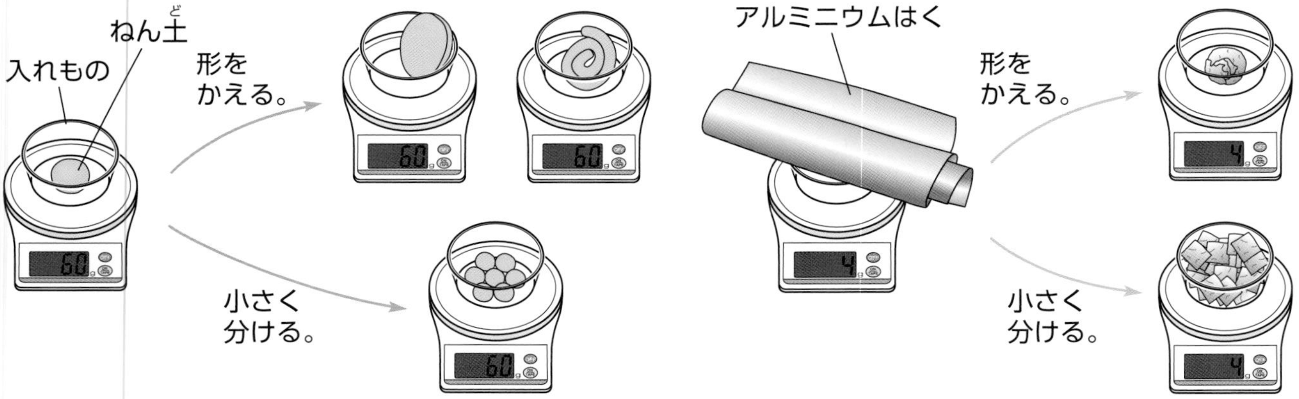

▶ものの形をかえると、重さは(①　かわる　・　かわらない　)。

▶ものを小さく分けて、全部《ぜんぶ》集《あつ》めると、重さは(②　かわる　・　かわらない　)。

ここがだいじ!

①同じ体積でも、もののしゅるいによって、重さがちがう。

②ものの形をかえたり、小さく分けたりしても、全部を集めれば重さはかわらない。

ぴたトリビア
ドレッシングなどでは、えきが2つに分かれていることがあります。これは、油《あぶら》と油いがいでは油のほうが軽《かる》いため、上にうくからです。

ぴったり2 練習

11. ものの重さ

①もののしゅるいと重さ

②ものの形と重さ

学習日　　月　　日

教科書 174〜183ページ　答え 39ページ

1 同じ体積《たいせき》の木、鉄《てつ》、アルミニウム、プラスチックの重《おも》さを調《しら》べて、表《ひょう》にまとめました。

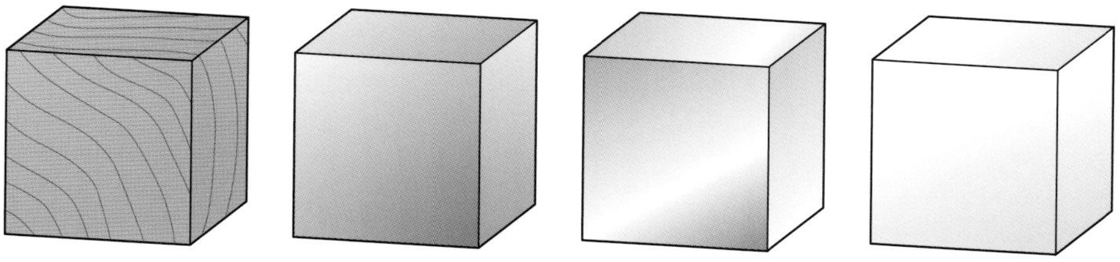

木　鉄　アルミニウム　プラスチック

もの	重さ
木	15g
鉄	212g
アルミニウム	73g
プラスチック	37g

(1) もののしゅるいがちがうと、重さはどうなりますか。正しいほうの(　　)に○をつけましょう。

ア(　　)体積が同じなら、同じ重さになる。

イ(　　)体積が同じでも、ちがう重さになる。

(2) 同じ体積の木、鉄、アルミニウム、プラスチックの重さをくらべたとき、①もっとも軽《かる》いもの、②もっとも重いものは、それぞれ何ですか。

①(　　　　　　　　)

②(　　　　　　　　)

2 ねん土《ど》の形をかえて、重さをくらべます。

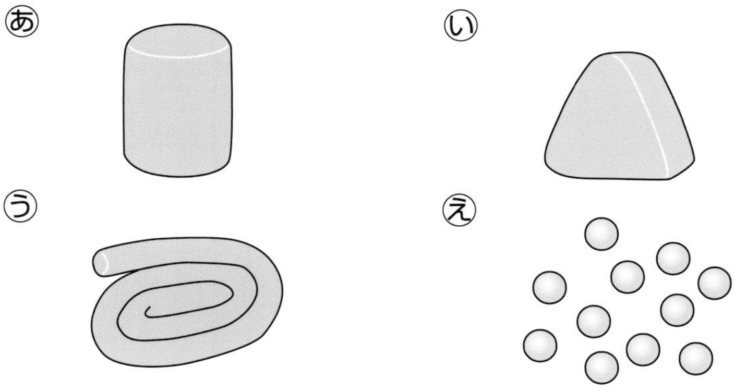

(1) あ〜うのように形をかえて重さをはかると、それぞれ何gですか。

あ(　　　　)　い(　　　　)　う(　　　　)

(2) えのように小さく分けて、全《ぜん》部《ぶ》集《あつ》めてから重さをはかると、何gですか。

(　　　　)

ヒント ② ものの形をかえたり、小さく分けたりしても、全部を集めれば、重さはかわりません。

11. ものの重さ

時間 30 分

／100

合格 70 点

教科書 174〜185ページ　答え 40ページ

よく出る

1 同じ体積《たいせき》の鉄《てつ》、アルミニウム、ゴム、木、プラスチックの重《おも》さを調《しら》べて、表《ひょう》にまとめました。

1つ10点、(1)は全部できて10点(20点)

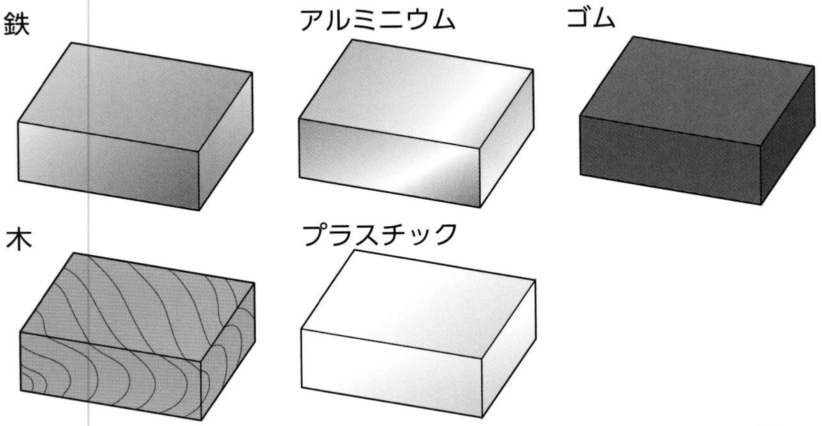

もの	重さ
鉄	315g
アルミニウム	108g
ゴム	38g
木	22g
プラスチック	55g

(1) 鉄、アルミニウム、ゴム、木、プラスチックを、軽《かる》いじゅんに書きましょう。

(　　　　→　　　　→　　　　→　　　　→　　　　)

(2) もののしゅるいと重さについて、正しいほうの(　)に○をつけましょう。

ア(　)体積が同じなら、もののしゅるいがかわっても、重さはかわらない。

イ(　)体積が同じでも、もののしゅるいがかわると、重さがちがう。

よく出る

2 アルミニウムはくの形をかえて、重さをはかりました。

1つ10点(30点)

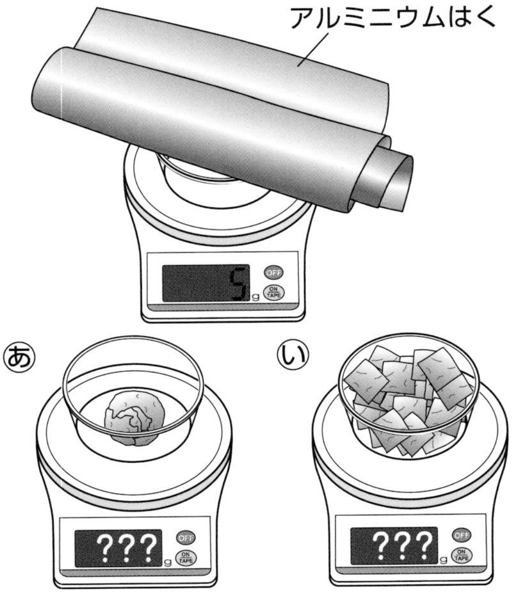

(1) ㋐のように、小さく丸めて重さをはかると、重さはかわりますか。

(　　　　　　)

(2) ㋑のように、小さく分けたものを全部《ぜんぶ》集《あつ》めて重さをはかると、何gになりますか。

(　　　　)

(3) ものの形と重さについて、正しいほうの(　)に○をつけましょう。

ア(　)ものの形がかわると、重さもかわる。

イ(　)ものの形がかわっても、重さはかわらない。

3 重さをくらべます。㋐と㋑の重さが同じものには○、ちがうものには×をつけましょう。

思考・表現　1つ5点(20点)

①(　　)同じねん土《ど》とコップ

㋐　㋑

②(　　)どちらも10g

㋐　㋑

③(　　)ブロック1この重さは同じ

㋐　㋑

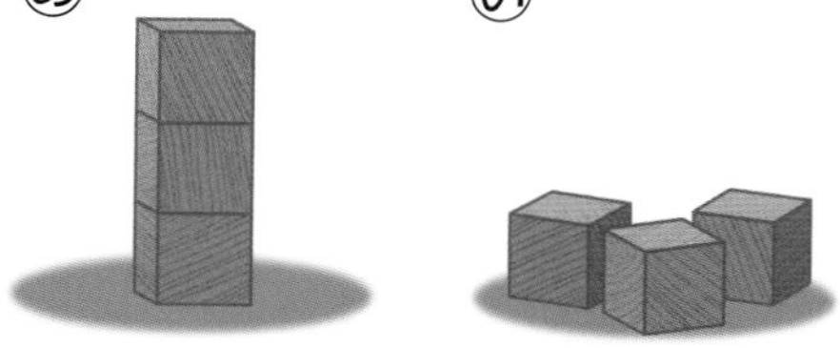

④(　　)ブロック1この重さは同じ

㋐　㋑

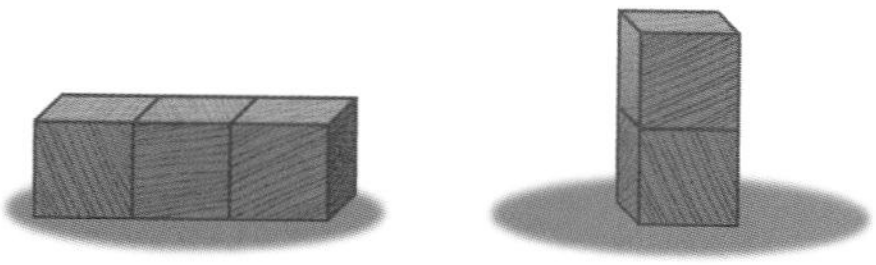

できたらスゴイ!

4 はかりを使《つか》って、じてんの重さをはかります。

(1)は全部できて20点、(2)は10点(30点)

㋐

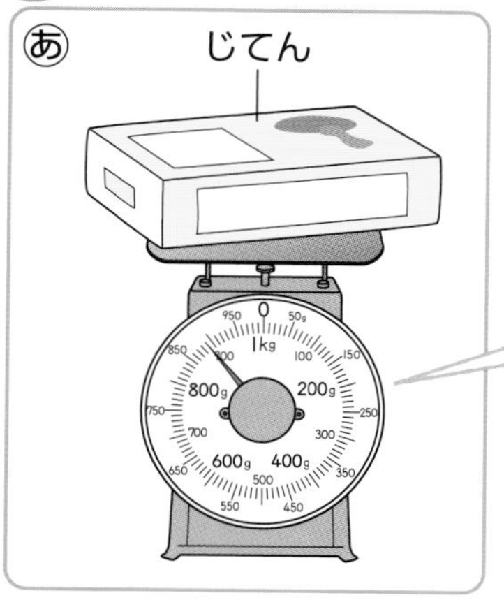

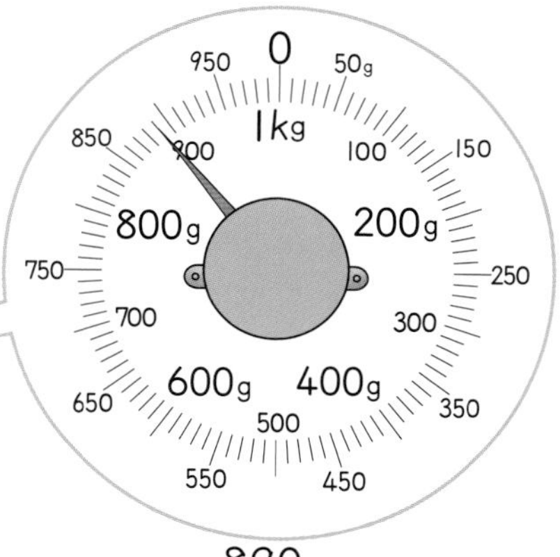

890g

㋑

(1) はかりの使い方として正しいものをすべてえらんで、(　　)に○をつけましょう。

技能

ア(　　)水平《すいへい》なところで使う。

イ(　　)はじめに、はりが0をさすようにする。

ウ(　　)はかりたいものを、いきおいよくのせる。

(2) ㋑のように、じてんのおき方をかえると、重さはどうなりますか。正しいものを1つえらんで、(　　)に○をつけましょう。

ア(　　)㋐より重くなる。

イ(　　)㋐と同じになる。

ウ(　　)㋐より軽くなる。

この本の終わりにある「春のチャレンジテスト」をやってみよう！

この本の終わりにある「学力しんだんテスト」をやってみよう！

ふりかえり
3がわからないときは、76ページの1にもどってかくにんしましょう。
4がわからないときは、76ページの2にもどってかくにんしましょう。

★ おもちゃショーを開こう！

おもちゃショーを開こう！

学習日　　月　　日

教科書 186～190ページ　答え 41ページ

次《つぎ》の(　)に当てはまる言葉《ことば》を書くか、当てはまるものを○でかこもう。

1 学んできたことを生かして、おもちゃを作ろう。

教科書 186～190ページ

▶のばしたゴムは、
(① 元にもどろう ・ さらにのびよう)
とする力で、ものを動《うご》かすことができる。

わゴムの数をふやすと、びっくり箱がもっと遠くまでとび出すようになるよ。

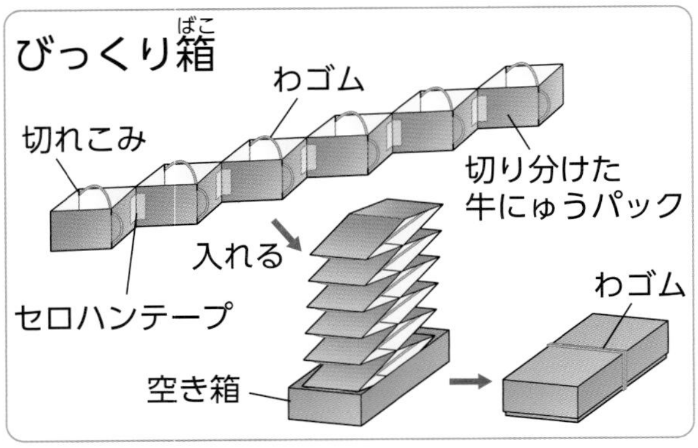
びっくり箱《ばこ》
わゴム
切れこみ
切り分けた
牛にゅうパック
入れる
わゴム
セロハンテープ
空き箱

▶音が出ているとき、ものはふるえて
(② いる ・ いない)。

わりばしを強く回すと、箱のふるえ方が大きくなって、音が大きくなるね。

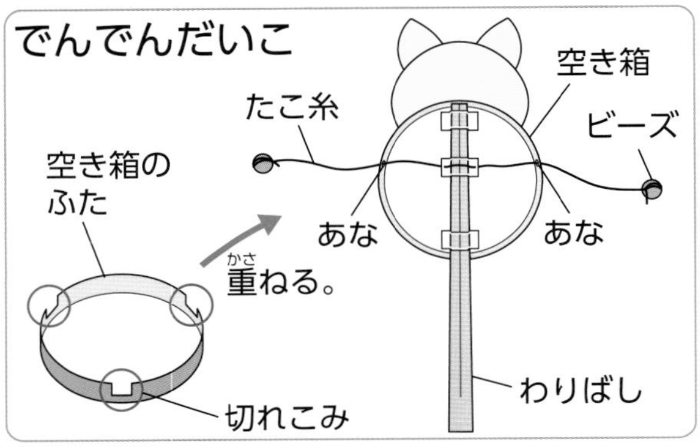
でんでんだいこ
空き箱
たこ糸
ビーズ
空き箱の
ふた
あな
あな
重《かさ》ねる。
わりばし
切れこみ

▶導線《どうせん》をかん電池の、(③　　　)きょくと
(④　　　)きょくにつなぐと、
(⑤　　　)ができて、豆電球《まめでんきゅう》に明かりがつく。

電気の通り道が１つのわのようになっていると、電気が通ったね。

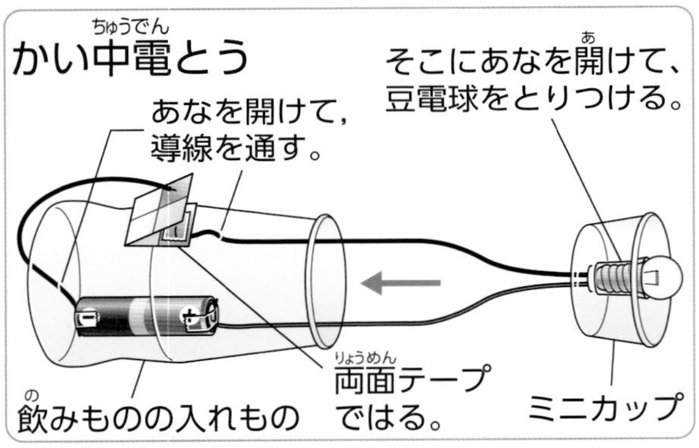
かい中電《ちゅうでん》とう
そこにあなを開《あ》けて、
豆電球をとりつける。
あなを開けて、
導線を通す。
両面《りょうめん》テープ
ではる。
飲《の》みものの入れもの
ミニカップ

▶じしゃくは、(⑥　　　)でできたものを引きつける。

じしゃくは、鉄《てつ》との間に、じしゃくに引きつけられないものがあっても、鉄を引きつけたね。

じしゃくめいろ
画用紙
鉄のクリップを
はりつけた空き箱
ゴール
スタート
じしゃく

(切り取り線)

夏のチャレンジテスト

教科書 4~89ページ

月　日

名前

時間 40分

知識・技能	思考・判断・表現	ごうかく80点
／60	／40	／100

答え 42ページ

知識・技能

1 生きもののすがたを調《しら》べます。

1つ3点(9点)

(1) 虫めがねを使《つか》って、タンポポをかんさつします。正しいほうに○をつけましょう。

ア

タンポポを動《うご》かす。

イ

虫めがねを動かす。

(2) 虫めがねでぜったいに見てはいけないものは何ですか。
(　　　　)

(3) 生きもののすがたについて、正しいほうに○をつけましょう。

ア(　　)生きものの色や形、大きさなどのすがたは、

3 モンシロチョウを育《そだ》てます。

1つ3点(9点)

(1) ★のような、虫の子どものことを何といいますか。
(　　　　)

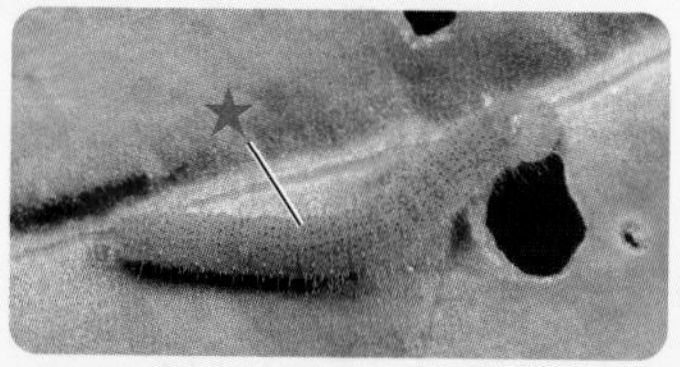

(2) ★は、どんな植物《しょくぶつ》の葉《は》でよく見つかりますか。正しいものに○をつけましょう。

ア(　　)ミカン

イ(　　)キャベツ

ウ(　　)サンショウ

(3) えさの葉をとりかえるときは、どのようにしますか。正しいほうに○をつけましょう。

カ

キ

どれも同じである。

イ（　　）生きものの色や形、大きさなどのすがたには、ちがいがある。

2 風の強さをかえて、車の進《すす》むきょりを調べました。

1つ3点(9点)

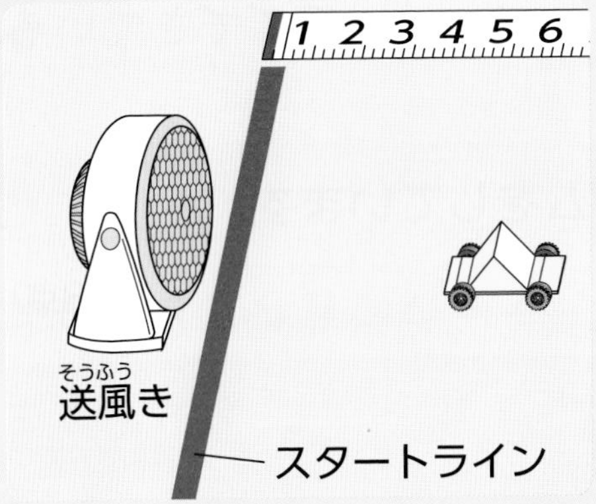

車の進んだきょり

	弱い風のとき	強い風のとき
1回目	3m	6m
2回目	2m	5m
3回目	3m	5m

(1) 風の力には、ものを動かすはたらきがありますか、ありませんか。（　　　　　）

(2) 風の強さが強いほど、車の進むきょりはどうなりますか。（　　　　　）

(3) 風の強さを「中」にしたときの車の進んだきょりとしてよいものを、［　］からえらんで書きましょう。（　　　　　）

1m
4m
7m

手でつまみ、新しい葉にのせる。

古い葉ごと、新しい葉にのせる。

4 こん虫《ちゅう》の体のつくりを調べました。

1つ2点(12点)

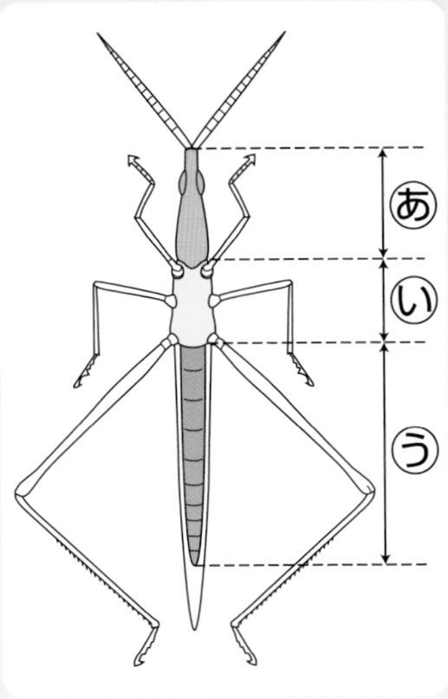

(1) あ～うの部分《ぶぶん》を、それぞれ何といいますか。

あ（　　　　　）

い（　　　　　）

う（　　　　　）

(2) バッタのはねは、あ～うのどの部分についていますか。（　　　）

(3) （　　）に当てはまる数を書きましょう。

- いの部分には、あしが（　　）本ついている。

(4) モンシロチョウの体について、正しいほうに○をつけましょう。

ア（　　）あといがいっしょになって、2つの部分からできている。

イ（　　）あ～うの3つの部分からできている。

うらにも問題があります。

(切り取り線)

冬のチャレンジテスト

教科書 92～151ページ

名前　　　　　　月　　日

時間 40分

知識・技能	思考・判断・表現	ごうかく80点
／60	／40	／100

答え 44ページ

知識・技能

1 ヒマワリやホウセンカに実《み》ができました。

1つ4点(16点)

あ

い

う

(1)　ヒマワリとホウセンカの実は、それぞれあ～うのどれですか。

ヒマワリ(　　　)　ホウセンカ(　　　)

(2)　実ができるのは、いつですか。正しいほうに○をつけましょう。

ア(　　)花がさく前

イ(　　)花がさいた後

(3)　実ができた後、植物《しょくぶつ》はどうなりますか。

3 虫めがねで、だんボールに日光を集《あつ》めます。

1つ4点(12点)

あ

い
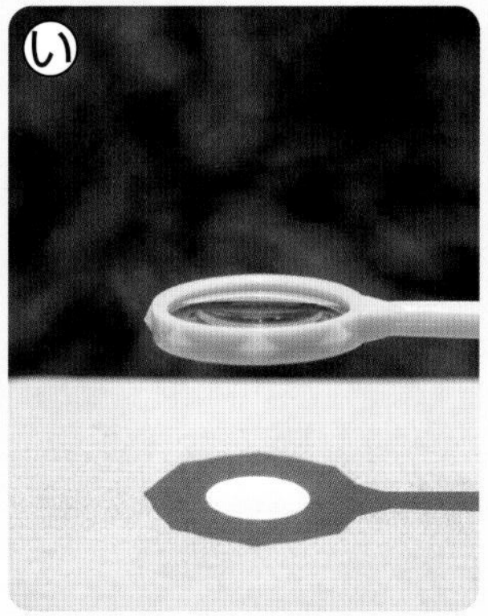
う
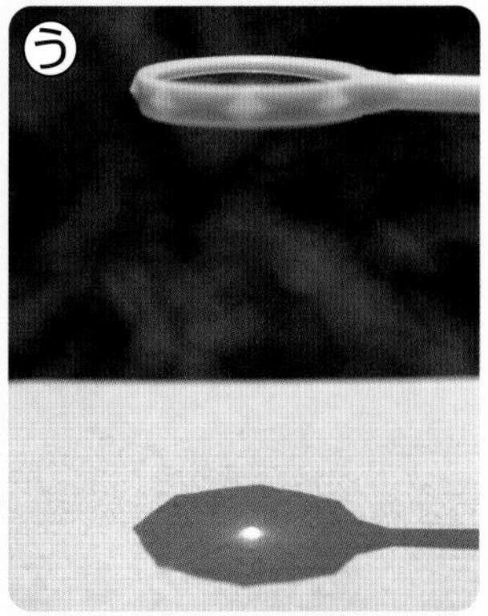

(1)　虫めがねをだんボールから遠ざけていくと、日光が集まるところの大きさはどうなりますか。正しいものに○をつけましょう。

ア(　　)大きくなる。

イ(　　)小さくなる。

ウ(　　)かわらない。

(2)　日光が集まるところが小さいほど、明るさはどうなりますか。(　　　　　　　　)

2 午前９時と午前１２時に、日なたと日かげの地面《じめん》の温度《おんど》をはかりました。　1つ4点(16点)

あ

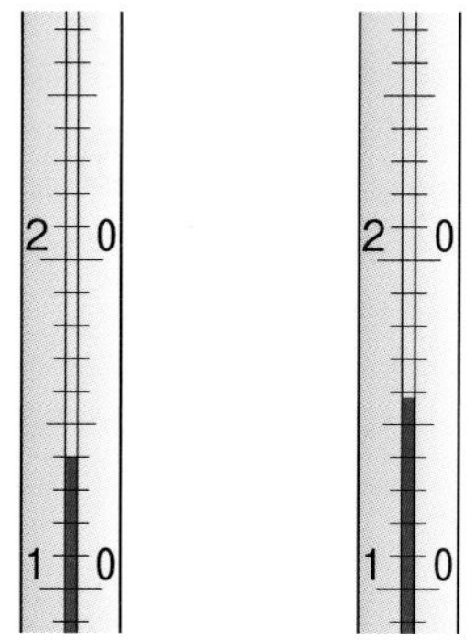

午前９時　午前１２時

い

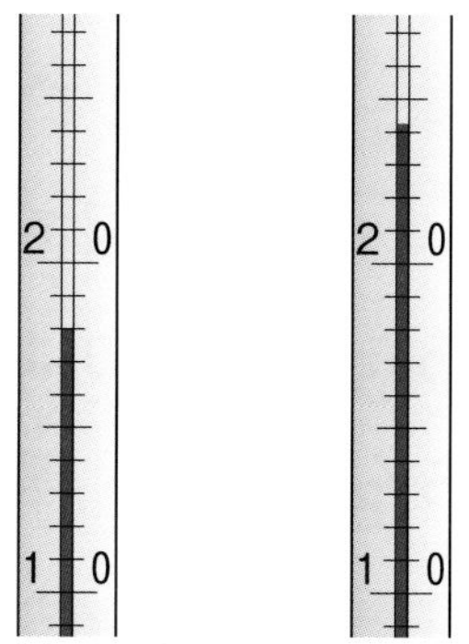

午前９時　午前１２時

(1) あの午前９時、午前１２時の温度は、何度《ど》ですか。

午前９時（　　　　　）　午前１２時（　　　　　）

(2) 日なたの温度を表《あらわ》しているのは、あといのどちらですか。（　　　）

(3) 記述 地面の温度をはかるとき、おおいをするのはなぜですか。

（　　　　　　　　　　　　　　　　　　　　）

(3) だんボールからけむりが出るのがもっともはやいのは、あ～うのどれですか。（　　　）

4 身《み》の回りのものが、電気を通すかどうか調《しら》べました。　1つ4点、(1)は全部できて4点(8点)

あ

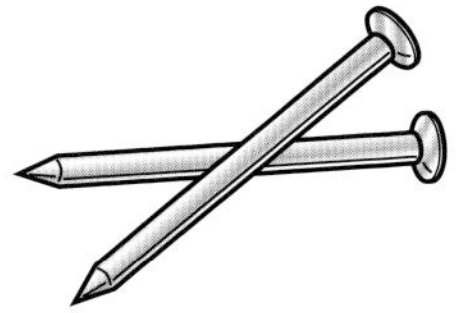

くぎ
[銅《どう》]

い

コップ[紙]

う

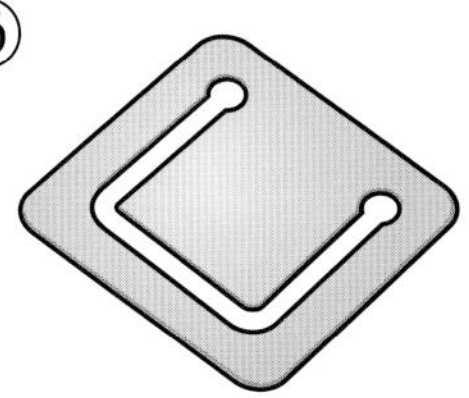

クリップ
[プラスチック]

え

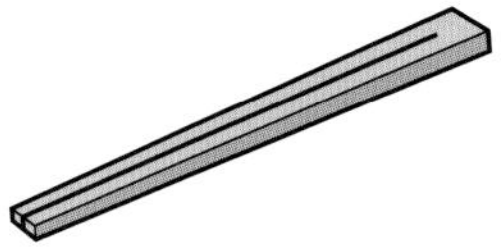

わりばし
[木]

お

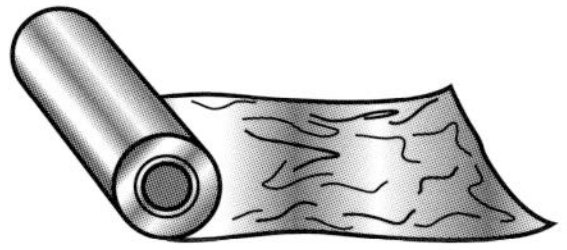

アルミニウムはく
[アルミニウム]

か

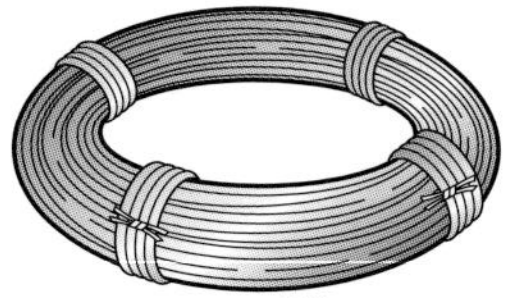

はり金《がね》
[鉄《てつ》]

(1) 電気を通すものを、あ～かからすべてえらびましょう。（　　　　　　）

(2) （　　）に当てはまる言葉《ことば》を書きましょう。

- 電気を通すものは（　　　　　　）でできている。

春のチャレンジテスト

教科書 152~185ページ

月　　日

名前

時間 40分

知識・技能	思考・判断・表現	ごうかく80点
／60	／40	／100

答え 46ページ

知識・技能

1 身《み》の回りのものが、じしゃくに引きつけられるかどうか調《しら》べました。

1つ5点、(1)は全部できて5点(10点)

あ

一円玉
[アルミニウム]

い

コップ[ガラス]

う

くぎ[鉄《てつ》]

え
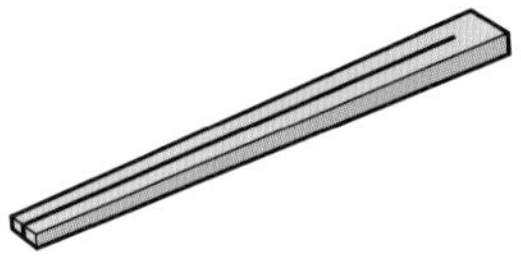
わりばし
[木]

お
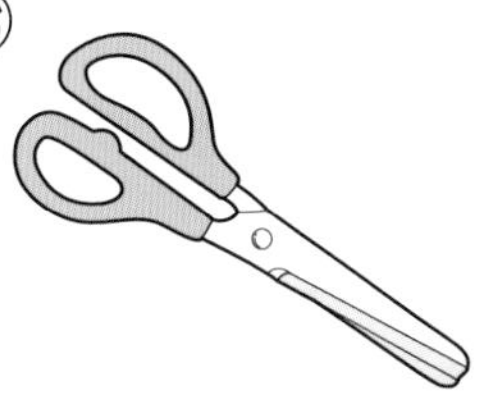
はさみの切るところ
[鉄]

か

ノート
[紙]

(1) じしゃくに引きつけられるものを、あ~かからすべてえらびましょう。(　　　　　)

(2) (　　　)に当てはまる言葉《ことば》を書きましょう。

3 鉄のくぎがじしゃくについています。

1つ5点(10点)

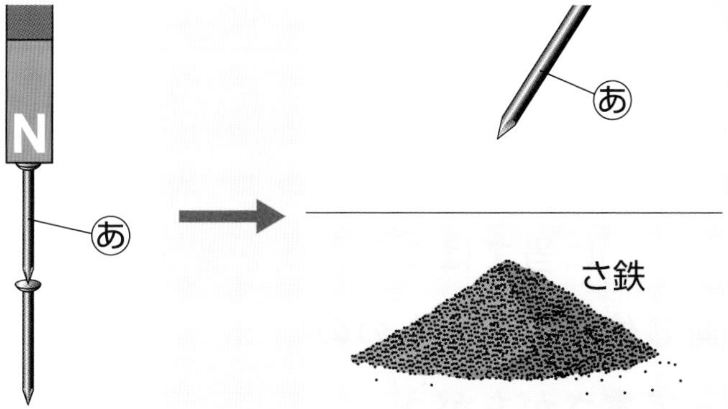

(1) あをさ鉄に近づけると、どうなりますか。正しいほうに○をつけましょう。

ア(　　)さ鉄があにつく。

イ(　　)さ鉄はあにつかない。

(2) (　　)に当てはまる言葉を書きましょう。

- じしゃくについた鉄は、(　　　　　　)になる。

- じしゃくに引きつけられるものは
（　　　　　）でできている。

2 じしゃくを水にうかべたり、糸でつるしたりして、自《じ》由《ゆう》に動《うご》けるようにしました。

1つ5点(15点)

(1) （　　）に当てはまるほういを、東・西・南・北で書きましょう。

- じしゃくを自由に動けるようにすると、いつもN《エヌ》きょくが（①　　　）、S《エス》きょくが（②　　　）をさして止まる。

(2) ㋐は、(1)のせいしつをりようして、ほういを調べられるようにしたものです。㋐を何といいますか。

㋐

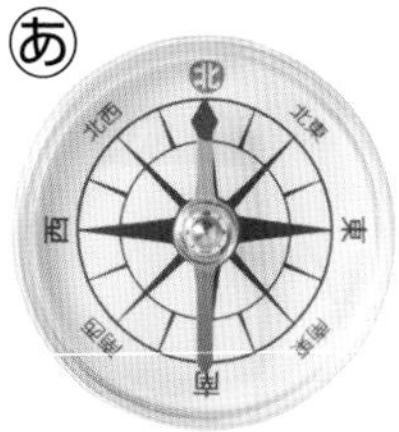

（　　　　　）

4 はかりを使って、形をかえたときのものの重さをくらべます。

1つ5点(15点)

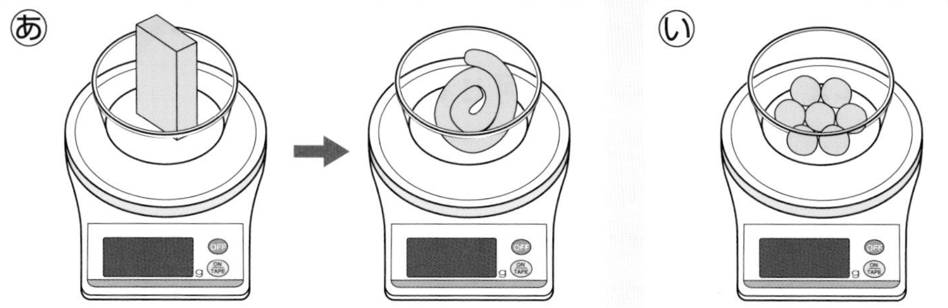

(1) はかりは、どのようなところにおいて使いますか。正しいほうに○をつけましょう。

ア（　）水平《すいへい》なところ

イ（　）ななめになっているところ

(2) ㋐のように、ねん土《ど》の形をかえると、重さはどうなりますか。正しいものに○をつけましょう。

ア（　）重くなる。

イ（　）軽《かる》くなる。

ウ（　）かわらない。

(3) ㋑のように、ねん土を小さく分けて全《ぜん》部《ぶ》集《あつ》めると、重さはどうなりますか。

（　　　　　）

うらにも問題があります。

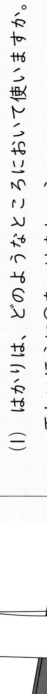

学力しんだんテスト

名前　　　　月　　日

時間 40分

ごうかく80点　／100

答え 48ページ

1 アゲハの育《そだ》つようすを調《しら》べました。

(1)、(4)は1つ4点、(2)、(3)はそれぞれ全部できて4点(16点)

㋐

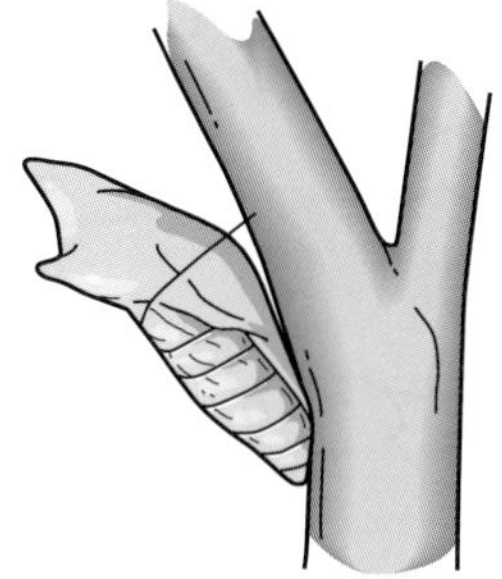

㋑

㋒

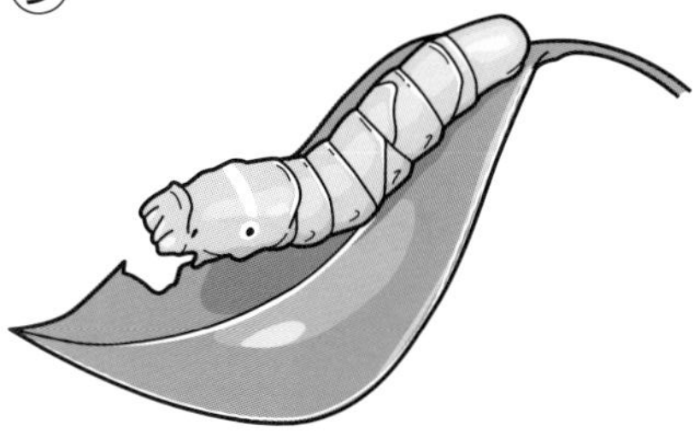

㋓

(1)　㋐のころのすがたを、何といいますか。

(　　　　　　　)

(2)　㋐〜㋓を、育つじゅんにならべましょう。

(　　　)→(　　　)→(　　　)→(　　　)

3 ホウセンカの育ち方をまとめました。

1つ4点(12点)

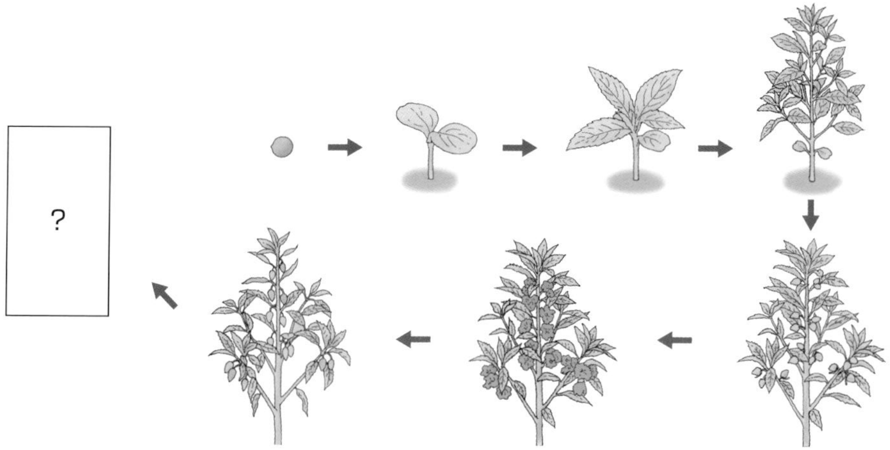
?

(1)　図の？に入るホウセンカのようすについて、正しいことを言っているほうに○をつけましょう。

草たけが大きくなって、
花がさきます。

実《み》をのこして、
かれてしまいます。

①(　　)　　②(　　)

(2)　ホウセンカの実の中には、何が入っていますか。

(3) アゲハのせい虫のあしは、どこに何本ついていますか。

(　　　　)に(　　　)本ついている。

(4) アゲハのせい虫のような体のつくりをした動物《どうぶつ》を、何といいますか。　(　　　　　　　)

2 ゴムのはたらきで、車を動《うご》かしました。

1つ4点(8点)

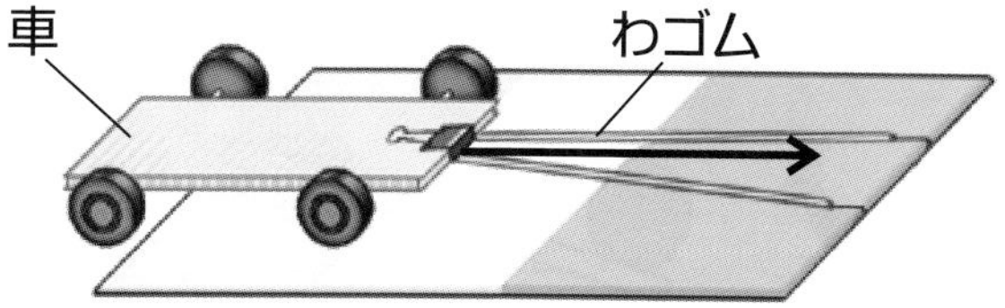

(1) わゴムをのばす長さを長くしました。車の進《すす》むきょりはどうなりますか。正しいほうに○をつけましょう。

①(　　)長くなる。　②(　　)短《みじか》くなる。

(2) 車が進むのは、ゴムのどのようなはたらきによるものですか。

(　　　　　　　　　　)

(　　　　)

(3) ホウセンカの実は、何があったところにできますか。正しいものに○をつけましょう。

①(　　)子葉《しよう》　②(　　)葉《は》　③(　　)花

4 午前9時と午後3時に、太陽《たいよう》によってできるぼうのかげの向《む》きを調べました。

1つ4点(12点)

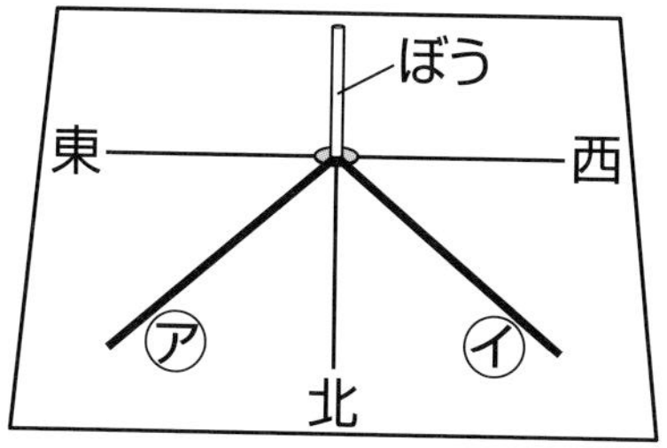

(1) 午後3時のかげの向きは、㋐と㋑のどちらですか。

(　　)

(2) 時間がたつと、かげはどの方向に動きますか。正しいほうに○をつけましょう。

①(　　)㋐→㋑　②(　　)㋑→㋐

(3) 時間がたつと、かげの向きがかわるのはなぜですか。

(　　　　　　　　　　)

うらにも問題があります。

(切り取り線)

教科書ぴったりトレーニング

丸つけラクラクかいとう

この「丸つけラクラクかいとう」は
とりはずしてお使《つか》いください。

大日本図書版
理科３年

「丸つけラクラクかいとう」では問題《もんだい》と同じ紙面《しめん》に、赤字で答えを書いています。

①問題がとけたら、まずは答え合わせをしましょう。

②まちがえた問題やわからなかった問題は、てびきを読んだり、教科書を読み返したりしてもう一度《いちど》見直しましょう。

おうちのかたへ では、次のようなものを示しています。

・学習のねらいやポイント
・他の学年や他の単元の学習内容とのつながり
・まちがいやすいことやつまずきやすいところ

お子様への説明や、学習内容の把握などにご活用ください。

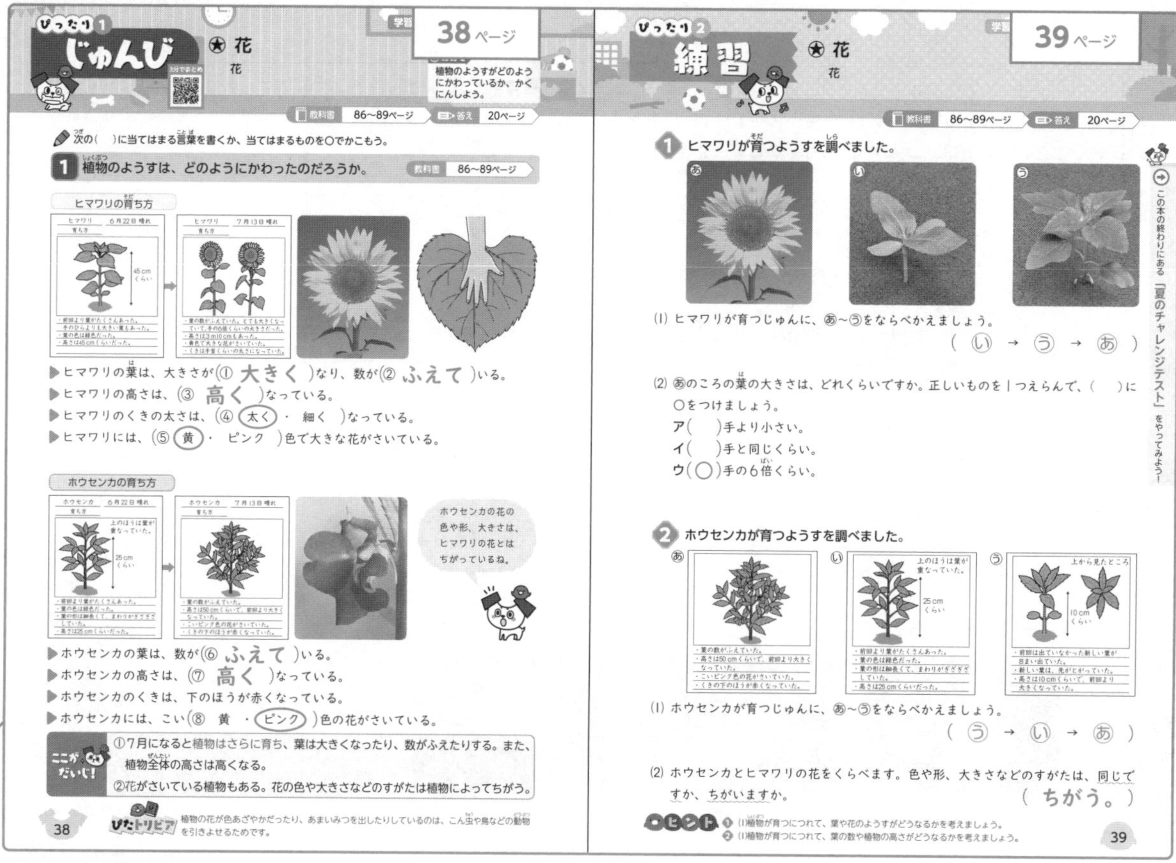
ぴったり1 じゅんび ★花 花
38ページ
植物のようすがどのようにかわっているか、かくにんしよう。
教科書 86～89ページ 答え 20ページ
次《つぎ》の（　）に当てはまる言葉《ことば》を書くか、当てはまるものを○でかこもう。
1 植物《しょくぶつ》のようすは、どのようにかわったのだろうか。 教科書 86～89ページ
ヒマワリの育《そだ》ち方
▶ヒマワリの葉《は》は、大きさが（①大きく）なり、数が（②ふえて）いる。
▶ヒマワリの高さは、（③高く）なっている。
▶ヒマワリのくきの太さは、（④太く・細く）なっている。
▶ヒマワリには、（⑤黄・ピンク）色で大きな花がさいている。
ホウセンカの育ち方
ホウセンカの花の色や形、大きさは、ヒマワリの花とはちがっているね。
▶ホウセンカの葉は、数が（⑥ふえて）いる。
▶ホウセンカの高さは、（⑦高く）なっている。
▶ホウセンカのくきは、下のほうが赤くなっている。
▶ホウセンカには、こい（⑧黄・ピンク）色の花がさいている。
ここがだいじ！ ①7月になると植物はさらに育ち、葉は大きくなったり、数がふえたりする。また、植物全体《ぜんたい》の高さは高くなる。
②花がさいている植物もある。花の色や大きさなどのすがたは植物によってちがう。
38
ぴたトリビア 植物の花が色あざやかだったり、あまいみつを出したりしているのは、こん虫や鳥などの動物を引きよせるためです。
ぴったり2 練習 ★花 花
39ページ
教科書 86～89ページ 答え 20ページ
1 ヒマワリが育《そだ》つようすを調《しら》べました。
(1) ヒマワリが育つじゅんに、あ～うをならべかえましょう。
（い → う → あ）
(2) あのころの葉《は》の大きさは、どれくらいですか。正しいものを１つえらんで、（　）に○をつけましょう。
ア（　）手より小さい。
イ（　）手と同じくらい。
ウ（○）手の６倍《ばい》くらい。
2 ホウセンカが育つようすを調べました。
(1) ホウセンカが育つじゅんに、あ～うをならべかえましょう。
（う → い → あ）
(2) ホウセンカとヒマワリの花をくらべます。色や形、大きさなどのすがたは、同じですか、ちがいますか。
（ちがう。）
ヒント 1 (1)植物が育つにつれて、葉や花のようすがどうなるかを考えましょう。
2 (1)植物が育つにつれて、葉の数や植物の高さがどうなるかを考えましょう。
この本の終わりにある「夏のチャレンジテスト」をやってみよう！
39

39ページ　てびき

❶ (1)ヒマワリは、２まいの子葉《しよう》が出た後、葉《は》の数がふえていきます。植物《しょくぶつ》の高さがだんだん高くなり、夏になると、黄色の花がさきます。
(2)花がさくころになると、ヒマワリの葉は手のひらよりもかなり大きくなっています。

❷ (1)ホウセンカは、２まいの子葉が出た後、葉の数がふえていきます。植物の高さがだんだん高くなり、夏になると、ピンク色の花がさきます。
(2)生きもののすがたには、にているところも、ちがうところもあります。

くわしいてびき

見やすい答え

おうちのかたへ

おうちのかたへ　★花
「2.たねまき」「★ 葉がふえたころ」に続いて、植物が育つようすを観察して、植物の育ち方と体のつくりについて学習します。ここでは、開花の前後を扱います。複数の植物が育つようすを比較して、育ち方の共通点を見つけたり、花のようすの違いを見つけたりすることができるか、などがポイントです。

※紙面はイメージです。

ぴったり1 じゅんび

1. しぜんのかんさつ

生きもののすがた

学習 2ページ

いきもののすがたには、ちがいがあるか、かくにんしよう。

教科書 4〜11ページ　答え 2ページ

次《つぎ》の（　）に当てはまる言葉《ことば》を書こう。

1 虫めがねは、どのように使《つか》うのだろうか。　教科書 198ページ

▶虫めがねを使うと、小さなものを（① 大きく ）して見ることができる。

▶虫めがねの使い方

○動《うご》かせるものを見るとき

虫めがねを（② 目 ）の近くに持《も》ち、見るものを虫めがねに近づけたり（③ 遠ざけ ）たりして、はっきり見えるところで止める。

○動かせないものを見るとき

虫めがねを（④ 目 ）の近くに持ち、見るものに（⑤ 近づい ）たり遠ざかったりして、はっきり見えるところで止まる。

▶目をいためるので、虫めがねで（⑥ 太陽 ）を見てはいけない。

2 生きもののすがたには、ちがいがあるのだろうか。　教科書 4〜10ページ

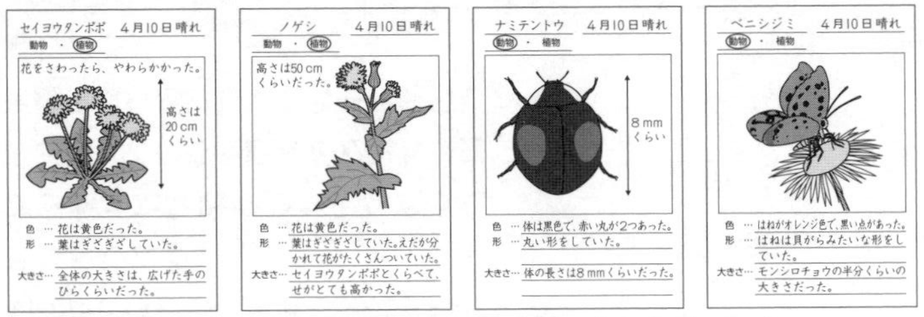

▶生きものは、（① 色 ）、（② 形 ）、（③ 大きさ ）などのすがたに、にているところや、ちがうところがある。

ここがだいじ！
①虫めがねは、目の近くに持って使う。
②生きものは、色、形、大きさなどに、にているところや、ちがうところがある。

ぴたトリビア　チューリップの花の色のように、同じしゅるいの生きものでも、すがたがちがうことがあります。

ぴったり2 練習

1. しぜんのかんさつ

生きもののすがた

学習 3ページ

教科書 4〜11ページ　答え 2ページ

1 虫めがねを使《つか》います。

(1) 虫めがねでぜったいに見てはいけないものは、どれですか。正しいものを１つえらんで、（　）に○をつけましょう。

ア（　）動物《どうぶつ》　イ（　）植物《しょくぶつ》　ウ（○）太陽《たいよう》

(2) 虫めがねは、どのように持《も》ちますか。（　）の中の正しいほうを○でかこみましょう。

● 虫めがねは、目の（ 近く ・ 遠く ）に持つ。［近く に○］

(3) 虫めがねは、どのように使いますか。（　）の中の正しいほうを○でかこみましょう。

● （ 動《うご》かせる ・ 動かせない ）ものを見るときは、虫めがねを持ったまま、見るものに近づいたり遠ざかったりして、はっきり見えるところで止まる。［動かせない に○］

2 いろいろな生きものをかんさつしました。生きもののすがたについて正しくせつめいしているのはどれですか。すべてえらんで、（　）に○をつけましょう。

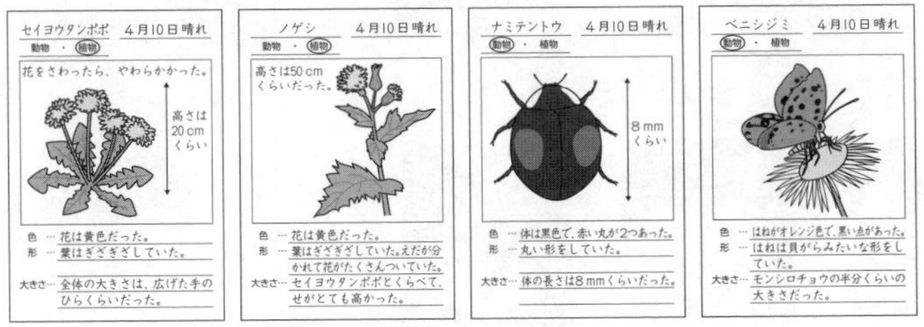

ア（○）生きものの色は、しゅるいによってにていたり、ちがっていたりする。
イ（○）生きものの形は、しゅるいによってにていたり、ちがっていたりする。
ウ（○）生きものの大きさは、しゅるいによってにていたり、ちがっていたりする。

ヒント ❶ (1)目をいためるので、ぜったいに見てはいけません。

3ページ　てびき

❶ (1)虫めがねで太陽《たいよう》を見ると、目をいためるおそれがあります。
(2)虫めがねは、目の近くに持《も》って使《つか》います。

おうちのかたへ
太陽など強い光を出すものを虫眼鏡で見ると、目をいためるおそれがあるので、注意させてください。なお、虫眼鏡に光を集めるはたらきがあることは、「8. 太陽の光」で学習します。

❷ 生きものの色、形、大きさなどのすがたには、にているところや、ちがうところがあります。

おうちのかたへ　1. しぜんのかんさつ
身の回りの生き物を観察して、色、形、大きさなどの姿に違いがあることを学習します。虫眼鏡の使い方や記録のしかたを覚えているか、生き物どうしを比較して共通点や差異点を見つけることができるか、などがポイントです。

ぴったり3
たしかめのテスト

1. しぜんのかんさつ

4ページ

/100　合格70点

教科書　4〜13ページ　答え　3ページ

1 いろいろな動物《どうぶつ》をかんさつしました。①〜③の名前を［　］からえらんで、（　）に書きましょう。　1つ10点(30点)

オカダンゴムシ　クロオオアリ　ナミテントウ　モンシロチョウ

① 
② 
③ 

（ナミテントウ）（モンシロチョウ）（オカダンゴムシ）

よく出る

2 虫めがねを使《つか》ってかんさつします。　技能　1つ10点(30点)

(1) 虫めがねでぜったいに見てはいけないものは何ですか。　（太陽）

(2) 動《うご》かせるものをかんさつします。正しいほうの（　）に○をつけましょう。

ア（　）虫めがねを動かす。

イ（○）見るものを動かす。

(3) 動かせないものをかんさつします。正しいほうの（　）に○をつけましょう。

ア（　）虫めがねを動かす。

イ（○）自分が動く。

5ページ

できたらスゴイ！

3 いろいろな植物《しょくぶつ》をかんさつしました。①〜③の植物をかんさつしたときのきろくはどれですか。•と•を——でむすびましょう。　思考・表現　1つ10点(30点)

① 　— あ

② 　— う

③ 　— い

あ

色	花の色は黄色だった。
形	葉《は》がぎざぎざしていた。えだが分かれて、花がたくさんついていた。
大きさ	高さがこしのところまであった。

い

色	花の色は青色だった。
形	葉はたまごのような形で、ぎざぎざしていた。
大きさ	高さはひざの下くらいまであった。

う

色	花の色は黄色だった。
形	葉は細長くて、ぎざぎざしていた。
大きさ	全体《ぜんたい》の大きさは、手のひらくらいだった。

よく出る

4 いろいろな生きものをかんさつしました。生きもののすがたについて正しくせつめいしているものを2つえらんで、（　）に○をつけましょう。　1つ5点(10点)

ア（　）
生きものの色や形は、どれもにていたよ。

イ（○）
生きものの色や形には、にているところも、ちがうところもあったよ。

ウ（　）
生きものの大きさは、どれもにていたよ。

エ（○）
生きものの大きさには、にているところも、ちがうところもあったよ。

ふりかえり　❷がわからないときは、2ページの❶にもどってかくにんしましょう。
❸がわからないときは、2ページの❷にもどってかくにんしましょう。

4〜5ページ　てびき

1 ①ナミテントウは黒い体に赤色や黄色の丸があります。
③オカダンゴムシは体がいくつものふしに分かれていて、さわると丸くなります。

2 (2)動《うご》かせるものを見るときは、虫めがねを目の近くに持《も》ち、見るものを近づけたり遠ざけたりします。
(3)動かせないものを見るときは、虫めがねを目に近づけて持ち、見るものに近づいたり遠ざかったりします。

3 ①、②は花が黄色ですが、③は青色です。また、①はくきが上にのびていますが、②は葉《は》が地面《じめん》をはうように広がっています。なお、①はノゲシ、②はセイヨウタンポポ、③はオオイヌノフグリです。

4 生きものの色、形、大きさなどのすがたには、にているところも、ちがうところもあります。

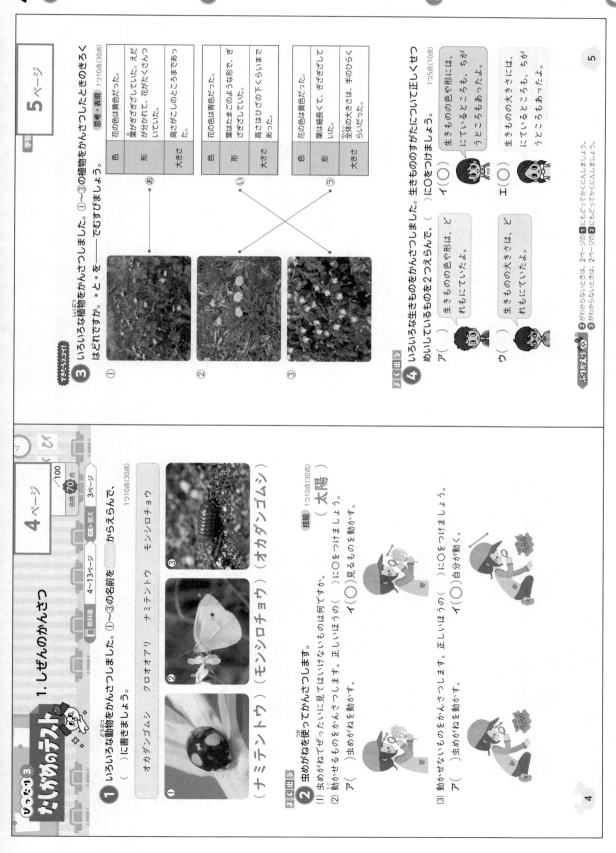

ぴったり1 じゅんび

2. たねまき

①たねまき1

3分でまとめ

植物のさいしょの葉が出るまでのようすをかくにんしよう。

教科書 14〜17ページ　答え 4ページ

次《つぎ》の（　）に当てはまる言葉《ことば》を書こう。

1 植物《しょくぶつ》のたねは、どのようなようすだろうか。　教科書 14〜16ページ

ヒマワリのたね　ホウセンカのたね　ダイズのたね　オクラのたね

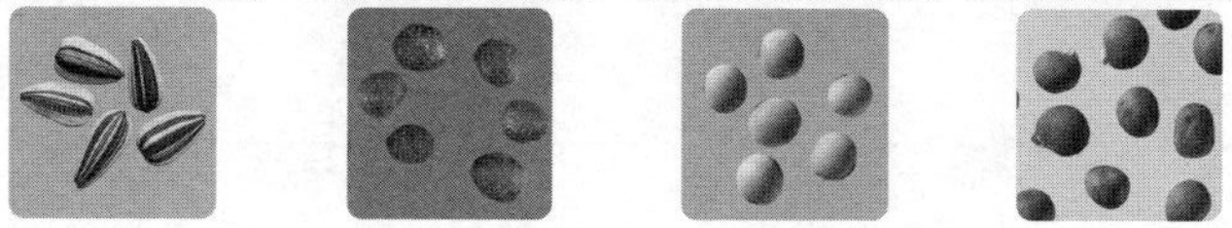

▶植物のたねによって、（① 色 ）、（② 形 ）、（③ 大きさ ）がちがう。

2 さいしょに葉《は》が出てくるまでは、どのようなようすだろうか。　教科書 17ページ

ヒマワリのようす

ホウセンカのようす

▶たねからさいしょに出てくる葉を（① 子葉 ）という。

▶ヒマワリもホウセンカも、（ ① ）は（② 2 ）まい出る。

ここがだいじ！
①植物のたねによって、色、形、大きさがちがう。
②植物のたねからさいしょに出てくる葉を子葉という。

ぴたトリビア　ヤシの実《み》も植物のたねです。大きいものだと、大きさは35cm、重《おも》さは20kgにもなります。

ぴったり2 練習

2. たねまき

①たねまき1

教科書 14〜17ページ　答え 4ページ

1 植物《しょくぶつ》のたねをかんさつしました。

(1) ヒマワリとホウセンカのたねを、ア〜ウからえらんで、（　）に書きましょう。

ヒマワリ（ イ ）
ホウセンカ（ ウ ）

(2) 植物のたねについて、正しいものには○、まちがっているものには×をつけましょう。

①（ × ）植物のたねは、どれも同じ色をしている。
②（ × ）植物のたねは、どれも同じ形をしている。
③（ × ）植物のたねは、どれも同じ大きさをしている。

2 ヒマワリとホウセンカの、さいしょの葉《は》が出るまでのようすを調《しら》べました。

ヒマワリ　ホウセンカ

(1) さいしょに出てくる★の葉を何といいますか。（ 子葉 ）

(2) ★の葉の数について、正しいものを1つえらんで、（　）に○をつけましょう。

ア（　）★の葉の数は、ヒマワリのほうが多い。
イ（　）★の葉の数は、ホウセンカのほうが多い。
ウ（ ○ ）★の葉の数は、ヒマワリとホウセンカで同じである。

おうちのかたへ　2. たねまき

植物が育つようすを観察して、植物の育ち方と体のつくりについて学習します。ここでは、たねまきから葉が出るころまでを扱います。複数の植物が育つようすを比較して育ち方の共通点を見つけることができるか、植物の育ち方をたね、子葉などの用語（名称）を使って理解しているか、植物の体のつくりを葉・茎・根などの用語（名称）を使って理解しているか、などがポイントです。

7ページ　てびき

1 (1)アはダイズのたねです。
(2)植物《しょくぶつ》のたねには、いろいろな色、形、大きさのものがあります。

2 たねをまいて、さいしょに出てくる葉《は》を子葉《しよう》といい、ヒマワリやホウセンカでは2まいあります。

おうちのかたへ
ふだん「双葉」とよんでいるものは、理科では「子葉」になりますので注意してください。

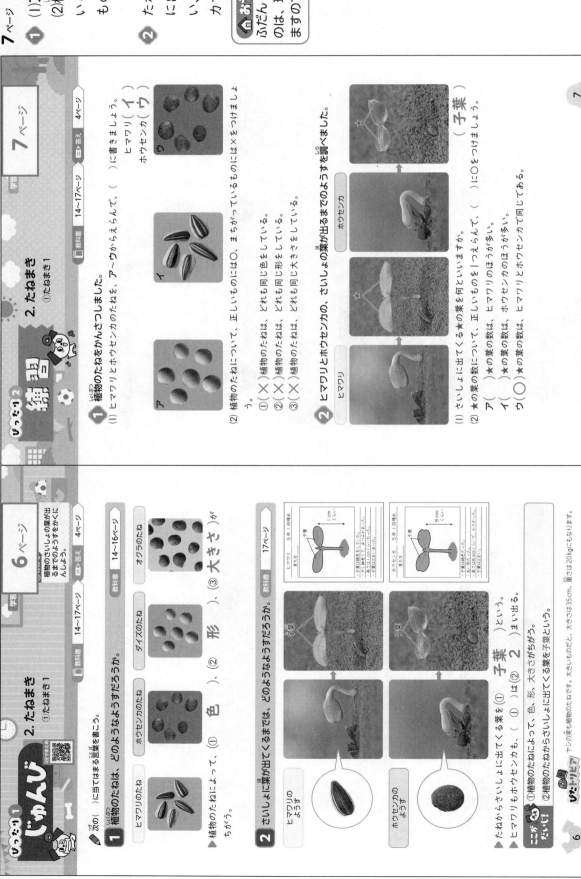

次《つぎ》の(　)に当てはまる言葉《ことば》を○でかこもう。

1 植物《しょくぶつ》は、子葉《しよう》が出た後、どのように育《そだ》つのだろうか。　教科書 18〜20ページ

植物の育ち方は、次のことを調《しら》べればわかるよ。
・葉《は》の色や形、大きさ、数
・植物の高さ

植物の高さのはかり方

「地面《じめん》からいちばん新しい葉のつけ根《ね》まで」のように、いつも同じようにはかる。

紙テープ

ヒマワリの育ち方

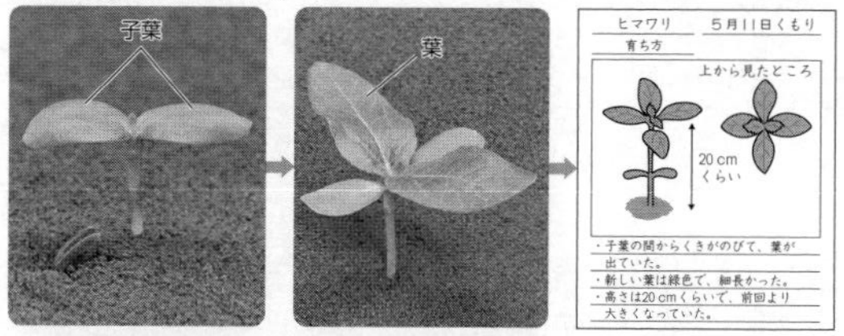
子葉
葉
ヒマワリ　5月11日くもり
育ち方
上から見たところ
20 cm くらい
・子葉の間からくきがのびて、葉が出ていた。
・新しい葉は緑色で、細長かった。
・高さは20 cmくらいで、前回より大きくなっていた。

ホウセンカの育ち方

子葉
葉
ホウセンカ　5月11日くもり
育ち方
上から見たところ
10 cm くらい
・前回は出ていなかった新しい葉が8まい出ていた。
・新しい葉は、先がとがっていた。
・高さは10 cmくらいで、前回より大きくなっていた。

ヒマワリとホウセンカでは、葉の形がちがうね。

▶後から出てくる葉の形は、子葉と(① 同じ ・ ちがう)形をしている。
▶子葉が出た後、植物が育つにつれて葉の数が(② ふえ ・ へり)、高さが(③ 高く ・ ひくく)なる。

ここがだいじ!
①後から出てくる葉は、子葉とはちがう形をしている。
②子葉が出た後、植物が育つにつれて葉の数がふえ、高さが高くなる。

ぴたトリビア　カイワレダイコンやもやしは、ダイコンやダイズのたねから子葉が出てきたものです。もやしが白っぽいのは、光を当てずに育てているからです。

1 子葉《しよう》が出た後のヒマワリとホウセンカの育《そだ》ち方を調《しら》べて、きろくしました。

あ

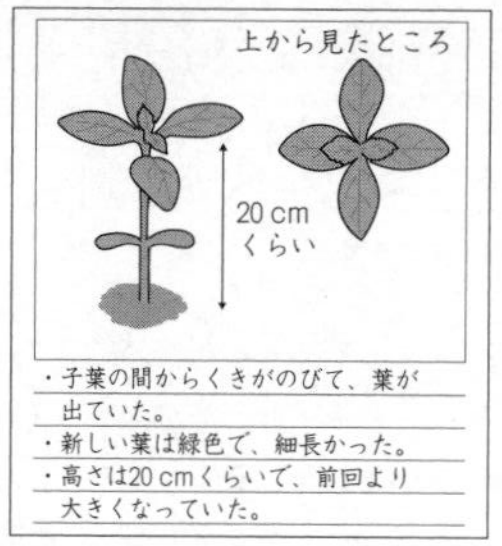
上から見たところ
20 cm くらい
・子葉の間からくきがのびて、葉が出ていた。
・新しい葉は緑色で、細長かった。
・高さは20 cmくらいで、前回より大きくなっていた。

い

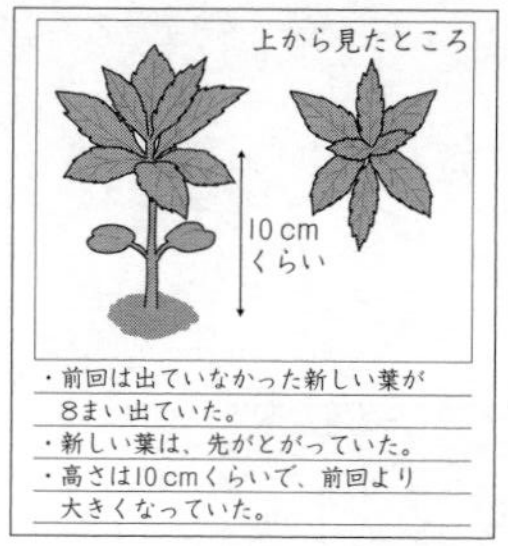
上から見たところ
10 cm くらい
・前回は出ていなかった新しい葉が8まい出ていた。
・新しい葉は、先がとがっていた。
・高さは10 cmくらいで、前回より大きくなっていた。

(1) 植物《しょくぶつ》の高さをはかるときに使《つか》うとよいものを、[　]からえらびましょう。

じょうろ　スコップ　紙テープ　虫めがね　　(紙テープ)

(2) ヒマワリのようすを表《あらわ》しているのは、あ、いのどちらですか。　(あ)

(3) 子葉の後から出てくる葉《は》の形は、どうなっていますか。正しいほうの(　)に○をつけましょう。
ア(　)子葉と同じ形をしている。
イ(○)子葉とはちがう形をしている。

(4) 植物の高さは、子葉が出たころとくらべてどうなっていますか。正しいものを1つえらんで、(　)に○をつけましょう。
ア(○)高くなっている。
イ(　)かわっていない。
ウ(　)ひくくなっている。

ヒント 1 (4)子葉が出たころのヒマワリやホウセンカの高さは、1 cmくらいしかありません。

9ページ　てびき

1 (1)植物《しょくぶつ》の高さに合わせて紙テープをのばし、その長さをものさしではかります。
(2)ヒマワリとホウセンカでは、葉《は》の形がちがいます。ホウセンカの葉は、ぎざぎざしています。
(3)後から出てくる葉は、子葉《しよう》とはちがう形をしています。
(4)植物は、育《そだ》つにつれて葉の数がふえ、高さが高くなります。

おうちのかたへ
ふだん「本葉」とよんでいるものは、理科では「葉」になりますので注意してください。なお、子葉も葉に含まれます。

ぴったり1 じゅんび

2. たねまき

②葉・くき・根

3分でまとめ

学習 10ページ

植物のからだがどのような部分からできているか、かくにんしよう。

教科書 21〜25ページ　答え 6ページ

次《つぎ》の(　)に当てはまる言葉《ことば》を書くか、当てはまるものを○でかこもう。

1 植物《しょくぶつ》の体は、どのような部分《ぶぶん》からできているのだろうか。 教科書 21〜25ページ

植物の体のつくり

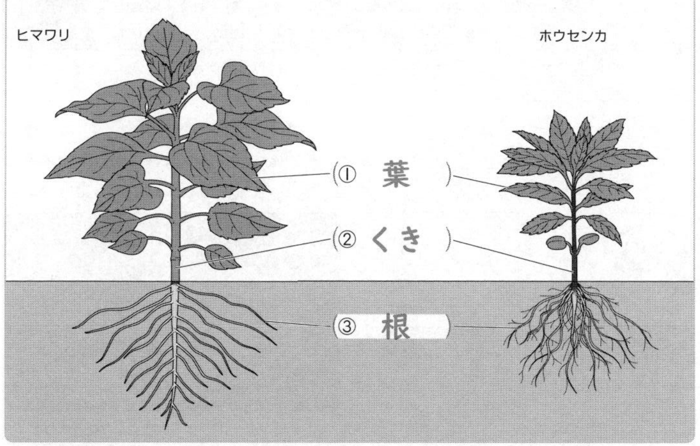

▶植物の体は、(④ 葉)、(⑤ くき)、(⑥ 根)でできている。
▶植物の葉《は》は、(⑦ くき)から出ている。
▶植物の根《ね》は、(⑧ 土)の中にある。
▶植物によって、葉、くき、根の形にちがいが(⑨ (ある)・ ない)。

形にはちがいがあるけど、植物の体のつくりは、どれも同じなんだね。

ここがだいじ!
①植物の体は、葉、くき、根でできている。
②植物の葉は、くきについている。
③植物の根は、土の中にある。

ぴたトリビア　やさいによって、根・くき・葉のどの部分を食べているかがちがいます。キャベツは葉、ジャガイモは地下のくき、ニンジンやサツマイモは根の部分を食べています。

ぴったり2 練習

2. たねまき

②葉・くき・根

学習 11ページ

教科書 21〜25ページ　答え 6ページ

1 ヒマワリの体のつくりを調《しら》べました。

(1) 葉《は》、くき、根《ね》は、あ〜うのどれですか。

葉((あ))
くき((い))
根((う))

(2) ヒマワリの体で、土の中にあるのは葉、くき、根のどの部分《ぶぶん》ですか。　(根)

(3) ヒマワリの葉について、正しいほうの(　)に○をつけましょう。

ア(○)くきについている。
イ(　)根についている。

2 ホウセンカの体のつくりを調べました。

(1) あ〜うの部分を、それぞれ何といいますか。

あ(葉)
い(くき)
う(根)

(2) ホウセンカの体で、土の中にあるのは、あ〜うのどの部分ですか。　((う))

(3) 植物《しょくぶつ》の体のつくりについて、正しいほうの(　)に○をつけましょう。

ア(　)葉、くき、根の形は、どの植物でも同じである。
イ(○)葉、くき、根の形は、植物によってちがいがある。

11ページ　てびき

1 (1)多くの植物《しょくぶつ》では、葉《は》は緑色《みどりいろ》をしています。
(2)多くの植物では、葉とくきは地上にあり、根《ね》だけが土の中にあります。
(3)植物の葉は、くきについています。

2 (1)ホウセンカのくきは、下のほうが赤色をしています。
(2)ヒマワリと同じように、ホウセンカも、葉とくきは地上にあり、根だけが土の中にあります。
(3)どの植物も、葉、くき、根の3つの部分《ぶぶん》からできています。しかし、その形は、植物によってちがいます。

ぴったり3
たしかめのテスト
2. たねまき

12ページ

/100 合格70点

教科書 14〜25ページ　答え 7ページ

1 ヒマワリとホウセンカのたねを、ア〜エからえらびましょう。　1つ5点(10点)

ヒマワリ(イ)　ホウセンカ(エ)

ア 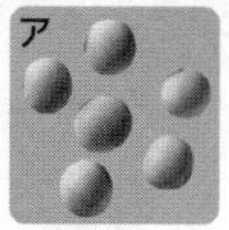
イ 
ウ 
エ 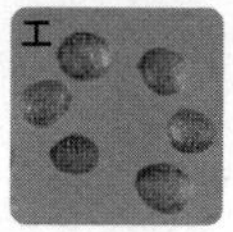

よく出る

2 めが出た後のホウセンカから、葉《は》が出てきました。　1つ5点(20点)

(1) さいしょに出てきた葉を何といいますか。
(子葉)

(2) ホウセンカの(1)は、何まいありますか。
(2まい)

(3) ホウセンカとヒマワリでは、(1)の数は同じですか、ちがいますか。
(同じ。)

(4) ホウセンカとヒマワリでは、(1)の形は同じですか、ちがいますか。
(ちがう。)

できたらスゴイ!

3 めが出た後のオクラのようすを、きろくします。　(1)は1つ5点、(2)は10点(20点)

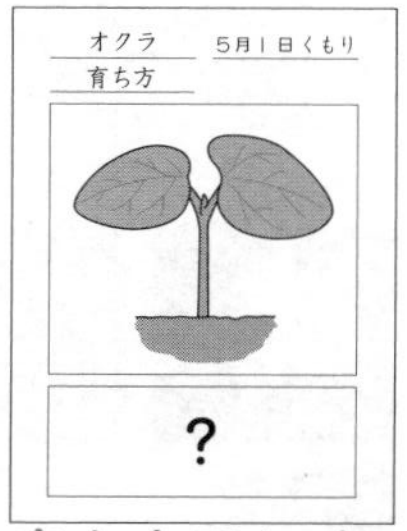
オクラ
5月1日くもり
育ち方
?

(1) かんさつカードの ? の部分《ぶぶん》に書くとよいものを2つえらんで、(　)に○をつけましょう。　技能

ア(　)土の色
イ(　)雲の色や大きさ、形、数
ウ(○)葉の色や大きさ、形、数
エ(○)植物《しょくぶつ》の高さ
オ(　)近くで見つけた虫のようす

(2) 記述 植物の高さをはかるとき、いつも同じきまりではかるのはなぜですか。　思考・表現

(はかるときのきまりをかえると、高さを正しくくらべられないから。)

学習 13ページ

4 ヒマワリが育《そだ》つようすを調《しら》べました。　(3)は10点、ほかは1つ5点、(1)は全部できて5点(20点)

あ 
か
き
い 
う 

(1) ヒマワリが育つじゅんに、あ〜うをならべかえましょう。
(い → う → あ)

(2) 後から出た葉は、か、きのどちらですか。
(か)

(3) 記述 この後もかんさつをつづけると、ヒマワリの高さはどのようになりますか。　思考・表現
(だんだん高くなる。)

よく出る

5 ホウセンカとヒマワリの体のつくりをくらべました。　1つ5点(30点)

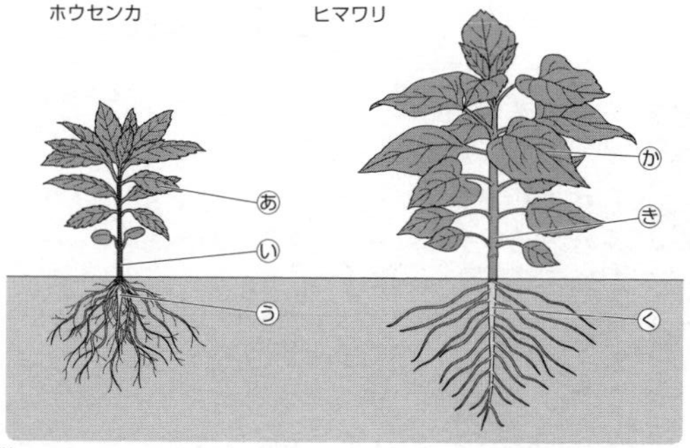
ホウセンカ
ヒマワリ
あ
い
う
か
き
く

(1) あの部分《ぶぶん》を何といいますか。
(葉)

(2) ホウセンカのい、うは、ヒマワリのか〜くのどれにあたりますか。　思考・表現
い(き)　う(く)

(3) 植物の体のつくりについて、正しいものには○、まちがっているものには×をつけましょう。
①(○)植物の根《ね》は、土の中にある。
②(×)植物の葉は、根についている。
③(○)植物のくきと根はつながっている。

ふりかえり 3がわからないときは、8ページの1にもどってかくにんしましょう。
5がわからないときは、10ページの1にもどってかくにんしましょう。

12〜13ページ　てびき

1 **ア**はダイズ、**イ**はヒマワリ、**ウ**はマリーゴールド、**エ**はホウセンカのたねです。

2 (1)〜(3)さいしょに出てくる葉《は》は子葉《しよう》とよばれ、ホウセンカやヒマワリなどでは2まいあります。
(4)植物《しょくぶつ》によって、子葉の形がちがいます。

3 (1)葉の色や大きさ、形、数のほかに、植物の高さも調《しら》べます。
(2)はかり方によるちがいが出ないように、同じきまりではかります。

4 (1)、(2)子葉の後に出てくる葉は、子葉とはちがう形をしています。
(3)植物が育《そだ》つにつれて、葉の数がふえ、高さが高くなります。

5 (1)、(2)ホウセンカのあは葉、いはくき、うは根《ね》です。また、ヒマワリのかは葉、きはくき、くは根です。
(3)②植物の葉は、くきについています。

ぴったり1 じゅんび

3. こん虫の育ち方

①チョウの育ち方1

3分でまとめ

学習 **14ページ**

チョウのすがたやかい方をかくにんしよう。

教科書 26〜29ページ　答え 8ページ

次《つぎ》の(　)に当てはまる言葉《ことば》を書くか、当てはまるものを○でかこもう。

1 モンシロチョウは、どのようなようすだろうか。

教科書 26〜28ページ

▶モンシロチョウのたまごは、(① (たてに長い) ・ 丸い)形をしていて、大きさは(② (1mm) ・ 1cm)くらいである。

▶モンシロチョウのたまごは、(③ (キャベツ) ・ ミカン)などの葉《は》にうみつけられる。

▶あおむしのような子どもの虫を(④ **よう虫**)といい、大人の虫を(⑤ **せい虫**)という。

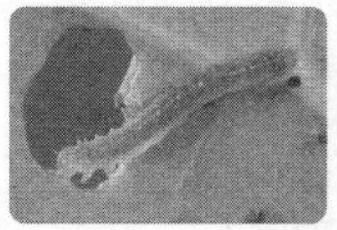

2 モンシロチョウのかい方をまとめよう。

教科書 29ページ

モンシロチョウのかい方

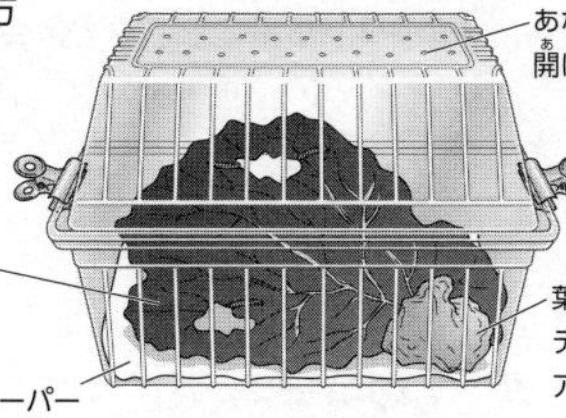
あなを開《あ》けておく。
葉をとりかえるときは、よう虫《ちゅう》が乗《の》っているところを切りとって、新しい葉の上に乗せる。
葉の切り口を水でぬらしたティッシュペーパーでつつんだ後、アルミニウムはくでおおう。
ティッシュペーパー

▶たまごからよう虫が出てきたら、(① (1日) ・ 1週間)に1回、葉を新しいものにとりかえ、ふんのそうじをする。

▶アゲハをかうときは、水を入れた小さなびんに、ミカンやサンショウなどの(② **えさ**)になる植物《しょくぶつ》をさす。

ここがだいじ!

①あおむしのような子どもの虫をよう虫といい、大人の虫をせい虫《ちゅう》という。

②モンシロチョウは、キャベツなどの葉に、大きさが1mmくらいで、たてに長い形のたまごをうみつける。

ぴたトリビア　チョウは、よう虫が食べる植物にたまごをうみつけます。モンシロチョウはキャベツやダイコン、アゲハはミカンやサンショウ、ベニシジミはスイバやギシギシの葉にうみつけます。

ぴったり2 練習

3. こん虫の育ち方

①チョウの育ち方1

学習 **15ページ**

教科書 26〜29ページ　答え 8ページ

1 モンシロチョウをかんさつします。

(1) モンシロチョウのたまごは、どのような植物《しょくぶつ》の葉《は》をさがすと見つけられますか。正しいものを1つえらんで、(　)に○をつけましょう。

ア(○)キャベツ　イ(　)サンショウ　ウ(　)ミカン

(2) モンシロチョウのたまごは、右のあ、いのどちらですか。　(あ)

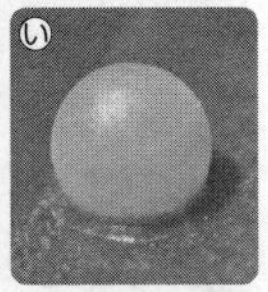

(3) しばらくすると、たまごから子どもの虫が出てきました。子どもの虫を何といいますか。　(**よう虫**)

(4) (3)は、やがてかのようなすがたになります。かのような大人の虫を何といいますか。　(**せい虫**)

2 モンシロチョウのよう虫《ちゅう》をかいます。

(1) 葉は、どれくらいでとりかえますか。正しいものを1つえらんで、(　)に○をつけましょう。

ア(○)毎日とりかえる。
イ(　)3日に1回とりかえる。
ウ(　)1週間に1回とりかえる。
エ(　)1か月に1回とりかえる。

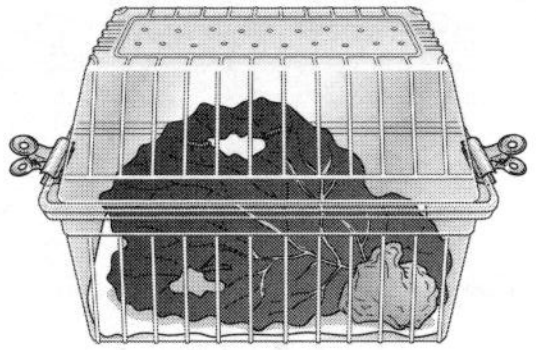

(2) 葉は、どのようにしてとりかえますか。正しいほうの(　)に○をつけましょう。

ア(　)よう虫を手でつかみ、新しい葉の上に乗《の》せる。
イ(○)古い葉のよう虫が乗っているところを切りとり、新しい葉の上に乗せる。

15ページ　てびき

❶ (1)モンシロチョウは、キャベツやアブラナなどの葉《は》にたまごをうみつけます。

(2)モンシロチョウのたまごは細長い形をしています。なお、いの丸いたまごは、アゲハのたまごです。

❷ (1)毎日新しい葉にとりかえます。

(2)古い葉ごと、よう虫《ちゅう》を新しい葉にうつします。よう虫を手で直せつつかんではいけません。

おうちのかたへ　3. こん虫の育ち方

チョウやトンボ、バッタなどを観察して、昆虫の育ち方と体のつくりについて学習します。昆虫の育ち方を卵、幼虫、さなぎ、成虫などの用語(名称)を使って理解しているか、昆虫に共通する体のつくりを理解しているか、などがポイントです。

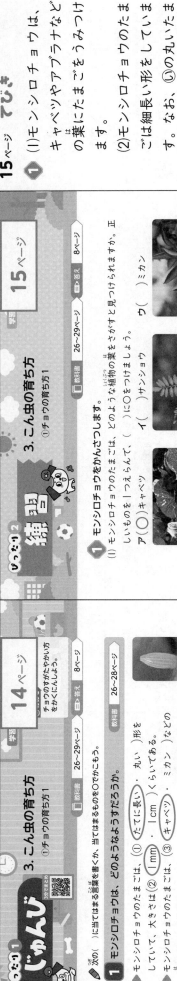

ぴったり1
じゅんび

3. こん虫の育ち方
①チョウの育ち方2

16ページ

チョウがたまごからどのように育つか、かくにんしよう。

教科書 29～36ページ　答え 9ページ

次《つぎ》の（　）に当てはまる言葉《ことば》を書くか、当てはまるものを○でかこもう。

1 チョウは、たまごからどのように育《そだ》つのだろうか。　教科書 29～35ページ

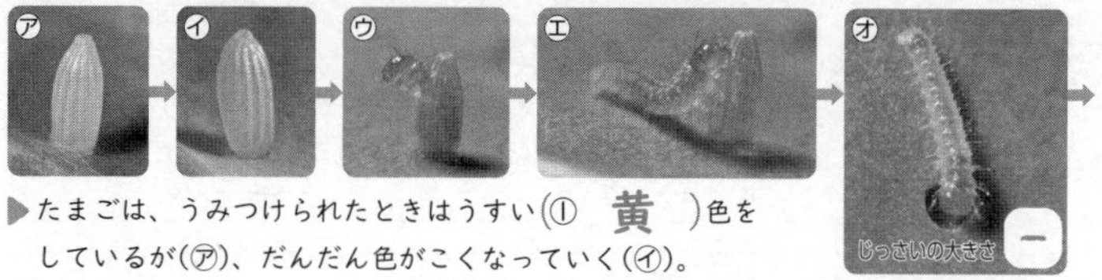

ア
イ
ウ
エ
オ
じっさいの大きさ

▶たまごは、うみつけられたときはうすい（① **黄** ）色をしているが(ア)、だんだん色がこくなっていく(イ)。

▶やがて、たまごの中から（② **よう虫** ）が出てくる(ウ)。はじめはたまごのからを食べるが(エ)、食べ終《お》わると、（③ **葉** ）を食べるようになる(オ)。

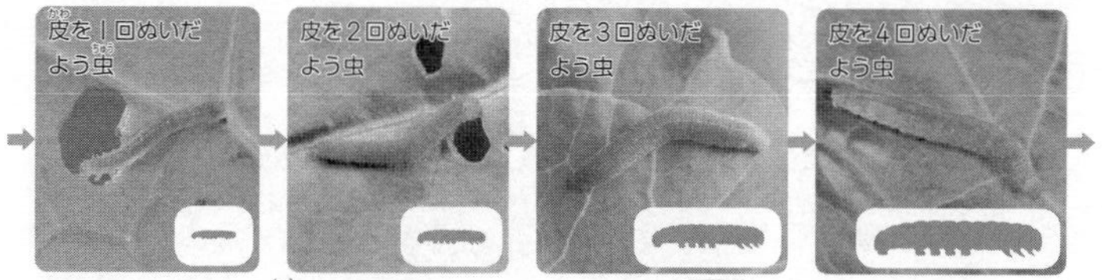

皮を1回ぬいだよう虫
皮を2回ぬいだよう虫
皮を3回ぬいだよう虫
皮を4回ぬいだよう虫

▶（ ② ）は、くり返《かえ》し（④ **皮** ）をぬぎ、（⑤ **(大きく)** ・ 小さく ）なる。

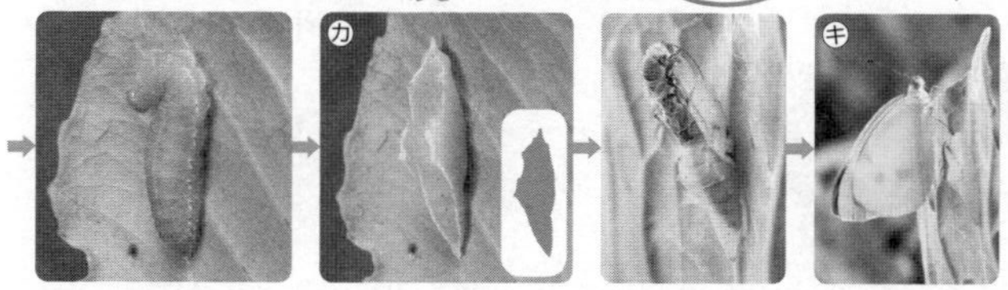

カ
キ

▶大きく育った（ ② ）は、（⑥ **さなぎ** ）になる(カ)。（ ⑥ ）は何も食べず、動《うご》かない。しばらくすると、（⑦ **せい虫** ）が出てくる(キ)。

▶アゲハやカイコガなども、（⑧ **たまご** ）→（⑨ **よう虫** ）→（⑩ **さなぎ** ）→（⑪ **せい虫** ）のじゅんに育つ。

ここがだいじ！
①モンシロチョウはたまごからよう虫になり、くり返し皮をぬいで大きくなる。やがてさなぎになり、さなぎの中で新しい体にかわってせい虫《ちゅう》が出てくる。
②アゲハなどのほかのチョウも、モンシロチョウと同じじゅんじょで育つ。

ぴたトリビア　チョウのよう虫は植物《しょくぶつ》の葉《は》を食べますが、せい虫は花のみつをすいます。このように、虫には、育って体の形がかわると、食べるものがかわるものがいます。

ぴったり2
練習

3. こん虫の育ち方
①チョウの育ち方2

17ページ

教科書 29～36ページ　答え 9ページ

1 モンシロチョウの育《そだ》ち方を調《しら》べます。

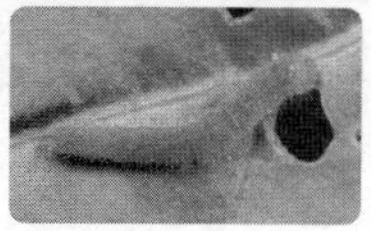

(1) 右のころのモンシロチョウを何といいますか。　（ **よう虫** ）

(2) このころのモンシロチョウが食べるものを1つえらんで、（　）に○をつけましょう。
ア（　）何も食べない。　イ（○）葉《は》を食べる。
ウ（　）虫を食べる。　エ（　）花のみつをすう。

(3) 皮《かわ》をぬぐと、(1)の大きさはどうなりますか。正しいものを1つえらんで、（　）に○をつけましょう。
ア（○）大きくなる。　イ（　）小さくなる。
ウ（　）かわらない。

(4) 何回か皮をぬいだ後、(1)は何になりますか。　（ **さなぎ** ）

2 かっていたモンシロチョウが、右のようになりました。

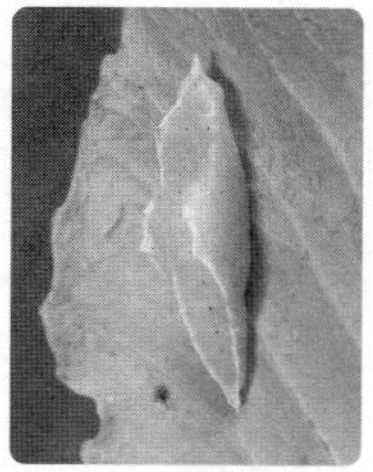

(1) 右のころのモンシロチョウを何といいますか。　（ **さなぎ** ）

(2) このころのモンシロチョウが食べるものを1つえらんで、（　）に○をつけましょう。
ア（○）何も食べない。
イ（　）葉を食べる。
ウ（　）虫を食べる。
エ（　）花のみつをすう。

(3) このころのモンシロチョウのようすとして、正しいほうの（　）に○をつけましょう。
ア（○）じっとして動《うご》かない。
イ（　）葉の上を動き回る。

(4) しばらくすると、(1)から何が出てきますか。　（ **せい虫** ）

(5) アゲハが育つじゅんじょは、モンシロチョウが育つじゅんじょと同じですか、ちがいますか。　（ **同じ。** ）

ヒント　2 中では、モンシロチョウが新しい体にかわっています。

17ページ　てびき

1 (1)いわゆる「あおむし」のころです。
(2)モンシロチョウのよう虫《ちゅう》は、キャベツやアブラナなどの葉《は》を食べて育《そだ》ちます。
(4)モンシロチョウのよう虫は、4回皮《かわ》をぬいで、さなぎになります。

2 (4)しばらくすると、中にはねのもようが見えるようになり、やがて、せい虫《ちゅう》が出てきます。
(5)モンシロチョウやアゲハは、たまご→よう虫→さなぎ→せい虫のじゅんじょで育ちます。

3. こん虫の育ち方
②こん虫の体のつくり1

チョウの体のつくりがどのようになっているか、かくにんしよう。

教科書 37ページ　答え 10ページ

次《つぎ》の(　)に当てはまる言葉《ことば》を書こう。

1 チョウの体は、どのようなつくりだろうか。 教科書 37ページ

モンシロチョウとアゲハは、同じような体のつくりをしているね。

チョウの体のつくり

(① 頭)
(② むね)
(③ はら)

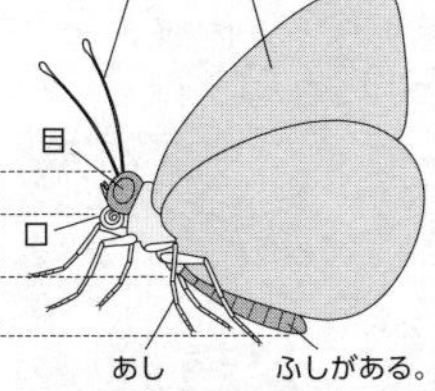

しょっ角《かく》
はね
目
口
あし
ふしがある。

▶チョウのせい虫《ちゅう》の体は、頭、むね、はらの(④ 3)つの部分《ぶぶん》に分かれている。
▶(⑤ 頭)には、目、口、しょっ角がついている。

目やしょっ角は、まわりのようすを知るのに役立《やくだ》っているよ。

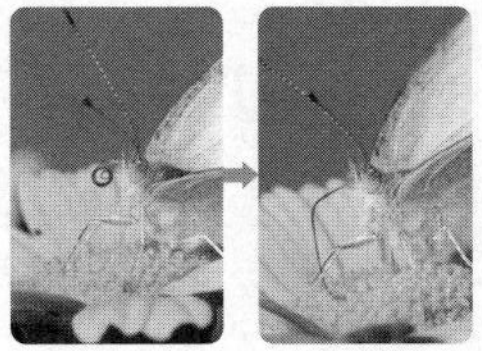

チョウの口は、ふだんは丸まっているけれど、みつをすうときはのびるんだね。

▶(⑥ むね)には、(⑦ 4)まいのはねと(⑧ 6)本のあしがついている。
▶(⑨ はら)は、いくつかのふしでできている。
▶体が頭、むね、はらの3つの部分に分かれていて、むねに6本のあしがついている虫を(⑩ こん虫)という。

ここがだいじ!
①チョウの体は頭、むね、はらの3つの部分からできていて、むねには6本のあしがある。
②体が頭、むね、はらの3つに分かれ、むねに6本のあしがある虫をこん虫《ちゅう》という。

ぴたトリビア　こん虫の口は、食べるものに合った形をしています。チョウの口は、花のみつをすいやすいストローのような形ですが、カブトムシの口は、木のしるをなめやすいブラシのような形です。

3. こん虫の育ち方
②こん虫の体のつくり1

教科書 37ページ　答え 10ページ

1 チョウの体のつくりを調《しら》べます。

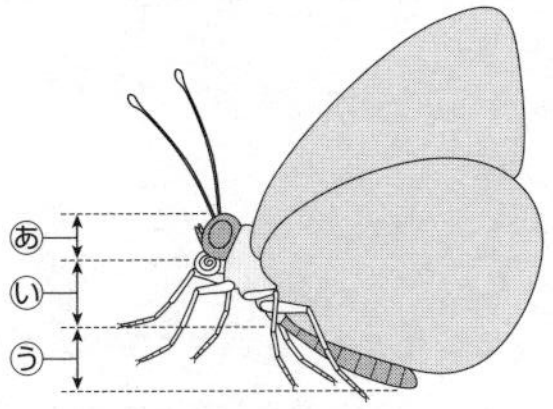

あ
い
う

(1) あ～うの部分《ぶぶん》を、それぞれ何といいますか。
あ(頭) い(むね) う(はら)
(2) あしは、何本ありますか。 (6本)
(3) あしは、あ～うのどこについていますか。 (い)
(4) チョウのような体のつくりをしている虫を何といいますか。 (こん虫)

2 モンシロチョウの体のつくりを調べます。

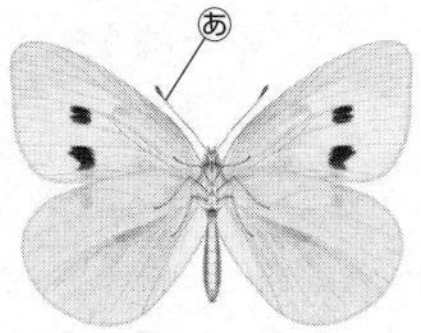

あ

モンシロチョウの体を、はねとは反対《はんたい》の向《む》きから見ているよ。

(1) あの部分を何といいますか。 (しょっ角)
(2) (1)は、頭、むね、はらのどの部分についていますか。 (頭)
(3) (1)のはたらきとして正しいほうの(　)に、○をつけましょう。
ア(　)花のみつをすう。
イ(○)まわりのようすを知る。
(4) モンシロチョウには、はねが何まいありますか。 (4まい)
(5) モンシロチョウのはねは、頭、むね、はらのどの部分についていますか。 (むね)

ヒント
1 (1)チョウのせい虫《ちゅう》の体は、3つの部分に分かれています。
2 (3)目も同じようなはたらきをします。

19ページ　てびき

1 (1)チョウの体は、頭・むね・はらの3つの部分《ぶぶん》に分かれています。
(2)、(3)チョウにはあしが6本あり、むねについています。
(4)体が頭・むね・はらの3つに分かれていて、むねにあしが6本ついている虫を、こん虫《ちゅう》といいます。

2 (1)～(3)頭からのびているあはしょっ角《かく》です。しょっ角や目は、まわりのようすを知るのに役《やく》立《だ》っています。
(4)、(5)チョウにははねが4まいあり、むねについています。

ぴったり1 じゅんび

3. こん虫の育ち方

②こん虫の体のつくり2

3分でまとめ

学習 20ページ

虫の体のつくりがどのようになっているか、かくにんしよう。

教科書 37~42ページ　答え 11ページ

次《つぎ》の(　)に当てはまる言葉《ことば》を書くか、当てはまるものを○でかこもう。

1 虫の体のつくりは、どのようになっているのだろうか。　教科書 37~42ページ

▶こん虫《ちゅう》のせい虫《ちゅう》の体は、(① 頭)、(② むね)、(③ はら)の3つの部分《ぶぶん》に分かれている。

▶むねには、(④ 6)本のあしがついている。

▶(⑤ 頭)には、目やしょっ角《かく》、口があり、(⑥ はら)はいくつかのふしからできている。

モンシロチョウ

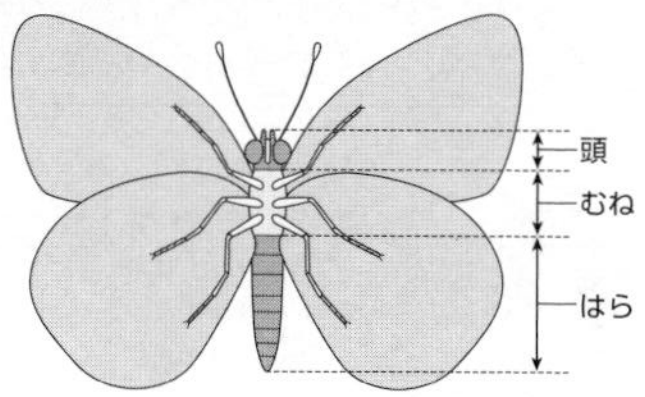

はねは、ついているこん虫も、ついていないこん虫もいるよ。

シオカラトンボ　ショウリョウバッタ　ダンゴムシ　ジョロウグモ

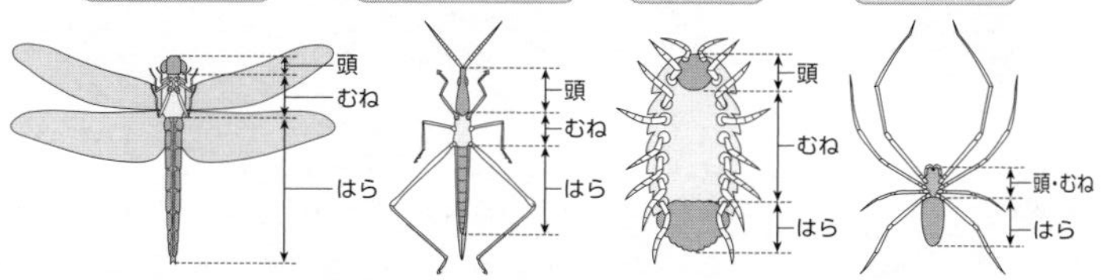

▶トンボやバッタは、体が(⑦ 3)つの部分に分かれていて、むねに(⑧ 6)本のあしがついているので、こん虫と(⑨ (いえる) ・ いえない)。

▶ダンゴムシは、体が(⑩ 3)つの部分に分かれているが、あしが(⑪ 6 ・ (14))本あるので、こん虫と(⑫ いえる ・ (いえない))。

▶クモは、体が(⑬ 2)つの部分に分かれていて、あしが(⑭ 6 ・ (8))本あるので、こん虫と(⑮ いえる ・ (いえない))。

虫には、こん虫ではないものもいるんだね。

ここがだいじ! ①こん虫のせい虫の体は、頭、むね、はらの3つの部分に分かれていて、むねには6本のあしがついている。

ぴたトリビア　地球《ちきゅう》上には、動物《どうぶつ》が170万しゅるいいるとされています。そのうち、こん虫は100万しゅるいもいます。

ぴったり2 練習

3. こん虫の育ち方

②こん虫の体のつくり2

学習 21ページ

教科書 37~42ページ　答え 11ページ

1 トンボとバッタの体のつくりを調《しら》べました。

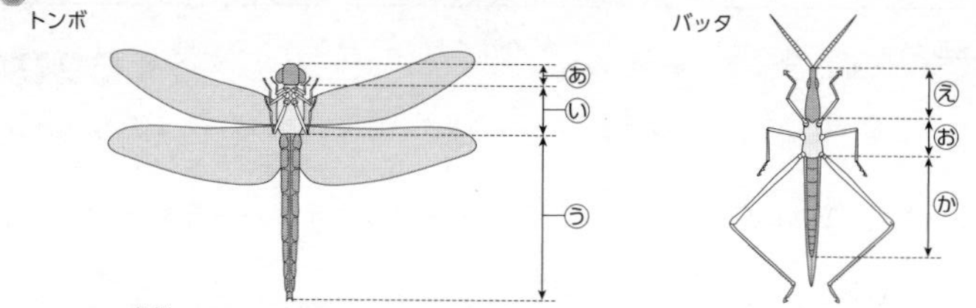

(1) あ~かの部分《ぶぶん》を、それぞれ何といいますか。

あ(頭)　い(むね)　う(はら)
え(頭)　お(むね)　か(はら)

(2) トンボとバッタには、それぞれあしが何本ありますか。

トンボ(6本)　バッタ(6本)

(3) トンボとバッタのあしは、それぞれあ~かのどの部分についていますか。

トンボ(い)　バッタ(お)

(4) トンボとバッタは、それぞれこん虫《ちゅう》であるといえますか。

トンボ(いえる。)　バッタ(いえる。)

2 ダンゴムシとクモの体のつくりを調べました。

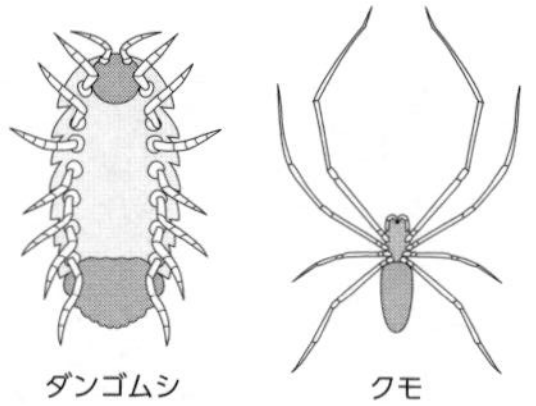

(1) ダンゴムシとクモの体は、それぞれいくつの部分からできていますか。

ダンゴムシ(3つ)　クモ(2つ)

(2) ダンゴムシとクモには、それぞれ何本のあしがありますか。

ダンゴムシ(14本)　クモ(8本)

(3) ダンゴムシとクモは、それぞれこん虫であるといえますか。

ダンゴムシ(いえない。)
クモ(いえない。)

ヒント
1 (4)トンボやバッタの体のつくりは、チョウの体のつくりとにています。
2 (3)こん虫は、体がいくつの部分に分かれていて、あしが何本ある虫か考えます。

21ページ　てびき

1 (1)トンボやバッタの体は、頭、むね、はらの3つの部分《ぶぶん》に分かれています。
(2)、(3)あしが6本あり、むねについています。
(4)トンボもバッタも、体が頭・むね・はらの3つに分かれていて、むねにあしが6本ついているので、こん虫《ちゅう》であるといえます。

2 (1)クモは、頭とむねがいっしょになっていて、体が2つの部分に分かれています。
(2)、(3)ダンゴムシもクモも、あしが6本ではないので、こん虫であるとはいえません。

ぴったり1 じゅんび

3. こん虫の育ち方

③こん虫の育ち方

学習 22ページ

こん虫がどのようなじゅんじょで育つか、かくにんしよう。

教科書 43~49ページ　答え 12ページ

次《つぎ》の(　)に当てはまる言葉《ことば》を書こう。

1 こん虫《ちゅう》は、どのようなじゅんじょで育《そだ》つのだろうか。 教科書 43~49ページ

シオカラトンボ

たまご　(① よう虫)　(② せい虫)

トンボのよう虫《ちゅう》をやごというよ。トンボはたまごを水中にうみ、やごは水中でくらすよ。

ショウリョウバッタ

たまご　(③ よう虫)　(④ せい虫)

▶トンボやバッタは、たまごからよう虫になり、(⑤ さなぎ)にならずにせい虫《ちゅう》になる。

▶よう虫が(　⑤　)にならずにせい虫になることを(⑥ 不完全へんたい)という。

カマキリも、さなぎにならずにせい虫になるよ。

モンシロチョウ

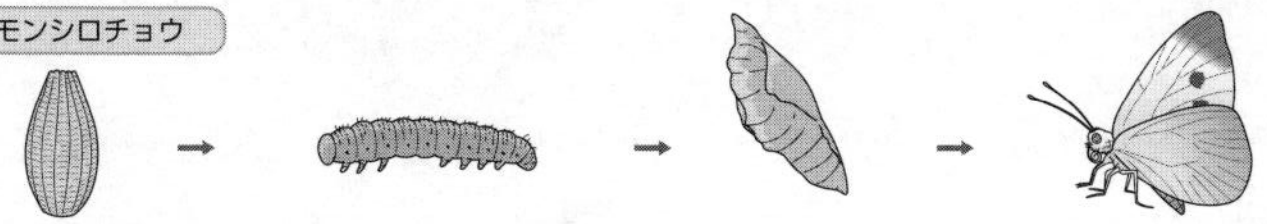

たまご　(⑦ よう虫)　(⑧ さなぎ)　(⑨ せい虫)

▶チョウは、たまごからかえったよう虫が、(⑩ さなぎ)になってからせい虫になる。

▶よう虫が(　⑩　)になってからせい虫になることを(⑪ 完全へんたい)という。

カブトムシやテントウムシ、アリも、さなぎになってからせい虫になるよ。

ここがだいじ！ ①こん虫は「たまご→よう虫→さなぎ→せい虫」というじゅんじょか、「たまご→よう虫→せい虫」というじゅんじょで育つ。

ぴたトリビア　セミは、たまご→よう虫→せい虫のじゅんじょで育ちます。アブラゼミは、たまごからかえると土の中にもぐり、5年もかけて皮《かわ》を4回ぬぎます。

ぴったり2 練習

3. こん虫の育ち方

③こん虫の育ち方

学習 23ページ

教科書 43~49ページ　答え 12ページ

1 チョウとバッタの育《そだ》ち方を調《しら》べました。

チョウ　バッタ

(1) チョウのあ~えのころを、それぞれ何といいますか。

あ(たまご)　い(よう虫)　う(さなぎ)　え(せい虫)

(2) バッタのか~くのころを、それぞれ何といいますか。

か(たまご)　き(よう虫)　く(せい虫)

(3) チョウとバッタの育ち方を、それぞれ何といいますか。

チョウ(完全へんたい)

バッタ(不完全へんたい)

2 トンボの育ち方を調べます。

(1) トンボが育つじゅんに、あ~うをならべかえましょう。

(い → う → あ)

(2) トンボのよう虫《ちゅう》は、さなぎになりますか。　(ならない。)

(3) (2)のような育ち方を何といいますか。　(不完全へんたい)

(4) トンボの育ち方は、チョウと同じですか、ちがいますか。(ちがう。)

ヒント 2 こん虫には、「たまご→よう虫→さなぎ→せい虫《ちゅう》」のじゅんじょで育つものと、「たまご→よう虫→せい虫」のじゅんじょで育つものがあります。

23ページ　てびき

1 (1)~(3)チョウは、たまご→よう虫《ちゅう》→さなぎ→せい虫《ちゅう》というじゅんじょで育《そだ》ちます(完全《かんぜん》へんたい)。これに対《たい》して、バッタは、たまご→よう虫→せい虫というじゅんじょで育ちます(不完全《ふかんぜん》へんたい)。

2 (1)うはトンボのよう虫で、「やご」とよばれます。「やご」は水中でくらします。
(2)~(4)トンボは、チョウとはちがって、よう虫がさなぎにならずに、せい虫になります。

ぴったり3 たしかめのテスト

3. こん虫の育ち方

24ページ

/100 合格70点

教科書 26〜51ページ　答え 13ページ

1 モンシロチョウをたまごから育《そだ》てます。 1つ6点(30点)

(1) モンシロチョウのたまごは、どのような植物《しょくぶつ》の葉《は》にうみつけられていますか。
　　からえらんで書きましょう。（ キャベツ ）

ミカン　　キャベツ　　サンショウ

(2) モンシロチョウのたまごの大きさは、どれくらいですか。正しいものを１つえらんで、（　）に○をつけましょう。

ア(○)１mmくらい
イ(　)１cmくらい
ウ(　)10cmくらい

(3) モンシロチョウのよう虫《ちゅう》のかい方について、正しいものには○、まちがっているものには×をつけましょう。 技能

①(×)入れもののあなは、テープですべてふさいでおく。
②(○)葉は、毎日新しいものにとりかえる。
③(×)葉をとりかえるときは、よう虫《ちゅう》を手でつまんで新しい葉の上に乗《の》せる。

よく出る

2 モンシロチョウの育ち方を調《しら》べました。 1つ5点、(2)は全部できて5点(30点)

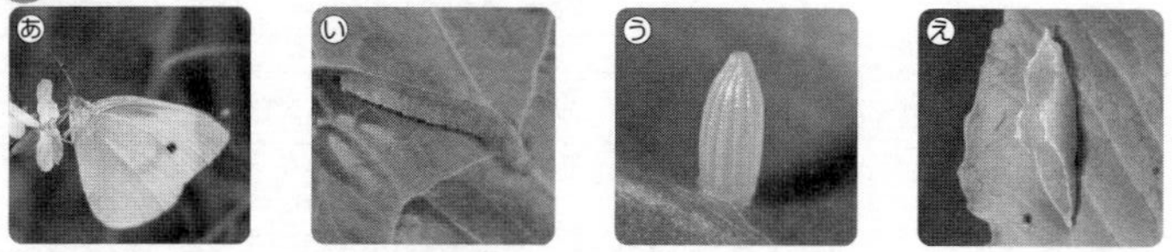

(1) あ〜えのころを、それぞれ何といいますか。

あ(せい虫)　い(よう虫)
う(たまご)　え(さなぎ)

(2) モンシロチョウが育つじゅんに、あ〜えをならべかえましょう。

(う → い → え → あ)

(3) モンシロチョウのような育ち方を何といいますか。

(完全へんたい)

24

学習 25ページ

3 アゲハとショウリョウバッタの育ち方を調べました。 1つ5点(10点)

アゲハ

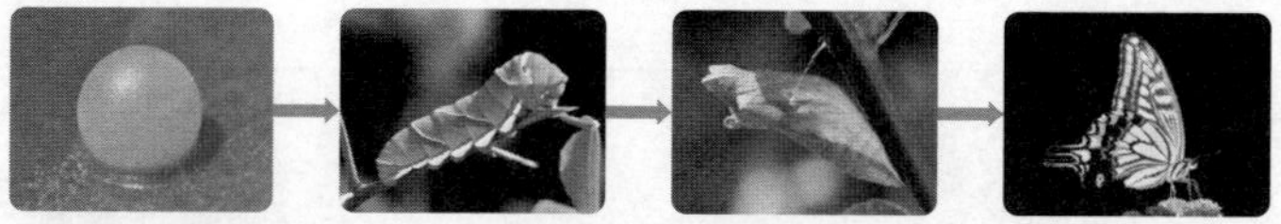

ショウリョウバッタ

(1) 記述 アゲハとショウリョウバッタの育ち方は、どのようにちがいますか。「さなぎ」ということばを使《つか》って書きましょう。 思考・表現

(アゲハはよう虫がさなぎになってからせい虫になるが、ショウリョウバッタはよう虫がさなぎにならずにせい虫になる。)

(2) シオカラトンボは、アゲハとショウリョウバッタのどちらと同じ育ち方をしますか。

(ショウリョウバッタ)

できたらスゴイ！

4 トンボとクモの体のつくりを調べました。 1つ5点(30点)

(1) あ〜うの部分《ぶぶん》をそれぞれ何といいますか。

あ(頭)
い(むね)
う(はら)

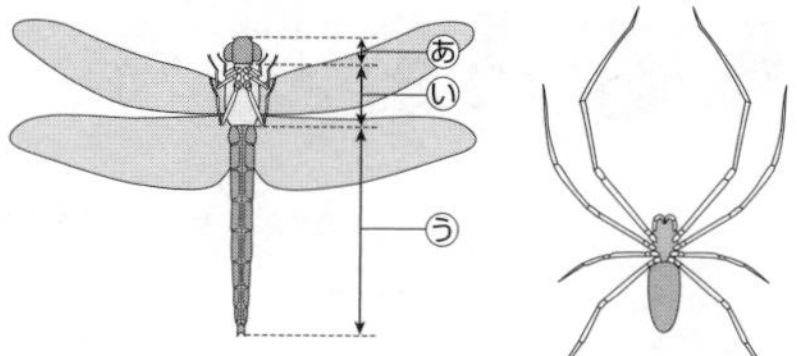

(2) しょっ角《かく》がついているのは、あ〜うのどの部分ですか。

(あ)

(3) トンボのような体のつくりをしている虫を何といいますか。 (こん虫)

(4) 記述 クモが(3)ではないのはなぜですか。理由《りゆう》を書きましょう。 思考・表現

(体が２つの部分に分かれていて、あしが８本あるから。)

ふりかえり　2がわからないときは、16ページの1にもどってかくにんしましょう。
4がわからないときは、20ページの1にもどってかくにんしましょう。

25

24〜25ページ　てびき

1 (3)①空気が出入りするためのあなを開《あ》けておきます。
③よう虫《ちゅう》を手で直せつつかんではいけません。

2 (2)、(3)モンシロチョウは、たまご→よう虫→さなぎ→せい虫《ちゅう》のじゅんじょで育《そだ》ちます。このような育ち方を、完全《かんぜん》へんたいといいます。

3 チョウは、たまご→よう虫→さなぎ→せい虫というじゅんじょで育ちます（完全へんたい）。これに対《たい》して、バッタやトンボは、たまご→よう虫→せい虫というじゅんじょで育ちます（不完全《ふかんぜん》へんたい）。

4 (4)クモは、頭とむねがいっしょになっていて、体が２つの部分《ぶぶん》に分かれています。また、あしが８本あります。したがって、こん虫《ちゅう》の体のつくりとはちがいます。

★ 葉がふえたころ

葉がふえたころ

学習 26ページ

植物のようすがどのようにかわっているか、かくにんしよう。

教科書 52~55ページ　答え 14ページ

次《つぎ》の(　)に当てはまるものを○でかこもう。

1 植物《しょくぶつ》のようすは、どのようにかわったのだろうか。 教科書 52~54ページ

ヒマワリの育《そだ》ち方

ヒマワリ　5月11日くもり
育ち方

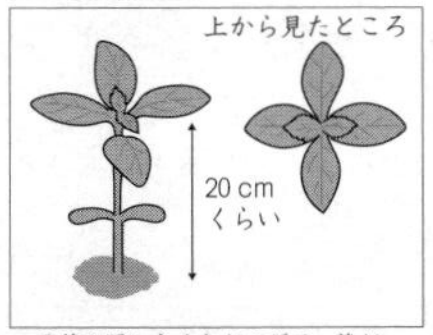

・子葉の間からくきがのびて、葉が出ていた。
・新しい葉は緑色で、細長かった。
・高さは20 cmくらいで、前回より大きくなっていた。

ヒマワリ　6月22日 晴れ
育ち方

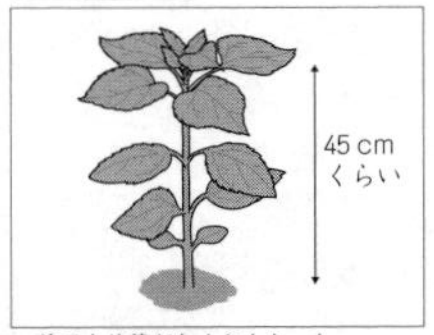

・前回より葉がたくさんあった。手のひらよりも大きい葉もあった。
・葉の色は緑色だった。
・高さは45 cmくらいだった。

ホウセンカの育ち方

ホウセンカ　5月11日くもり
育ち方

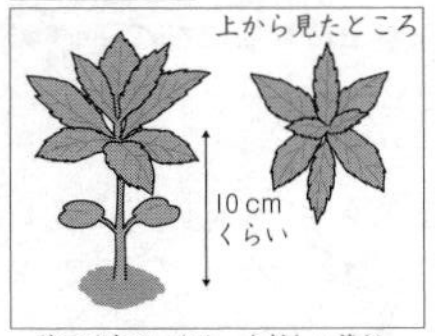

・前回は出ていなかった新しい葉が8まい出ていた。
・新しい葉は、先がとがっていた。
・高さは10 cmくらいで、前回より大きくなっていた。

ホウセンカ　6月22日 晴れ
育ち方

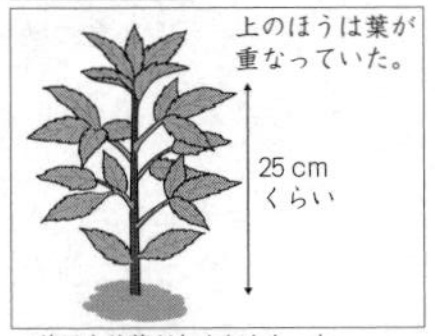

・前回より葉がたくさんあった。
・葉の色は緑色だった。
・葉の形は細長くて、まわりがぎざぎざしていた。
・高さは25 cmくらいだった。

▶葉《は》は緑色《みどりいろ》で、大きさは(① 大きく ・ 小さく)なり、
数が(② ふえて ・ へって)いる。

▶植物の全体《ぜんたい》の大きさは、(③ 大きく ・ 小さく)なっている。

▶植物の高さは、(④ 高く ・ ひくく)なっている。

ここがだいじ！ ①植物は育つにつれて、高さが高くなる。また、葉が大きくなり、数も多くなる。

ぴたトリビア 植物の葉を上から見ると、できるだけ重《かさ》なり合わないようについています。これは、葉に日光がよく当たるようにするためのくふうです。

★ 葉がふえたころ

葉がふえたころ

学習 27ページ

教科書 52~55ページ　答え 14ページ

1 植物《しょくぶつ》のようすを調《しら》べます。①、②で調べていることを、□の中からえらんでそれぞれ書きましょう。

①
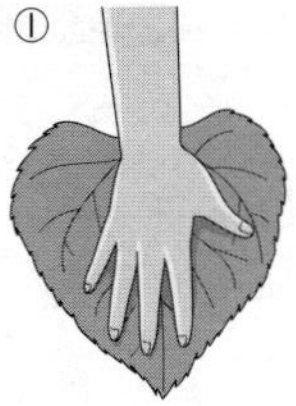

②

くきの太さ	植物の高さ
葉《は》の数	葉の大きさ

①(葉の大きさ)

②(植物の高さ)

2 6月の植物のようすを、5月のようすとくらべます。

(1) ヒマワリの葉はどうなりましたか。正しいものを2つえらんで、(　)に○をつけましょう。

ア(○)大きくなった。
イ(　)小さくなった。
ウ(○)数がふえた。
エ(　)数がへった。

ヒマワリ

(2) ヒマワリの高さは、どうなりましたか。　(高くなった。)

(3) 6月のホウセンカのようすは、あ、いのどちらですか。　(あ)

ホウセンカ

ヒント ② (3)ヒマワリのようすをもとに考えましょう。

おうちのかたへ　★ 葉がふえたころ

「2.たねまき」に続いて、植物が育つようすを観察して、植物の育ち方と体のつくりについて学習します。ここでは、花が咲く前までを扱います。複数の植物が育つようすを比較して育ち方の共通点を見つけることができるか、などがポイントです。

27ページ　てびき

1 ①葉《は》の大きさを、手のひらの大きさとくらべています。
②植物《しょくぶつ》の高さを、紙テープではかっています。

2 (3)ホウセンカもヒマワリと同じように、育《そだ》つにつれて葉の大きさが大きくなり、葉の数がふえ、植物全体《ぜんたい》の高さが高くなります。

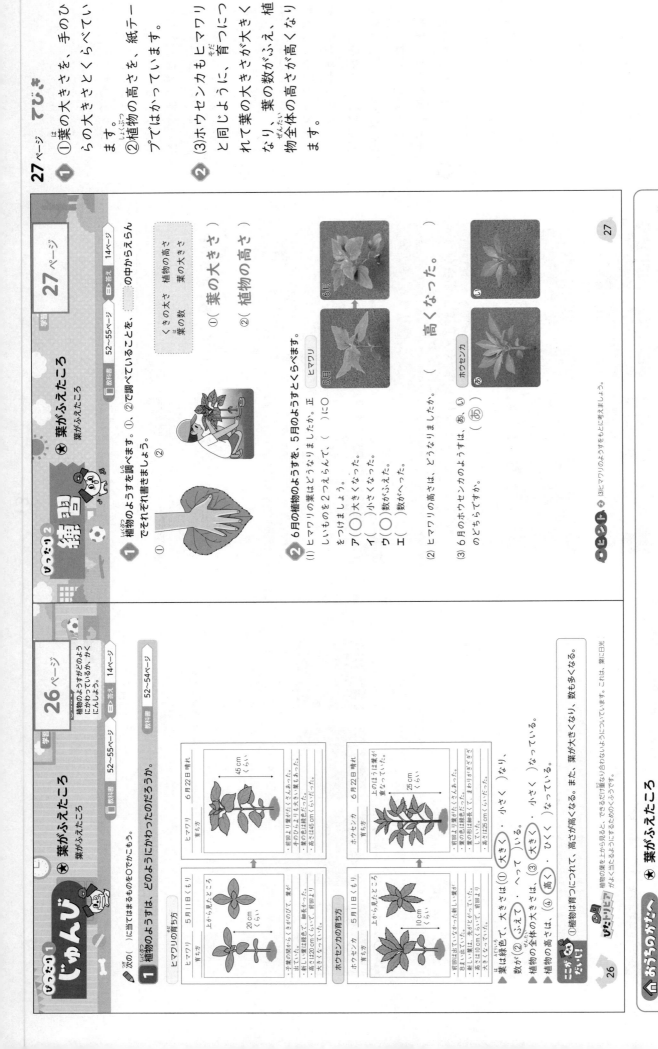

ぴったり1 じゅんび

28ページ 4. ゴムと風の力のはたらき

①ゴムの力のはたらき

3分でまとめ

ゴムの力を大きくすると、ものを動かすはたらきがどうなるか、かくにんしよう。

教科書 56~64ページ　答え 15ページ

次《つぎ》の(　)に当てはまるものを○でかこもう。

1 ゴムの力を大きくすると、ものを動《うご》かすはたらきはかわるのだろうか。 教科書 56~63ページ

▶ゴムの力には、ものを動かすはたらきが
(① (ある) ・ ない)。

▶ゴムを長くのばすと、ゴムの力は
(② (大きく) ・ 小さく)なる。

ゴムをのばすと、元にもどろうとする力がはたらくね。

ゴムののばし方と車が進《すす》むきょり

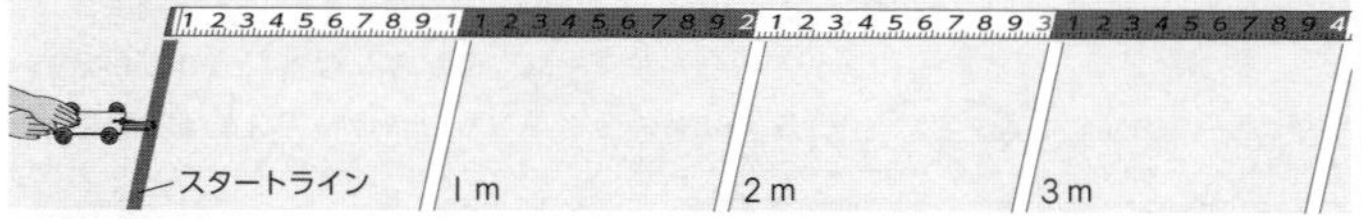

車が進んだきょり

	10cmにのばしたとき	15cmにのばしたとき
1回目	3mくらい	6mくらい
2回目	3mくらい	5mくらい
3回目	2mくらい	6mくらい

じっけんを何回か行うと、けっかをより正しくくらべることができるよ。

▶ゴムを長くのばして、ゴムの力を大きくすると、
ものを動かすはたらきは(③ (大きく) ・ 小さく)なる。

▶ゴムの力の大きさをかえると、ものが動くようすは(④ (かわる) ・ かわらない)。

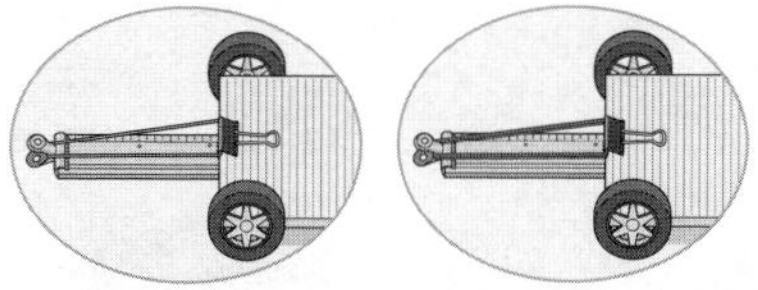

ゴムを太くしたり、ゴムの数をふやしたりしても、ものを動かすはたらきが大きくなるよ。

ここがだいじ!
①ゴムをのばすと、元にもどろうとする力がはたらき、ものを動かすことができる。
②ゴムを長くのばすほど、ゴムの力が大きくなり、ものを動かすはたらきが大きくなる。

ぴたトリビア　ばねをのばすと、ゴムと同じように、もとにもどろうとする力がはたらきます。ばねは、ちぢめても、もとにもどろうとする力がはたらき、ボールペンなどに使《つか》われています。

ぴったり2 練習

29ページ 4. ゴムと風の力のはたらき

①ゴムの力のはたらき

教科書 56~64ページ　答え 15ページ

1 ゴムののばし方をかえて車を動《うご》かし、けっかを表《ひょう》にまとめました。

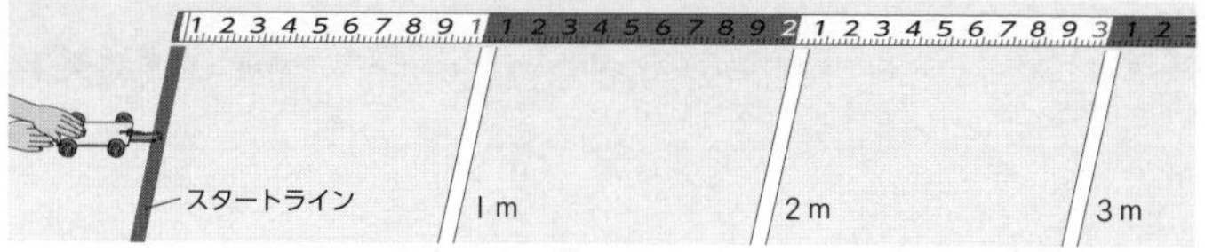

車が進《すす》んだきょり

	10cmにのばしたとき	15cmにのばしたとき
1回目	3mくらい	6mくらい
2回目	3mくらい	5mくらい
3回目	2mくらい	6mくらい

(1) のばしたゴムから手をはなすと、ゴムはどうなりますか。正しいほうの(　)に○をつけましょう。
ア(○)元にもどる。
イ(　)さらにのびる。

(2) ゴムをのばしたときの手ごたえが大きいのは、10cmにのばしたときですか、15cmにのばしたときですか。
(15cm)

(3) 車が進んだきょりが長いのは、ゴムののばし方が長いときですか、短《みじか》いときですか。
(長いとき)

(4) ゴムを長くのばすほど、ゴムの力がものを動かすはたらきはどうなりますか。
(大きくなる。)

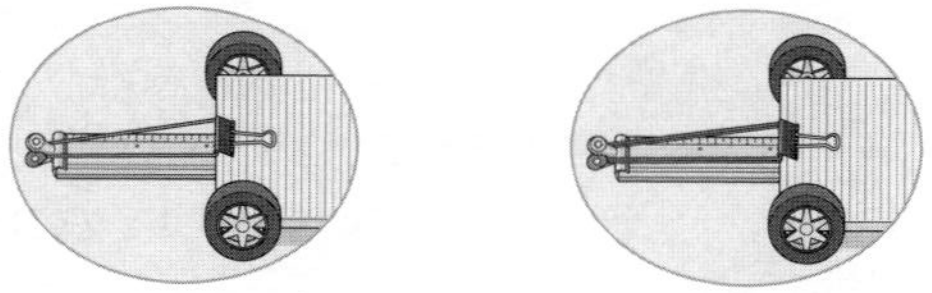

(5) ゴムを太いものにかえて同じようにじっけんすると、車が進むきょりはどうなりますか。
(長くなる。)

(6) ゴムの数をふやして同じようにじっけんすると、車が進むきょりはどうなりますか。
(長くなる。)

ヒント 1 (4)車が進むきょりが長いほど、ものを動かすはたらきが大きいといえます。

29ページ てびき

1 (1)ゴムをのばすと、元にもどろうとする力がはたらきます。
(2)ゴムを長くのばすほど、手ごたえが大きくなります。
(3)ゴムを10cmにのばしたときは車が2~3m進《すす》み、15cmにのばしたときは車が5~6m進んでいるので、ゴムを長くのばしたときのほうが、車が進むきょりが長いといえます。
(4)車が進むきょりが長いほど、ものを動《うご》かすはたらきが大きいといえます。
(5)、(6)ゴムの太さが太いほど、数が多いほど、ものを動かすはたらきが大きくなります。

おうちのかたへ　4. ゴムと風の力のはたらき

輪ゴムや送風機を使って、ゴムや風の力にはものを動かすはたらきがあることを学習します。ゴムの伸ばし方や風の強さを変えたときのはたらきの変化を理解しているか、などがポイントです。

4. ゴムと風の力のはたらき

②風の力のはたらき

風の力を大きくすると、ものを動かすはたらきがどうなるか、かくにんしよう。

教科書 65~69ページ　答え 16ページ

次《つぎ》の(　)に当てはまる言葉《ことば》を書くか、当てはまるものを○でかこもう。

1 風の力を大きくすると、ものを動《うご》かすはたらきはかわるのだろうか。 教科書 65~68ページ

こいのぼり　　たこ

身《み》の回りには、
風で動いているものが
いろいろあるね。

▶こいのぼりやたこは(① 風)で動く。

▶風の力には、ものを動かすはたらきが(② (ある) ・ ない)。

▶うちわで車を動かすとき、あおぎ方が(③ (強い) ・ 弱い)ときのほうが、車がよく動く。

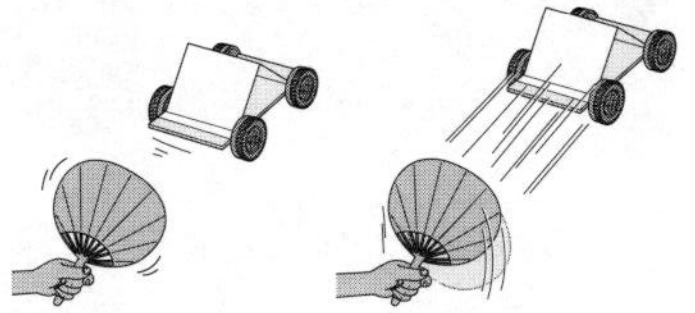

風の強さと車が進《すす》むきょり

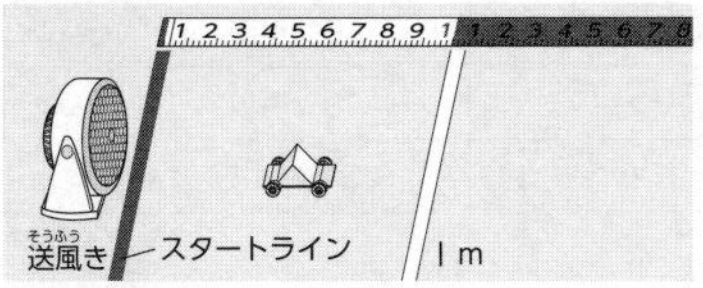
送風《そうふう》き
スタートライン
1m

車が進んだきょり

	弱い風のとき	強い風のとき
1回目	3mくらい	6mくらい
2回目	2mくらい	5mくらい
3回目	3mくらい	5mくらい

▶風を強くすると、風が当たったときの手ごたえが(④ (大きく) ・ 小さく)なる。

▶風を強くして、風の力を大きくすると、ものを動かすはたらきは(⑤ (大きく) ・ 小さく)なる。

▶風の力の大きさをかえると、ものが動くようすは(⑥ (かわる) ・ かわらない)。

ここがだいじ!
①風の力で、ものを動かすことができる。
②当てる風を強くするほど、風の力が大きくなり、ものを動かすはたらきが大きくなる。

ぴたトリビア　風が強くなるほど、風の力がものを動かすはたらきが大きくなります。台風《たいふう》のときは風がとても強くなるので、ふだんはとばされないようなものがとんでくることもあり、きけんです。

4. ゴムと風の力のはたらき

②風の力のはたらき

教科書 65~69ページ　答え 16ページ

1 風のはたらきで動《うご》くものをすべてえらんで、(　)に○をつけましょう。

ア(○)こいのぼり　　イ(　)ヨーヨー　　ウ(○)たこ

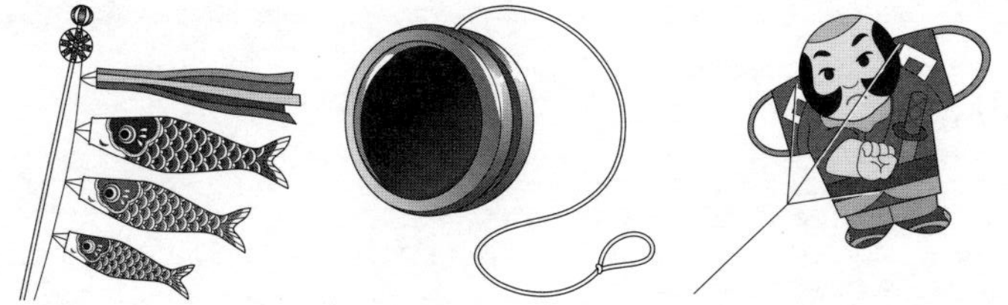

2 風の強さをかえて、車を動かしました。

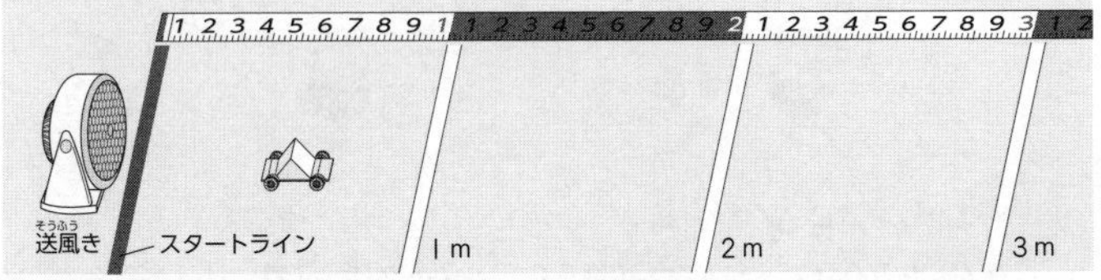
送風《そうふう》き
スタートライン
1m
2m
3m

(1) 風が当たったときの手ごたえが大きいのは、どちらですか。(　)に○をつけましょう。
ア(○)風が強いとき。
イ(　)風が弱いとき。

車が進《すす》んだきょり

	弱い風のとき	強い風のとき
1回目	3mくらい	6mくらい
2回目	2mくらい	5mくらい
3回目	3mくらい	5mくらい

(2) 車が進んだきょりが長いのは、風の強さが強いときと弱いときのどちらですか。
(　強いとき　)

(3) 風の強さが強いほど、風の力がものを動かすはたらきはどうなりますか。
(　大きくなる。　)

ヒント 2 (3)車が進むきょりが長いほど、ものを動かすはたらきが大きいといえます。

31ページ てびき

1 アのこいのぼりやウのたこは、風の力のはたらきで、なびきます。イのヨーヨーは、風がなくても動《うご》きます。

2 (1)せん風きの前に立ったときのことを思い出しましょう。
(2)弱い風のときは車が2~3m進《すす》み、強い風のときは車が5~6m進んでいるので、風が強いときのほうが、車が進むきょりが長いといえます。
(3)車が進むきょりが長いほど、ものを動かすはたらきが大きいといえます。

ぴったり3 たしかめのテスト

4. ゴムと風の力のはたらき

32ページ

/100 合格70点

教科書 56〜71ページ　答え 17ページ

よく出る

1 あのようにゴムをのばして手をはなすと、いのようになりました。　1つ10点(30点)

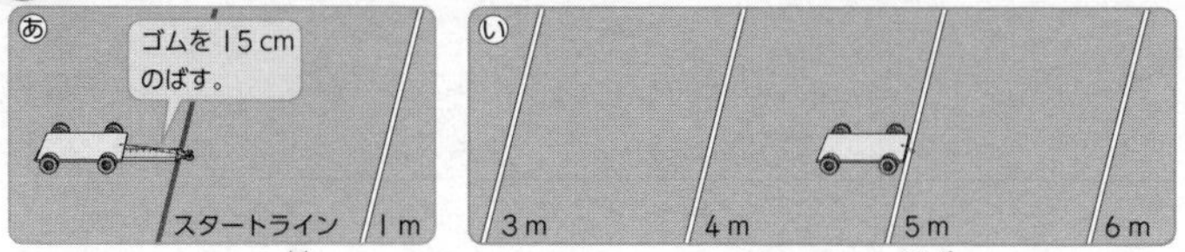

あ
ゴムを15cm
のばす。
スタートライン
1m
い
3m
4m
5m
6m

(1) 手をはなすと車が進《すす》んだのはなぜですか。(　　)に当てはまる言葉《ことば》を書きましょう。

● ゴムをのばすと、(元にもどろうとする)力がはたらくから。

(2) 車が進んだきょりは何mですか。　(5m)

(3) 車が進むきょりを(2)より長くするには、どうすればよいですか。正しいほうを○でかこみましょう。　思考・表現

● ゴムをのばす長さを、15cmより(（長く）・短《みじか》く)する。

よく出る

2 風の力で車を動《うご》かします。　1つ10点(30点)

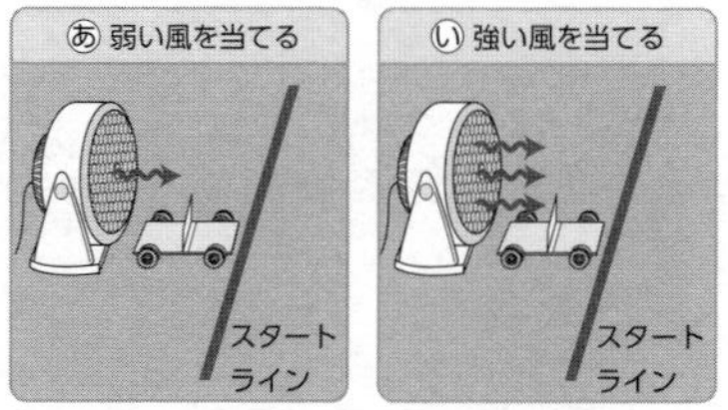

あ 弱い風を当てる
スタートライン
い 強い風を当てる
スタートライン

(1) 手を送風《そうふう》きの前においたとき、手ごたえが大きいのはあ、いのどちらですか。　(い)

(2) 次《つぎ》の(　　)に当てはまる言葉を書きましょう。

● 風の強さが(強い)ほど、ものを動かすはたらきが大きい。

(3) あでは、車が3m動きました。いでは、何mくらい動きますか。正しいものを[　　]の中からえらんで書きましょう。　(5mくらい)

1mくらい　3mくらい　5mくらい

33ページ

3 ゴムで動く車を使《つか》って、ゲームをしました。　思考・表現　1つ10点(30点)

じゅんさん「ゴムを8cmのばして、手をはなしたよ。」

さやかさん「ゴムを12cmのばして、手をはなしたよ。」

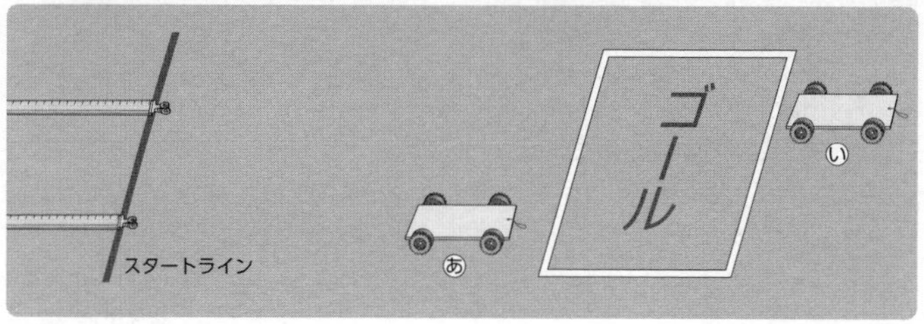

ゴール
スタートライン
あ
い

(1) ゴムをのばしたときの手ごたえが大きいのは、じゅんさんとさやかさんのどちらですか。　(さやかさん)

(2) じゅんさんのけっかは、あ、いのどちらですか。　(あ)

(3) 車をゴールに止めるには、ゴムをのばす長さをどうすればよいですか。正しいものを1つえらんで、(　　)に○をつけましょう。

ア(　)8cmより短くする。

イ(○)8cmより長く、12cmより短くする。

ウ(　)12cmより長くする。

できたらスゴイ!

4 ひろきさんは、自転車《じてんしゃ》に乗《の》って走っています。とちゅうで、後ろから風がふいてきたので、楽に走ることができるようになりました。　(10点)

● 記述 後ろから風がふくと楽に走ることができるのはなぜですか。理由《りゆう》を書きましょう。　思考・表現

(風の力には、ものを動かすはたらきがあるから。)

ふりかえり　1がわからないときは、28ページの1にもどってかくにんしましょう。4がわからないときは、30ページの1にもどってかくにんしましょう。

32〜33ページ　てびき

1 (3)ゴムを長くのばすほど、ものを動《うご》かすはたらきが大きくなります。車が進《すす》むきょりを(2)より長くするには、ゴムを15cmより長くのばします。

2 (3)風が強いほどものを動かすはたらきが大きくなるので、強い風を当てると、弱い風を当てたときより、車が進むきょりが長くなります。

3 (2)じゅんさんのほうがゴムをのばす長さが短《みじか》かったので、車が動いたきょりが短いあが、じゅんさんのけっかだと考えられます。

(3)ものを動かすはたらきが、じゅんさんのときより大きく、さやかさんのときより小さくなるようにします。したがって、ゴムをのばす長さを、8cmより長く、12cmより短くします。

4 後ろから風がふくと、前におされるような力がはたらきます。

ぴったり1 じゅんび

5. 音のふしぎ

①音の出方
②音のつたわり方

3分でまとめ

音が出たり、つたわったりするときの、もののようすをかくにんしよう。

教科書 72～83ページ　答え 18ページ

次《つぎ》の(　)に当てはまる言葉《ことば》を書くか、当てはまるものを○でかこもう。

1 音の大きさが大きくなると、もののふるえ方はどうなるのだろうか。 教科書 72～77ページ

▶音が出ているとき、ものは
(① ふるえて)いる。
▶音を出しているものを手でおさえると、
ふるえが(② 大きく ・ (なく))なり、
音が(③ 大きく ・ (出なく))なる。
▶たたき方やはじき方を強くすると、
音が(④ 大きく)なり、
もののふるえ方が(⑤ 大きく)なる。
▶音の大きさがかわると、もののふるえ方は
(⑥ (かわる) ・ かわらない)。

2 音がつたわるとき、ものはふるえているのだろうか。 教科書 79～83ページ

音がつたわるときのもののようす

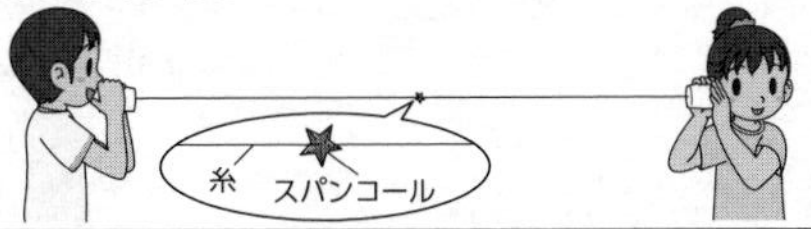

	声を出したとき	声を出さなかったとき
スパンコールのようす	動いた。	動かなかった。
糸を指《ゆび》でさわったときのようす	糸がふるえていた。	糸がふるえていなかった。

▶音がつたわるとき、ものはふるえて(① (いる) ・ いない)。
▶音がつたわらないとき、ものはふるえて(② いる ・ (いない))。
▶ものが(③ ふるえる)ことによって、音がつたわる。

ここがだいじ！
①音が大きくなるほど、もののふるえ方が大きくなる。
②ものがふるえることによって、音がつたわり、聞こえる。

ぴたトリビア 水も音をつたえます。アーティスティックスイミングは、水中にスピーカーがあり、水がつたえる音を聞いて、えんぎしています。

ぴったり2 練習

5. 音のふしぎ

①音の出方
②音のつたわり方

教科書 72～83ページ　答え 18ページ

1 指《ゆび》でわゴムをはじいて、音を出しました。

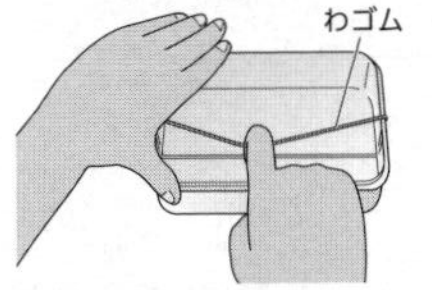

(1) 音を出しているわゴムは、どのようなようすですか。
正しいほうの(　)に○をつけましょう。
ア(○)ふるえている。
イ(　)ふるえていない。

(2) 音を出しているわゴムを手でおさえると、わゴムのようすはどうなりますか。
(ふるえがなくなる。)

(3) (2)のとき、音はどうなりますか。 (出なくなる。(止まる。))

(4) わゴムを強くはじくと、音は大きくなりますか、小さくなりますか。
(大きくなる。)

(5) (4)のとき、わゴムのようすはどうなりますか。正しいものを１つえらんで、(　)に○をつけましょう。
ア(○)ふるえが大きくなる。
イ(　)ふるえが小さくなる。
ウ(　)ふるえが止まる。

2 糸にスパンコールを通した糸電話で、声を出したり、出さなかったりしました。

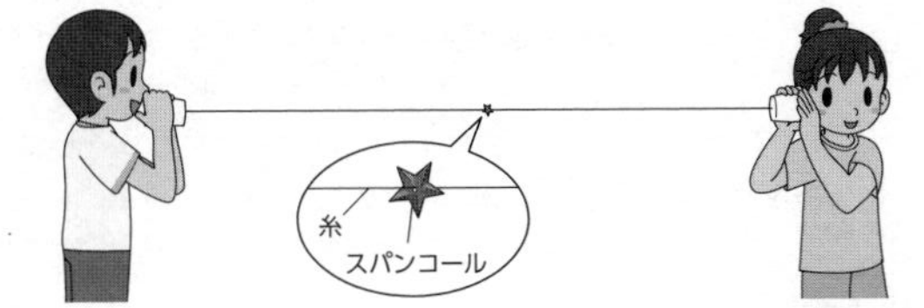

(1) 声を出しているときと出していないときのスパンコールのようすは、それぞれ次《つぎ》のア、イのどちらですか。
ア 動《うご》いている。　　イ 動いていない。
声を出しているとき(ア)　声を出していないとき(イ)

(2) 指でさわったとき、糸がふるえているのは、声を出しているときですか、出していないときですか。
(出しているとき)

(3) 音がつたわるときのようすについて、(　)に当てはまる言葉《ことば》を書きましょう。
●音は、ものが(ふるえる)ことによってつたわる。

35ページ てびき

❶ (1)音を出しているものは、ふるえています。
(2)、(3)音を出しているものを手でおさえると、ふるえがなくなるので、音が出なくなります。
(5)音が大きくなるほど、もののふるえ方が大きくなります。

❷ (2)声を出しているときは、糸がふるえていて、スパンコールが動《うご》きます。声を出していないときは、糸はふるえておらず、スパンコールは動きません。このように、音がつたわるとき、ものはふるえています。

おうちのかたへ　5. 音のふしぎ

音を出したり伝えたりしているものは震えていることや、音が大きいときほどものの震え方が大きいことを学習します。音を出したり伝えたりしているときのもののようすを理解しているか、音の大きさを変えたときのものの震え方の変化を理解しているか、などがポイントです。

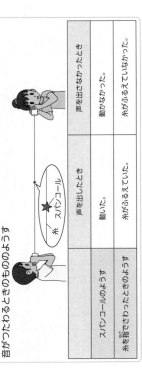

ぴったり3 たしかめのテスト

5. 音のふしぎ

36ページ

/100 合格70点

教科書 72〜85ページ　答え 19ページ

1 いろいろながっきを使《つか》って、音が出ているもののようすを調《しら》べました。

1つ10点(20点)

(1) 音を出しているとき、がっきはどのようなようすですか。正しいものを１つえらんで、(　)に○をつけましょう。

ア(　)ふくらんでいる。
イ(○)ふるえている。
ウ(　)止まっている。

(2) 記述 音を出しているがっきを手でおさえると、音が聞こえなくなるのはなぜですか。　思考・表現

(　がっきのふるえがなくなるから。　)

よく出る

2 たいこの上にピンポン玉をのせてたたくと、図１のようにピンポン玉がはねるように動《うご》きました。　1つ5点(20点)

図１

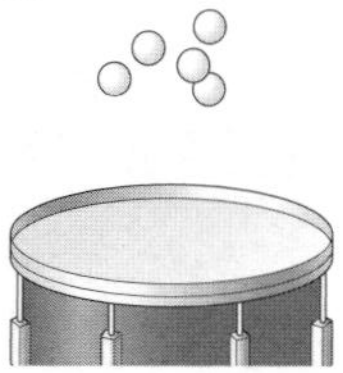

(1) 図１のようにピンポン玉が動いたことから、たいこがどのようになっていることがわかりますか。(　)に当てはまる言葉《ことば》をそれぞれ書きましょう。

● たいこが(①　ふるえて　)いて、(②　音　)を出していること。

(2) たいこをたたく強さをかえると、ピンポン玉が動くようすが図２のようになりました。図１のときとくらべて、たいこをたたく強さをどのようにかえましたか。正しいほうを○でかこみましょう。　思考・表現

● たいこをたたく強さを(　強く　・　弱く　)した。

図２

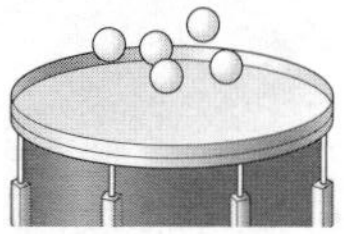

(3) 図２のときの音の大きさは、図１のときとくらべてどうでしたか。

(　小さかった。　)

学習 37ページ

よく出る

3 糸電話を作って、話をしています。

1つ10点(40点)

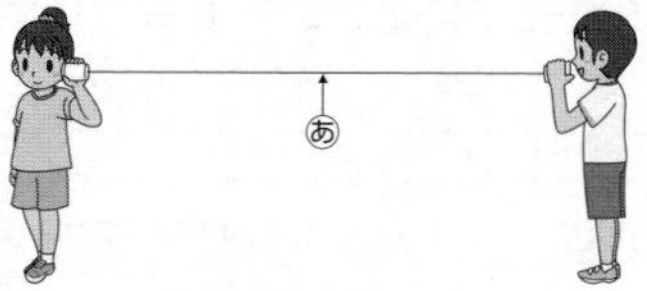

(1) 相手《あいて》の声が聞こえているとき、糸はふるえていますか、ふるえていませんか。

(　ふるえている。　)

(2) (1)のとき、糸のあを指《ゆび》でつまむとどうなりますか。正しいほうの(　)に○をつけましょう。

ア(　)声が聞こえつづける。
イ(○)声が聞こえなくなる。

(3) 記述 (2)のようになるのはなぜですか。「糸」、「音」という言葉を使って、理由《りゆう》をせつめいしましょう。　思考・表現

(糸のふるえがなくなり、音がつたわらなくなったから。)

(4) 記述 大きな声で話をしているとき、糸のようすは(1)とはどのようにちがいますか。　思考・表現

(　ふるえ方が大きくなっている。　)

できたらスゴイ！

4 みんなでがっきをえんそうします。次の①、②のとき、がっきをどのようにえんそうすればよいですか。正しいものをそれぞれ１つえらんで、(　)に○をつけましょう。　思考・表現　1つ10点(20点)

①

たいこの音をだんだん大きくしたいな。

ア(○)たいこをたたく強さを、だんだん強くする。
イ(　)たいこをたたく強さを、だんだん弱くする。
ウ(　)たいこを同じ強さでたたきつづける。

②

シンバルを大きく鳴らして、すぐに音を止めたいな。

ア(　)シンバルを強くたたいて、そのままにする。
イ(　)シンバルを弱くたたいて、そのままにする。
ウ(○)シンバルを強くたたいて、すぐに手でおさえる。
エ(　)シンバルを弱くたたいて、すぐに手でおさえる。

ふりかえり　3がわからないときは、34ページの2にもどってかくにんしましょう。
4がわからないときは、34ページの1にもどってかくにんしましょう。

36〜37ページ　てびき

1 (2)音を出しているがっきを手でおさえると、がっきのふるえがなくなり、音が止まります。

2 (2)、(3)図２のピンポン玉の動《うご》きは、図１より小さくなっています。したがって、図２は、図１よりたいこをたたく強さが弱く、音が小さかったと考えられます。

3 (2)、(3)糸を指《ゆび》でつまむと、糸のふるえがなくなり、音がつたわらなくなります。

(4)大きな音をつたえるときは、もののふるえも大きくなります。

4 ①たいこを強くたたくと、たいこのふるえが大きくなり、大きな音が出ます。
②シンバルを強くたたくと、シンバルのふるえが大きくなり、大きな音が出ます。また、シンバルを手でおさえると、シンバルのふるえがなくなり、音が止まります。

ぴったり1 **じゅんび** ★ 花

花

学習 38ページ

植物のようすがどのようにかわっているか、かくにんしよう。

教科書 86〜89ページ　答え 20ページ

次《つぎ》の(　)に当てはまる言葉《ことば》を書くか、当てはまるものを○でかこもう。

1 植物《しょくぶつ》のようすは、どのようにかわったのだろうか。　教科書 86〜89ページ

ヒマワリの育《そだ》ち方

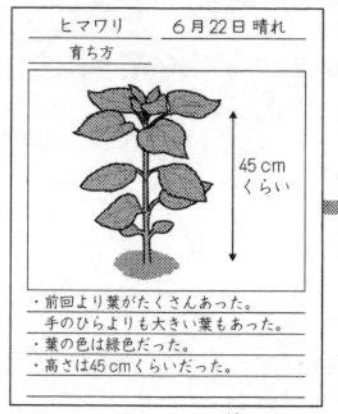

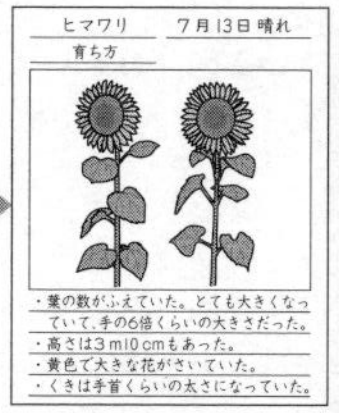

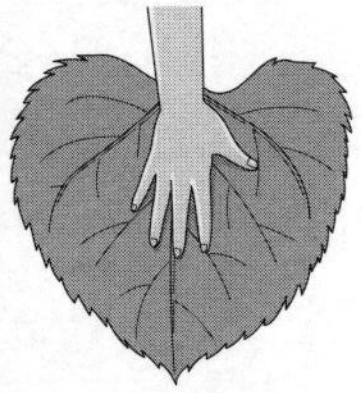

▶ヒマワリの葉《は》は、大きさが(① 大きく)なり、数が(② ふえて)いる。

▶ヒマワリの高さは、(③ 高く)なっている。

▶ヒマワリのくきの太さは、(④ (太く) ・ 細く)なっている。

▶ヒマワリには、(⑤ (黄) ・ ピンク)色で大きな花がさいている。

ホウセンカの育ち方

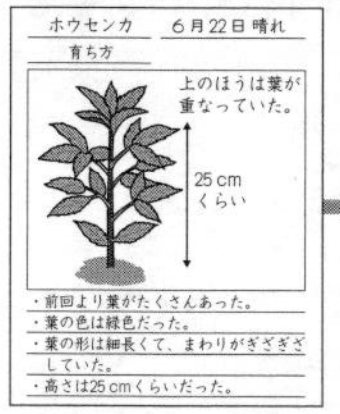

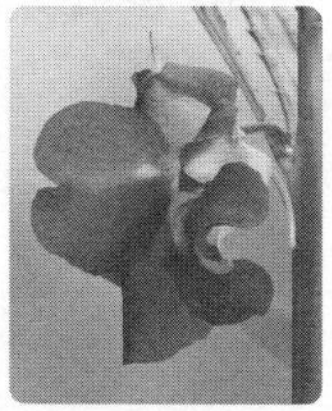

ホウセンカの花の色や形、大きさは、ヒマワリの花とはちがっているね。

▶ホウセンカの葉は、数が(⑥ ふえて)いる。

▶ホウセンカの高さは、(⑦ 高く)なっている。

▶ホウセンカのくきは、下のほうが赤くなっている。

▶ホウセンカには、こい(⑧ 黄 ・ (ピンク))色の花がさいている。

ここがだいじ!
①7月になると植物はさらに育ち、葉は大きくなったり、数がふえたりする。また、植物全体《ぜんたい》の高さは高くなる。
②花がさいている植物もある。花の色や大きさなどのすがたは植物によってちがう。

ぴたトリビア 植物の花が色あざやかだったり、あまいみつを出したりしているのは、こん虫や鳥などの動物《どうぶつ》を引きよせるためです。

ぴったり2 **練習** ★ 花

花

学習 39ページ

教科書 86〜89ページ　答え 20ページ

1 ヒマワリが育《そだ》つようすを調《しら》べました。

あ

い

う

(1) ヒマワリが育つじゅんに、あ〜うをならべかえましょう。

(い → う → あ)

(2) あのころの葉《は》の大きさは、どれくらいですか。正しいものを1つえらんで、(　)に○をつけましょう。

ア(　)手より小さい。

イ(　)手と同じくらい。

ウ(○)手の6倍《ばい》くらい。

この本の終わりにある「夏のチャレンジテスト」をやってみよう!

2 ホウセンカが育つようすを調べました。

あ

い

う
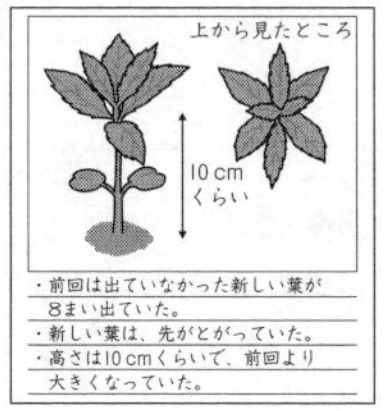

(1) ホウセンカが育つじゅんに、あ〜うをならべかえましょう。

(う → い → あ)

(2) ホウセンカとヒマワリの花をくらべます。色や形、大きさなどのすがたは、同じですか、ちがいますか。

(ちがう。)

ヒント 1 (1)植物《しょくぶつ》が育つにつれて、葉や花のようすがどうなるかを考えましょう。
2 (1)植物が育つにつれて、葉の数や植物の高さがどうなるかを考えましょう。

39ページ てびき

1 (1)ヒマワリは、2まいの子葉《しよう》が出た後、葉《は》の数がふえていきます。植物《しょくぶつ》の高さがだんだん高くなり、夏になると、黄色の花がさきます。
(2)花がさくころになると、ヒマワリの葉は手のひらよりもかなり大きくなっています。

2 (1)ホウセンカは、2まいの子葉が出た後、葉の数がふえていきます。植物の高さがだんだん高くなり、夏になると、ピンク色の花がさきます。
(2)生きもののすがたには、にているところも、ちがうところもあります。

おうちのかたへ ★ 花

「2.たねまき」「★ 葉がふえたころ」に続いて、植物が育つようすを観察して、植物の育ち方と体のつくりについて学習します。ここでは、開花の前後を扱います。複数の植物が育つようすを比較して、育ち方の共通点を見つけたり、花のようすの違いを見つけたりすることができるか、などがポイントです。

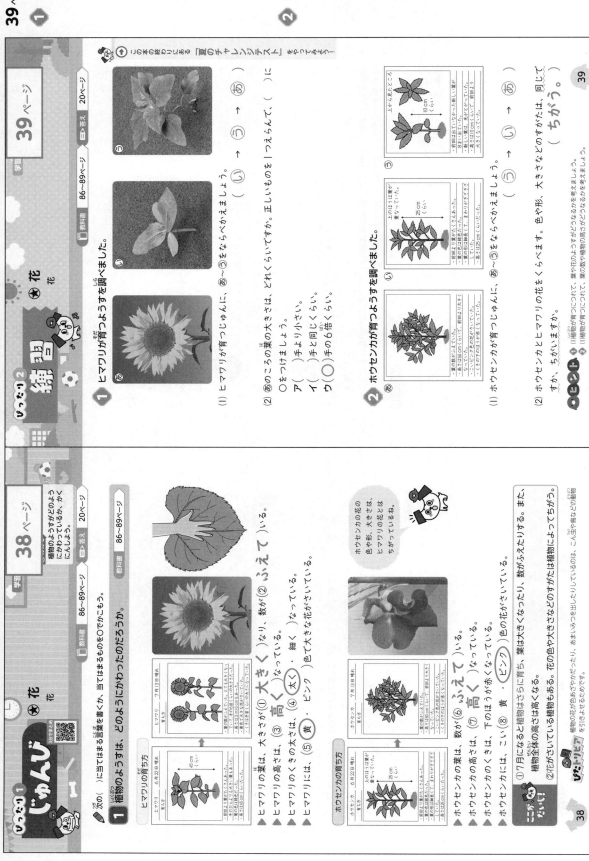

ぴったり1 じゅんび

6. 動物のすみか

動物のすみか

学習 40ページ

動物がどんな場所にいて、何をしているのか、かくにんしよう。

教科書 92~97ページ　答え 21ページ

次《つぎ》の(　)に当てはまる言葉《ことば》を書こう。

1 動物《どうぶつ》は、どんな場所《ばしょ》にいて、何をしているのだろうか。　教科書 92~97ページ

▶①~④の(　)に当てはまる動物の名前を、〔 〕からえらんで書きましょう。

〔 カマキリ　ダンゴムシ　バッタ　アゲハ　モンシロチョウ 〕

動物の名前	(① アゲハ)
見つけた場所	植物《しょくぶつ》の花の上
動物のようす	花のみつをすっていた。しばらくすると、べつの花のほうにとんでいった。

動物の名前	(② バッタ)
見つけた場所	植物の葉《は》の上
動物のようす	体の色や形が葉とよくにていた。葉を食べたのか、近くの葉がぎざぎざになっていた。

動物の名前	(③ カマキリ)
見つけた場所	植物の葉の上
動物のようす	葉の上でじっとしていた。えものをねらっているんだと思う。

動物の名前	(④ ダンゴムシ)
見つけた場所	落《お》ち葉《ば》の上
動物のようす	さわると丸くなった。しばらくすると、落ち葉の下にもぐっていった。

▶動物は、(⑤ 食べもの)がある場所や、(⑥ かくれる)ことができる場所に多くいる。

▶動物は、植物や土の中などをすみかにして、まわりの(⑦ しぜん)とかかわり合って生きている。

ダンゴムシは、石の下にもいたよ。

ここがだいじ！
①動物は、食べものがある場所や、かくれることができる場所に多くいる。
②動物は、まわりのしぜんとかかわり合って生きている。

ぴたトリビア　動物は、ほかの動物や植物を食べて生きています。ほかの生きものなしでは生きられません。

ぴったり2 練習

6. 動物のすみか

動物のすみか

学習 41ページ

教科書 92~97ページ　答え 21ページ

1 動物《どうぶつ》のすみかやようすについて調《しら》べました。

(1) アゲハやダンゴムシは、どのようなところで見つかりますか。［　］からえらんで書きましょう。

アゲハ　(花だんや野原)

ダンゴムシ(落ち葉や石の下)

［ 落《お》ち葉《ば》や石の下　森の中　花だんや野原 ］

(2) 右のアゲハは、何をしていますか。正しいものを1つえらんで、(　)に○をつけましょう。

ア(　)葉《は》を食べている。

イ(　)えものをねらっている。

ウ(　)花のかげにかくれようとしている。

エ(○)花のみつをすっている。

アゲハ

(3) 植物《しょくぶつ》の葉の上をさがすと、バッタやカマキリが見つかりました。

① バッタが植物の葉の上にいるのはなぜですか。正しいほうの(　)に○をつけましょう。

ア(○)バッタは、植物の葉を食べるから。

イ(　)植物の葉の近くには、食べものになる虫が多くいるから。

② 右のカマキリは、何をしていますか。正しいものを1つえらんで、(　)に○をつけましょう。

ア(　)植物の葉のしるをすっている。

イ(　)植物の葉を食べている。

ウ(○)えものをねらっている。

バッタ

カマキリ

(4) 動物は、まわりのしぜんとかかわり合って生きているといえますか。　(いえる。)

ヒント 1 (3)カマキリは、バッタやクモなどの虫を食べものにしています。

41ページ　てびき

1 (1)アゲハのせい虫《ちゅう》は、花がさいているところで見つけることができます。ダンゴムシは、落《お》ち葉《ば》の下や石の下にかくれています。

(2)多くのチョウは、花のみつを食べものにしています。

(3)①バッタは、植物《しょくぶつ》の葉《は》を食べものにしています。また、体の色が植物の葉の色とにているので、てきから身《み》をかくしやすくなっています。

②カマキリは、バッタやクモなどの虫を食べものにしています。葉の上でじっとしているのは、えものをねらっているからです。

おうちのかたへ　**6. 動物のすみか**

昆虫などの動物が生活するようすを調べて、動物と環境の関わりについて学習します。動物の食べ物やすみかについて考えることができるか、などがポイントです。

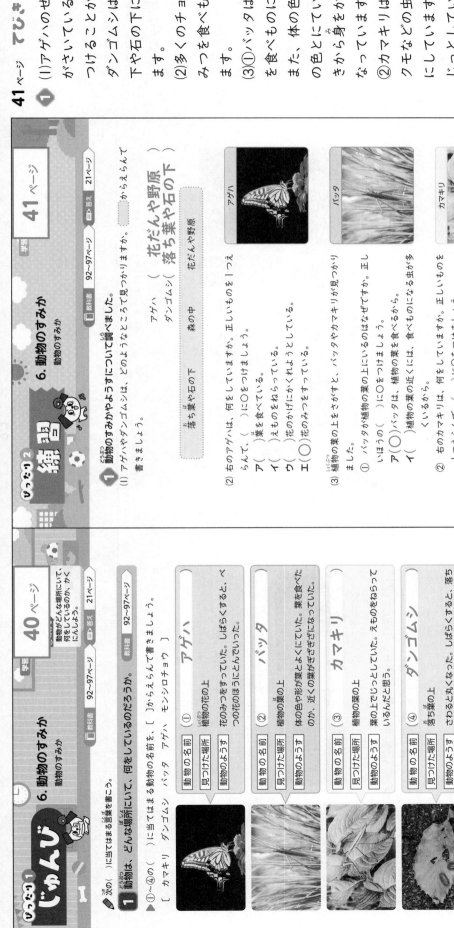

ぴったり3 たしかめのテスト

6. 動物のすみか

42ページ

/100 合格70点

教科書 92〜99ページ 答え 22ページ

1 動物《どうぶつ》がいる場所《ばしょ》やようすを調《しら》べます。①〜③の動物を調べるには、どこをさがせばよいですか。ア〜エからそれぞれえらびましょう。 技能 1つ10点(30点)

① カマキリ　② ダンゴムシ　③ アゲハ

エ
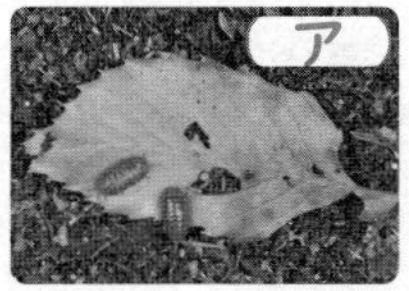
ア

イ

ア
落《お》ち葉の下
イ
花だん
ウ
公園の木
エ
草むら

よく出る

2 いろいろな動物をかんさつし、見つけた場所や動物のようすを記ろくしました。①〜③の動物に当てはまる記ろくを、ア〜エからそれぞれえらびましょう。 1つ10点(30点)

① オンブバッタ　② カブトムシ　③ モンシロチョウ

ウ

エ

ア

ア 見つけた場所　野原
動物のようす　花の上にとまって、みつをすっていた。

イ 見つけた場所　公園
動物のようす　糸をはって、えものがかかるのを待《ま》っていた。

ウ 見つけた場所　野原
動物のようす　草の上で、じっとしていた。

エ 見つけた場所　公園
動物のようす　木のみきにとまって、木のしるをすっていた。

学習 43ページ

3 北海道《ほっかいどう》の雪原でくらすユキウサギは、1年のうちで、毛の色がかわります。 1つ10点(30点)

夏

冬

(1) 地面《じめん》の色はどうなっていますか。正しいほうの(　)に○をつけましょう。

ア(　)夏も冬も、地面の色は同じである。

イ(○)夏と冬では、地面の色がちがう。

(2) 次《つぎ》の文の(　)に当てはまる言葉《ことば》を、［　］からえらんで書きましょう。 思考・表現

●ユキウサギの毛の色は、まわりの地面の色と(① にている)ので、(② かくれ)やすくなっている。

［ にている　にていない　目立ち　かくれ ］

できたらスゴイ!

4 サクラの木のえだに、ナナフシがとまっていました。 思考・表現 (10点)

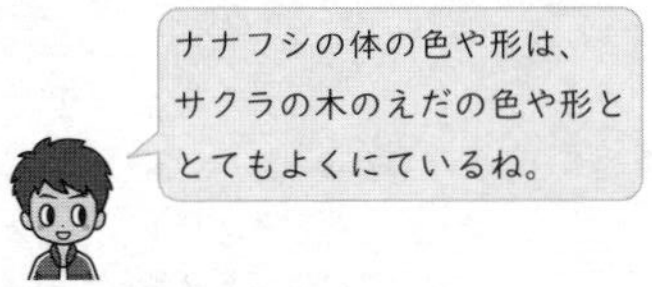
ナナフシの体の色や形は、サクラの木のえだの色や形ととてもよくにているね。

● 記述 ナナフシの体のようすが、サクラの木のえだとよくにていることは、生きていくうえで、どのように役立《やくだ》っていると考えられますか。

(てきからかくれやすい。)

ふりかえり ②がわからないときは、40ページの1にもどってかくにんしましょう。
④がわからないときは、40ページの1にもどってかくにんしましょう。

42〜43ページ てびき

1 動物《どうぶつ》は、食べものがある場所《ばしょ》や、かくれることができる場所をすみかにしています。

2 (1)オンブバッタは、草を食べて生きています。
(2)カブトムシは、木のしるをすって生きています。
(3)モンシロチョウは、花のみつをすって生きています。

3 (1)夏は植物《しょくぶつ》のすきまから、土の黒っぽい色が見えています。冬は、雪がつもって、地面《じめん》が白くなっています。
(2)体の色とまわりの色がにていると、あまり目立たないので、身《み》をかくすのにべんりです。

4 ナナフシは、写真《しゃしん》の○のところにとまっています。このように、すがたがまわりのかんきょうににていると、ほかの動物から見つかりにくくなります。

ぴったり1 じゅんび

★ 花がさいた後

花がさいた後

44ページ

植物のようすがどのようにかわっているか、かくにんしよう。

3分でまとめ

教科書 100～107ページ　答え 23ページ

次《つぎ》の(　)に当てはまる言葉《ことば》を書くか、当てはまるものを○でかこもう。

1 植物《しょくぶつ》のようすは、どのようにかわったのだろうか。　教科書 100～102ページ

ヒマワリの育《そだ》ち方　　ホウセンカの育ち方

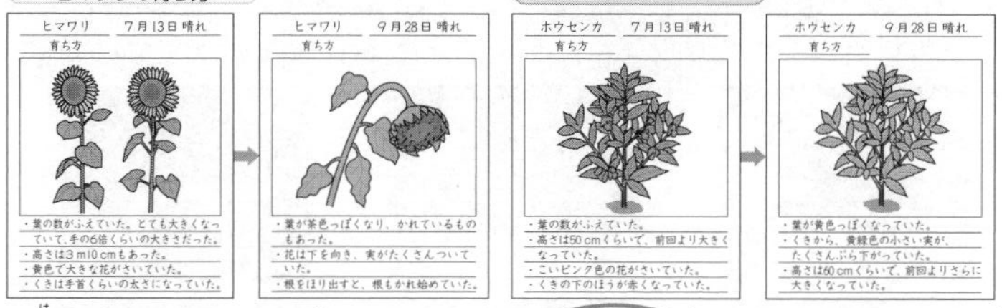

▶葉《は》は、色がかわったり、(① しげったり ・ (かれたり))している。

▶花があったところには、(② 実)ができている。

2 植物は、たねからどのように育つのだろうか。　教科書 103～106ページ

ホウセンカの育ち方

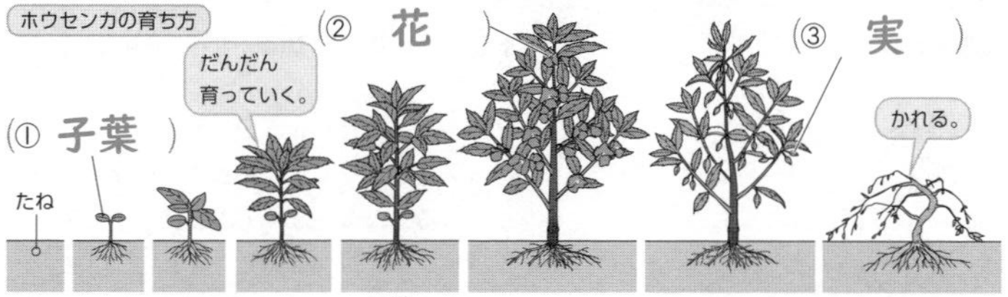

▶植物は、(④ たね)から子葉《しよう》が出た後、
葉が(⑤ (ふえたり) ・ へったり)、
くきや根《ね》がのびたりする。

▶葉がしげって(⑥ 花)がさいた後、
(⑦ 実)ができて、やがてかれる。

ヒマワリやオクラ、ダイズなど、ほかの植物も同じじゅんじょで育つよ。

ここがだいじ！ ①植物は、たねから子葉が出た後、葉がふえて、くきや根がのびる。葉がしげって花がさくと、実《み》ができて、やがてかれる。

ぴたトリビア 植物の実には、食べられるものもあります。ミカンやスイカなどのくだものや、キュウリやトマトなどのやさいは、実を食べています。

ぴったり2 練習

★ 花がさいた後

花がさいた後

45ページ

教科書 100～107ページ　答え 23ページ

1 9月のヒマワリやホウセンカのようすを調《しら》べました。

(1) あ、いは、それぞれヒマワリとホウセンカのどちらですか。　あ(ホウセンカ)　い(ヒマワリ)

(2) 花がさいた後、★ができました。★を何といいますか。　(実)

(3) 葉《は》のようすは、7月とくらべてどうなっていましたか。正しいほうの(　)に○をつけましょう。

ア(　)緑色《みどりいろ》がこくなり、しげっていた。

イ(○)黄色や茶色になり、かれ始《はじ》めていた。

(4) この後、ヒマワリやホウセンカはどうなりますか。　(かれる。)

2 植物《しょくぶつ》が育《そだ》つじゅんじょをまとめます。

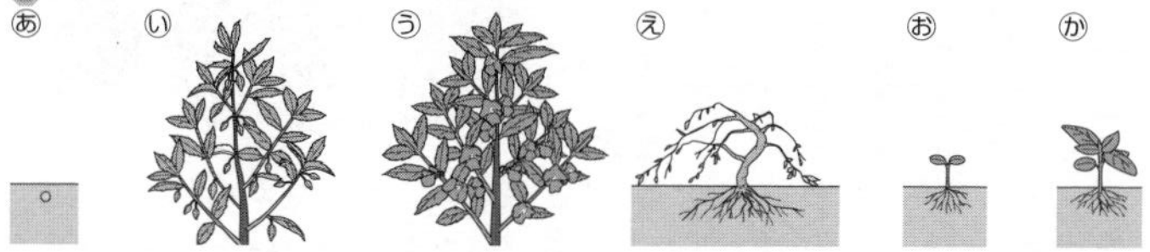

(1) ホウセンカが育つじゅんに、い～かをならべかえましょう。

(あ → お → か → う → い → え)

(2) ヒマワリが育つじゅんじょは、ホウセンカが育つじゅんじょと同じですか、ちがいますか。　(同じ。)

(3) 次《つぎ》の文の(　)に当てはまる言葉《ことば》を、［　］からえらんで書きましょう。

●植物は、たねから(① 子葉)が出た後、
葉、くき、根《ね》がだんだん(② 育って)いく。
やがて(③ 花)がさき、あとには(④ 実)ができる。
葉はだんだん黄色っぽくなっていき、
さいごは植物全体《ぜんたい》が(⑤ かれて)しまう。

［ 実《み》　花　子葉《しよう》　かれて　育って ］

おうちのかたへ　★ 花がさいた後

「2. たねまき」「★ 葉がふえたころ」「★ 花」に続いて、植物が育つようすを観察して、植物の育ち方と体のつくりについて学習します。ここでは、花が咲いてから枯れるまでを扱うほか、たねをまいてから枯れるまでの植物の一生をまとめます。複数の植物が育つようすを比較して育ち方の共通点を見つけられるか、などがポイントです。

45ページ　てびき

❶ (2)植物《しょくぶつ》の実《み》は、花があったところにできます。

(4)実ができると、植物はしだいにかれていきます。

❷ (1)あ(たね)→お(子葉《しよう》が出る)→か(葉《は》、くき、根《ね》が育《そだ》つ)→う(花がさく)→い(実ができる)→え(かれる)のじゅんじょで育ちます。

(2)植物は、しゅるいによって色や形、大きさがちがいますが、育つじゅんじょは同じです。

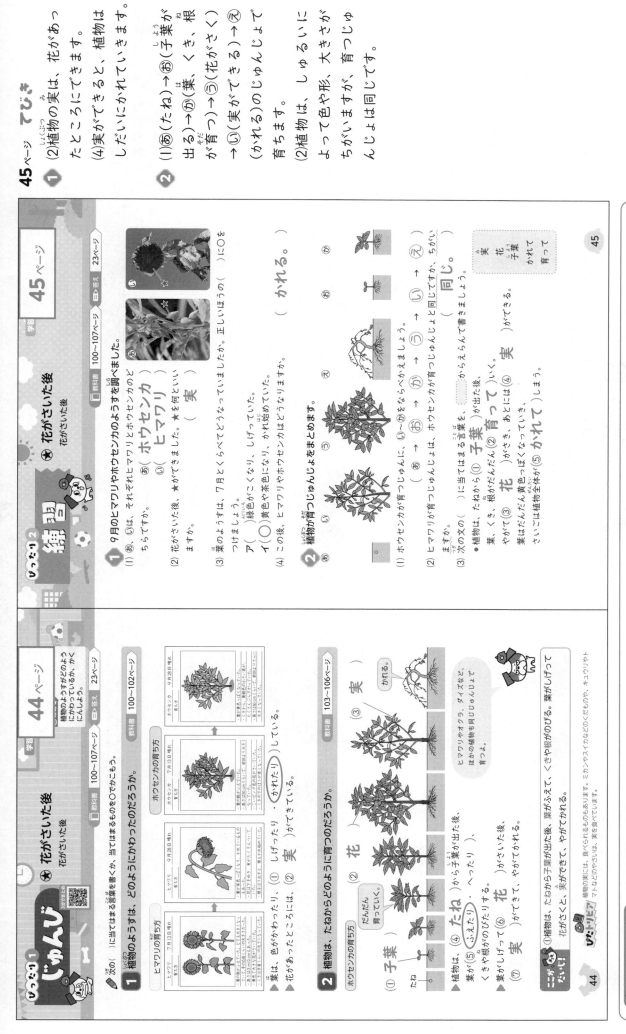

46ページ

ぴったり3 たしかめのテスト

★ 花がさいた後

/100 合格70点

教科書 100〜109ページ　答え 24ページ

よく出る

1 ホウセンカのたねをまいて育《そだ》てました。　1つ6点(30点)

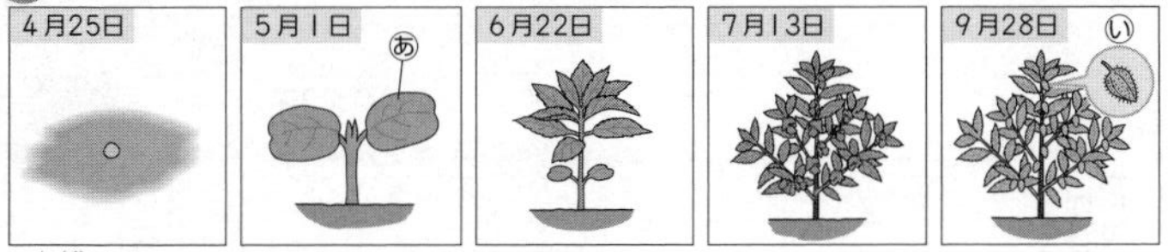

4月25日
5月1日
あ
6月22日
7月13日
9月28日
い

(1) 植物《しょくぶつ》のたねの色や形、大きさについて、正しいほうの(　)に○をつけましょう。

ア(　)どんな植物でも同じである。

イ(○)植物のしゅるいによって、それぞれちがう。

(2) さいしょに出てくるあの葉《は》を何といいますか。　(　子葉　)

(3) ホウセンカの根《ね》について、正しいほうの(　)に○をつけましょう。

ア(○)葉やくきが育つにつれて、根ものびていく。

イ(　)葉やくきが育っても、根はのびない。

(4) 花があったところにできるいを何といいますか。　(　実　)

(5) いができた後、ホウセンカはどうなりますか。　(　かれる。　)

2 マリーゴールドのたねをまいて育てました。　思考・表現

1つ10点、(1)は全部できて10点(40点)

あ
い
う
え
お
か

(1) あ〜かを、たねから育つじゅんにならべかえましょう。

(　あ → え → う → い → か → お　)

46

47ページ

学習

(2) 次の記ろくは、あ〜かのどのころのものですか。

①

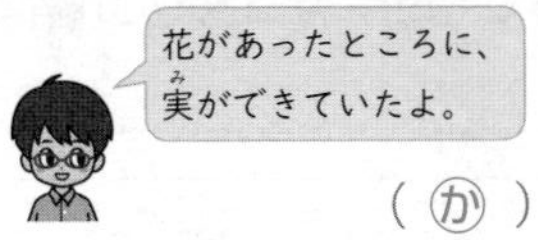

花があったところに、実《み》ができていたよ。

(　か　)

②

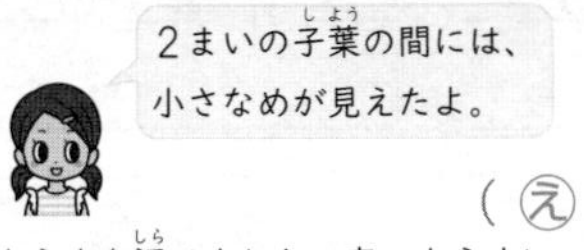

2まいの子葉《しよう》の間には、小さなめが見えたよ。

(　え　)

(3) オクラやダイズについても、たねから育つようすを調《しら》べました。育つようすについて、正しいものを1つえらんで、(　)に○をつけましょう。

ア(○)オクラもダイズも、マリーゴールドと同じじゅんじょで育つ。

イ(　)オクラはマリーゴールドと同じじゅんじょで育つが、ダイズはマリーゴールドとはちがうじゅんじょで育つ。

ウ(　)オクラはマリーゴールドとはちがうじゅんじょで育つが、ダイズはマリーゴールドと同じじゅんじょで育つ。

エ(　)オクラもダイズも、マリーゴールドとはちがうじゅんじょで育つ。

できたらスゴイ!

3 ヒマワリが育つようすをまとめました。　1つ10点(30点)

(1) 記述 ヒマワリの高さをはかるとき、次《つぎ》のように、いつも同じきまりではかるのはなぜですか。　技能

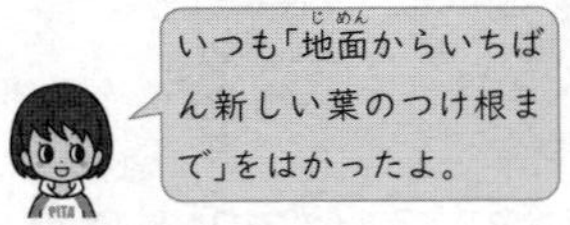

いつも「地面《じめん》からいちばん新しい葉のつけ根まで」をはかったよ。

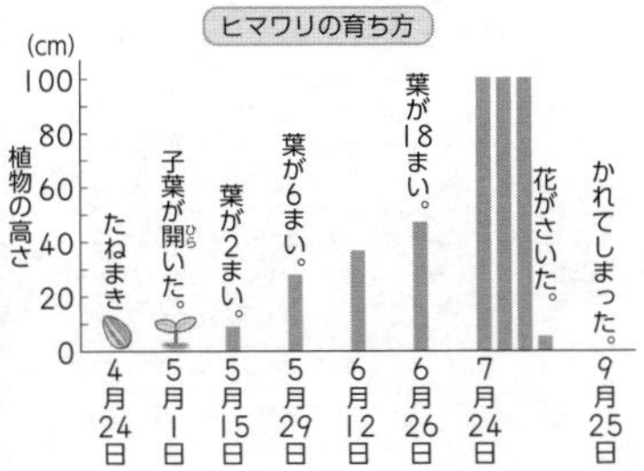

ヒマワリの育ち方
(cm)
100
80
60
40
20
0
植物の高さ
たねまき
子葉が開いた。
葉が2まい。
葉が6まい。
葉が18まい。
花がさいた。
かれてしまった。
4月24日
5月1日
5月15日
5月29日
6月12日
6月26日
7月24日
9月25日

(はかるときのきまりをかえると、高さを正しくくらべられないから。)

(2) 記述 育つにつれて、ヒマワリの高さはどのようにかわりましたか。　思考・表現

(　だんだん高くなった。　)

(3) 6月12日の葉の数はどうなっていたと考えられますか。正しいものを1つえらんで、(　)に○をつけましょう。　思考・表現

ア(　)6まいより少ない。

イ(○)6まいより多く、18まいより少ない。

ウ(　)18まいより多い。

ふりかえり　1がわからないときは、44ページの2にもどってかくにんしましょう。3がわからないときは、44ページの2にもどってかくにんしましょう。

47

46〜47ページ　てびき

1 (1)たねや葉《は》、花、実《み》などは、植物《しょくぶつ》のしゅるいによって、色、形、大きさなどがちがいます。

(2)さいしょに出てくる葉を子葉《しよう》といい、その後に出てくる葉とは形がちがいます。

(5)実ができると、植物はやがてかれてしまいます。

2 (1)あ(たね)→え(子葉が出る)→う(葉やくきが育《そだ》つ)→い(花がさく)→か(実ができる)→お(かれる)のじゅんじょで育ちます。

(3)植物のしゅるいがちがっても、育ち方は同じです。

3 (1)かわり方を調《しら》べるときは、はかり方によるちがいが出ないように、いつも同じきまりで調べることが大切です。

(3)植物が育つにつれて、葉の数はだんだん多くなっていきます。

ぴったり1 じゅんび

7. 地面のようすと太陽

①かげのでき方と太陽のいち 1

学習 48ページ

かげがどんな向きにできるのか、かくにんしよう。

教科書 110~113ページ　答え 25ページ

次《つぎ》の(　)に当てはまる言葉《ことば》を書くか、当てはまるものを○でかこもう。

1 かげの向《む》きや太陽《たいよう》のいちは、どうなっているのだろうか。 教科書 110~112ページ

▶(① 目をいためる)ので、太陽を直せつ見てはいけない。

▶太陽を見るときは、かならずあの(② しゃ光板)を使《つか》う。

▶太陽の光を(③ 日光)という。

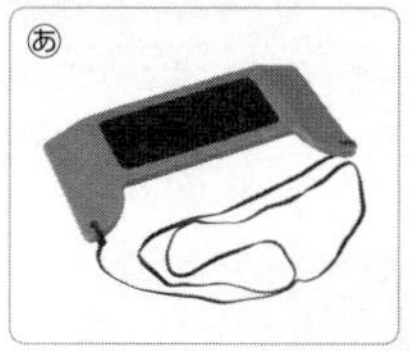

▶人やものが(④ 日光)をさえぎると、かげができる。

▶人やもののかげは、(⑤ (同じ) ・ べつべつの)向きにできる。

▶かげができているとき、太陽はかげの(⑥ 同じがわ ・ (反対《はんたい》がわ))にある。

2 時間がたつと、かげのいちはどうなるのだろうか。 教科書 113ページ

▶かげのいちは、時《じ》こくによって(① (かわる) ・ かわらない)。

▶かげのいちがかわるのは、(② 太陽)のいちがかわるからである。

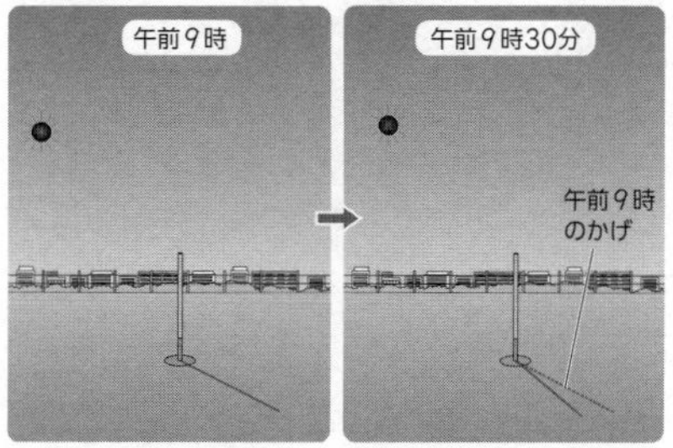

ここが だいじ! ①人やものが日光をさえぎると、太陽の反対がわにかげができる。
②太陽のいちがかわると、かげのいちもかわる。

ぴたトリビア 時間がたつとかげの向きがかわることを使って、およその時こくを調《しら》べることができます。このような時計を日時計といいます。

ぴったり2 練習

7. 地面のようすと太陽

①かげのでき方と太陽のいち 1

学習 49ページ

教科書 110~113ページ　答え 25ページ

1 かげのでき方を調《しら》べました。

(1) 太陽《たいよう》を見るときには、★を使《つか》います。

① ★を何といいますか。　(しゃ光板)

② ★を使うのはなぜですか。(　)に当てはまる言葉《ことば》を書きましょう。

● 太陽を直せつ見ると、(目をいためる)から。

(2) かげの向《む》きについて、正しいものを1つえらんで、(　)に○をつけましょう。

ア(　)かげは、太陽と同じがわにできる。

イ(○)かげは、太陽の反対《はんたい》がわにできる。

ウ(　)かげの向きは、太陽のいちとはかんけいがない。

(3) 上の図で、女の子のかげは□のどの向きにできますか。正しいものを黒くぬりましょう。

2 時《じ》こくをかえて、かげのいちを調べました。

(1) 午前9時30分のかげのいちは、どうなりますか。正しいほうの(　)に○をつけましょう。

ア(　)午前9時と同じいちにできる。

イ(○)午前9時とはちがういちにできる。

(2) (1)のようになるのはなぜですか。(　)に当てはまる言葉を書きましょう。

● (太陽)のいちがかわるから。

ヒント 1 (3)かげは、どれも同じ向きにできます。

おうちのかたへ　7. 地面のようすと太陽

日光によって影ができること、太陽の位置が変わると影の位置も変わること、日なたと日かげでは地面のようすが違うことを学習します。太陽の位置と影の位置の関係を考えることができるか、日なたと日かげの地面のようすが違う理由を理解しているか、などがポイントです。

49ページ てびき

1 (1)太陽《たいよう》の光は強いので、太陽を直せつ見ると目をいためます。そのため、しゃ光板《こうばん》を使《つか》って見ます。

(2)かげは、人やものが太陽の光をさえぎったときにできます。そのため、かげはいつも太陽の反対《はんたい》がわにできます。

(3)太陽の反対がわにかげができるようにします。なお、人やもののかげは、どれも同じ向《む》きにできるので、鉄《てつ》ぼうのかげと同じ向きになります。

2 かげは太陽の反対がわにできます。そのため、太陽のいちがかわると、かげのいちもかわります。

ぴったり1 じゅんび

7. 地面のようすと太陽

①かげのでき方と太陽のいち２

学習 50ページ

時間がたつと太陽のいちがどのようにかわるか、かくにんしよう。

教科書 114～118ページ　答え 26ページ

次《つぎ》の(　)に当てはまる言葉《ことば》を書くか、当てはまるものを○でかこもう。

1 ほういじしんの使《つか》い方をまとめよう。　教科書 198ページ

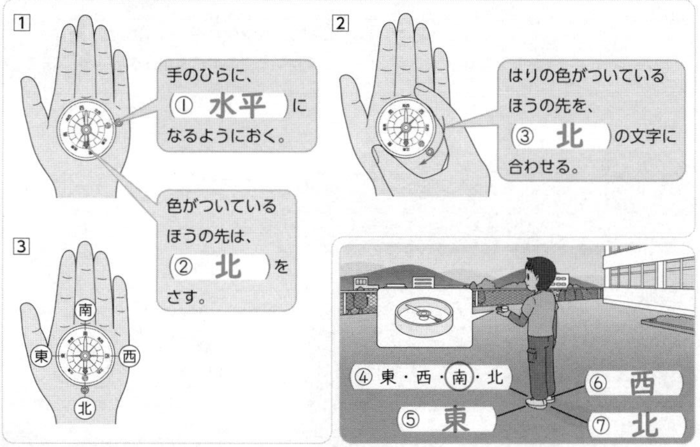
1
手のひらに、
(① 水平)に
なるようにおく。
色がついている
ほうの先は、
(② 北)を
さす。
2
はりの色がついている
ほうの先を、
(③ 北)の文字に
合わせる。
3
南
東
西
北
④ 東・西・南・北
⑤ 東
⑥ 西
⑦ 北

2 時間がたつと、太陽《たいよう》のいちはどのようにかわるのだろうか。　教科書 114～118ページ

▶太陽のいちは、(① 東)のほうから、(② 南)の空を通り、(③ 西)のほうにかわる。

▶太陽のいちが東→南→西とかわるのに合わせて、かげのいちは(④ 西)→(⑤ 北)→(⑥ 東)とかわる。

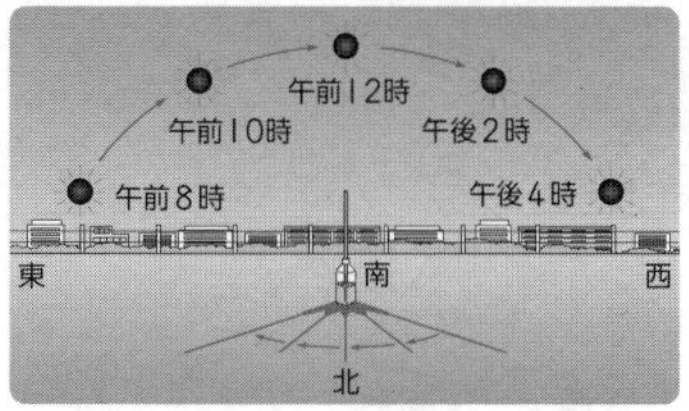
午前８時
午前１０時
午前１２時
午後２時
午後４時
東
南
西
北

ここがだいじ!
①太陽のいちは、東→南→西とかわる。
②太陽のいちがかわるのに合わせて、かげのいちは西→北→東とかわる。

ぴたトリビア　かげの長さは、太陽が南の高いところにあるときは短《みじか》くなり、西や東のひくいところにあるときは長くなります。

ぴったり2 練習

7. 地面のようすと太陽

①かげのでき方と太陽のいち２

学習 51ページ

教科書 114～118ページ　答え 26ページ

1 太陽《たいよう》が見えるほういを調《しら》べます。

(1) ほういを調べるときに使《つか》う、★を何といいますか。
(ほういじしん)

(2) ★のはりの色がついているほうの先は、どのほういをさすようにつくられていますか。正しいものを１つえらんで、(　)に○をつけましょう。

ア(　)東
イ(　)西
ウ(　)南
エ(○)北

(3) 右のようになったとき、太陽が見えるほういは、東・西・南・北のどれですか。
(南)

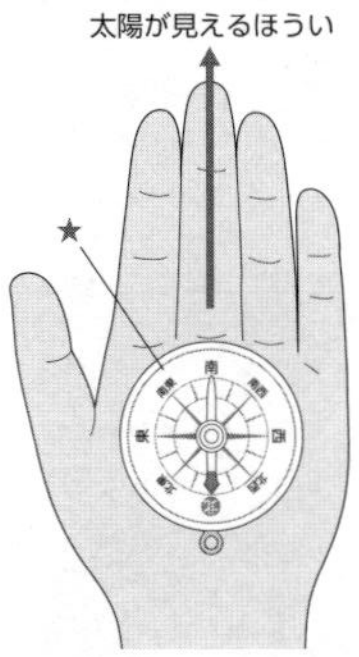
太陽が見えるほうい
★

2 １日の間で、太陽のいちがかわるようすを調べました。

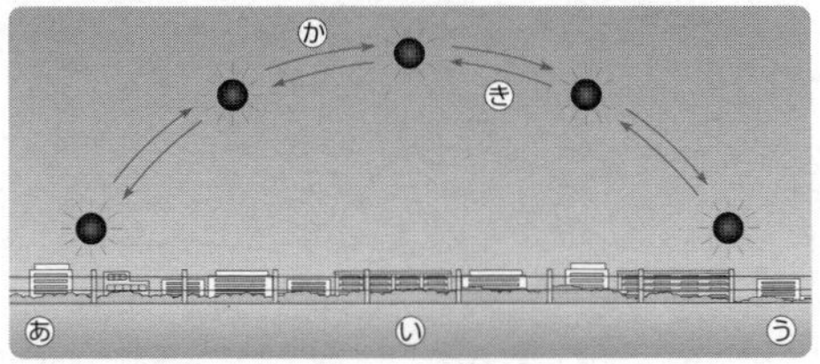
か
き
あ
い
う

(1) あ～うは、東・西・南・北のどのほういを表《あらわ》していますか。
あ(東)　い(南)　う(西)

(2) 太陽のいちがかわる向《む》きは、か、きのどちらですか。
(か)

(3) 太陽のいちがかわると、ぼうのかげのいちは、どのようにかわりますか。正しいものを１つえらんで、(　)に○をつけましょう。

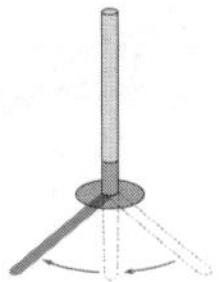

ア(　)東→南→西
イ(　)東→北→西
ウ(　)西→南→東
エ(○)西→北→東

ヒント 2 (3)太陽のいちがかわるのに合わせて、かげのいちもかわります。

51ページ　てびき

1 (2)ほういじしんのはりの一方には、色がついています。色がついているほうの先は、いつも北をさします。

おうちのかたへ
一般的な方位磁針は、針の色がついているほうが北を指します。なお、方位磁針が磁石の性質を利用していることは、「10. じしゃくのふしぎ」で学習します。

2 (1)太陽《たいよう》は、南の高いところを通るので、いは南です。南を向《む》いたとき、左がわが東で、右がわが西です。
(2)太陽のいちは、東のほうから、南の空を通り、西のほうにかわります。
(3)ぼうのかげは、太陽の反対《はんたい》がわにできます。太陽のいちは東→南→西とかわるので、かげのいちは西→北→東とかわります。

ぴったり1 じゅんび

7. 地面のようすと太陽

②日なたと日かげの地面のようす1

日なたと日かげの地面のようすのちがいをかくにんしよう。

3分でまとめ

教科書 119～120ページ　答え 27ページ

次《つぎ》の表や(　)に当てはまる言葉《ことば》を書くか、当てはまるものを○でかこもう。

1 日なたと日かげでは、地面《じめん》のようすがどのようにちがうのだろうか。

教科書 119～120ページ

▶表の①～⑥に当てはまる言葉を、〔　〕からえらんで書きましょう。

〔 明るい　暗《くら》い　つめたい　あたたかい　かわいている　少ししめっている 〕

太陽《たいよう》の光が当たっているところが日なた、さえぎられているところが日かげだね。

	日なたの地面	日かげの地面
明るさ	① 明るい	② 暗い
あたたかさ	③ あたたかい	④ つめたい
しめり気《け》	⑤ かわいている	⑥ 少ししめっている

2 温度計《おんどけい》の使《つか》い方をまとめよう。

教科書 199ページ

▶温度計の目もりを読むときは、目もりに合わせて
(① なならめ上 ・ 真横 ・ ななめ下)
から見る。

えきが動《うご》かなくなってから、目もりを読むよ。

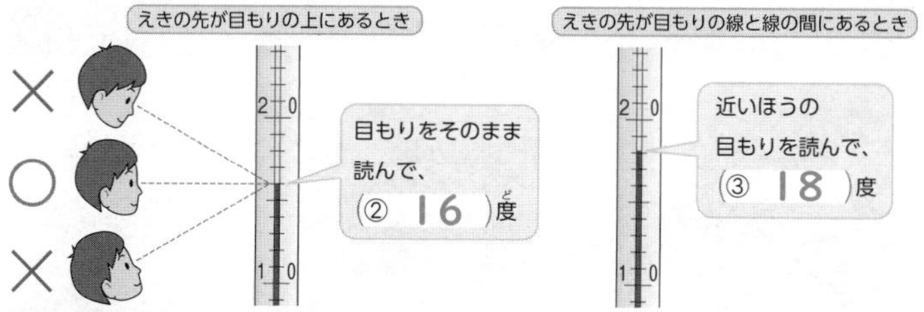
えきの先が目もりの上にあるとき
×
○
×
目もりをそのまま読んで、(② 16)度
えきの先が目もりの線と線の間にあるとき
近いほうの目もりを読んで、(③ 18)度

ここがだいじ!
①日なたは明るく、日かげは暗い。
②日なたの地面はあたたかくかわいていて、日かげの地面はつめたく少ししめっている。

ぴたトリビア 温度計のえきだめには、色をつけたとう油《ゆ》などが入っています。えきだめがあたたまると、とう油がふくらみ、細いくだの中のえきの先が上がります。

ぴったり2 練習

7. 地面のようすと太陽

②日なたと日かげの地面のようす1

教科書 119～120ページ　答え 27ページ

1 日なたと日かげの地面《じめん》のようすをくらべました。

(1) 太陽《たいよう》の光が当たっているのは、日なたと日かげのどちらですか。
(日なた)

(2) 地面が暗《くら》くなっているのは、日なたと日かげのどちらですか。
(日かげ)

(3) 日なたの地面のようすを2つえらんで、(　)に○をつけましょう。
ア(　)つめたい。
イ(○)あたたかい。
ウ(○)かわいている。
エ(　)少ししめっている。

2 水や湯《ゆ》の温度《おんど》をはかりました。

(1) 温度計の使《つか》い方で、正しいほうの(　)に○をつけましょう。
ア(　)温度計のえきだめを入れたら、すぐに目もりを読む。
イ(○)えきが動《うご》かなくなってから、目もりを読む。

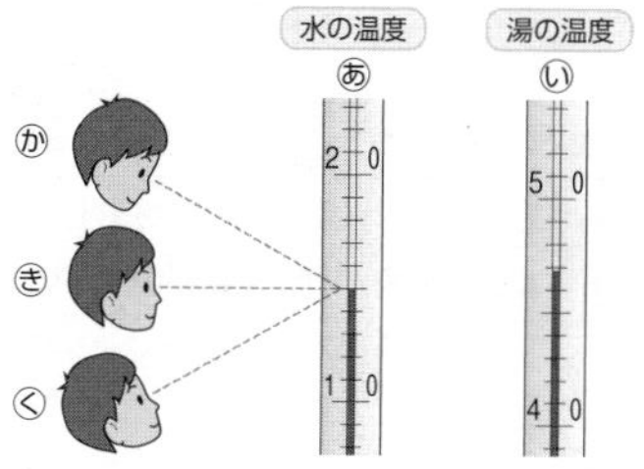
水の温度
あ
湯の温度
い
か
き
く

(2) 目もりを読むとき、か～くのどこから見ますか。 (き)

(3) あの水の温度は何度《ど》ですか。 (15度)

(4) いの湯の温度は何度ですか。 (47度)

ヒント ② (4)えきの先が目もりと目もりの間にあるときは、近いほうの目もりを読みます。

53ページ てびき

❶ 日なたと日かげの地面《じめん》のようすをまとめると、左下の表《ひょう》のようになります。

	日なた	日かげ
太陽《たいよう》の光	当たる	さえぎられる
明るさ	明るい	暗《くら》い
あたたかさ	あたたかい	つめたい
しめりぐあい	かわいている	少ししめっている

❷ (2)目もりは、真横《まよこ》から見ます。
(3)えきの先が15の目もりの上にあるので、15度《ど》です。
(4)えきの先が46と47の目もりの間にあるので、近いほうの目もりを読みます。したがって、47度です。

日なたと日かげの地面のあたたかさのちがいをかくにんしよう。

教科書 121〜123ページ　答え 28ページ

次《つぎ》の(　)に当てはまる言葉《ことば》を書くか、当てはまるものを○でかこもう。

1 地面《じめん》の温度《おんど》のはかり方をまとめよう。

教科書 199ページ

▶地面の温度をはかるときは、温度計におおいをして、(① 日光)が当たらないようにする。

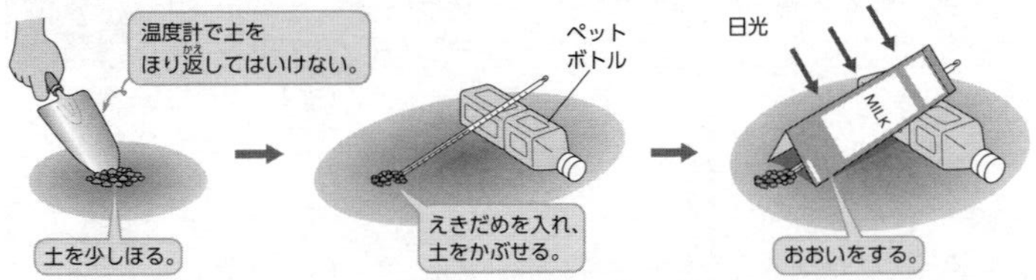

2 日なたと日かげでは、地面のあたたかさがどのようにちがうのだろうか。

教科書 121〜122ページ

▶(①(温度計)・ ものさし)を使《つか》うと、あたたかさを数字で表《あらわ》すことができる。

日なたと日かげの地面の温度

	日なたの地面の温度	日かげの地面の温度
午前9時	14度	13度
午前12時	20度	15度

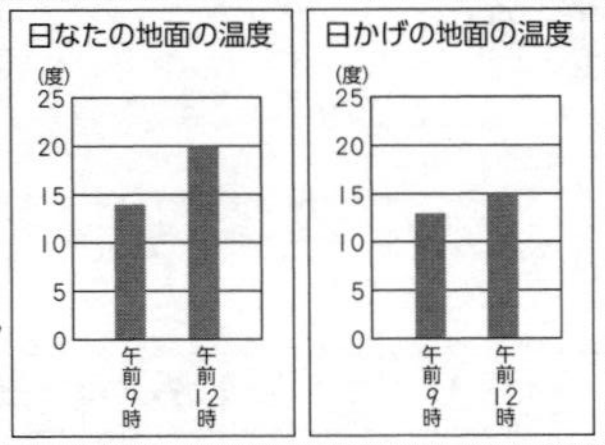

ぼうグラフにすると、くらべやすくなるね。

▶地面の温度は、(②(日なた)・ 日かげ)のほうが高い。
▶日なたの地面の温度は、(③ 朝 ・(昼))のほうが高い。
▶地面の温度の上がり方は、(④(日なた)・ 日かげ)のほうが大きい。
▶日なたの地面は、(⑤ 日光)であたためられるため、温度の上がり方が大きくなる。

ここがだいじ!
①地面の温度は、日かげよりも日なたのほうが高い。
②日なたの地面は、日光であたためられるため、温度の上がり方が大きくなる。

ぴたトリビア 植物《しょくぶつ》で「緑《みどり》のカーテン」をつくると、日かげができるので、すずしくなります。

教科書 121〜123ページ　答え 28ページ

1 図1のようにして、地面《じめん》の温度《おんど》をはかりました。

(1) えきだめを入れるためのあなをほります。正しいほうの(　)に○をつけましょう。
ア(　)温度計で土をほり返《かえ》す。
イ(○)植《しょく》木ごてで土をほり返す。
(2) おおいをするのは、温度計に何が当たらないようにするためですか。
(日光)
(3) 図2のときの地面の温度は何度ですか。
(20度)

図1

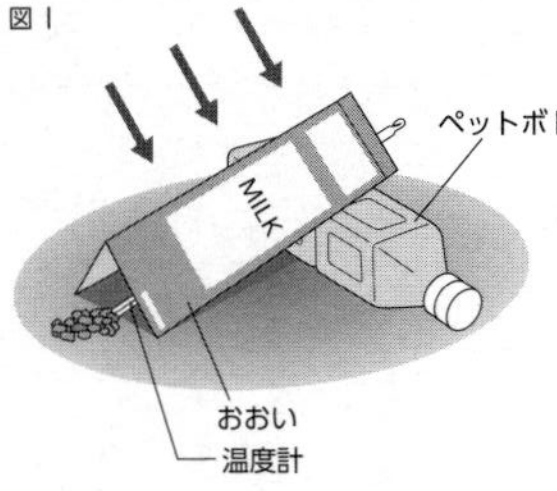

図2

2 午前9時と午前12時に、日なたと日かげの地面の温度を調《しら》べ、ぼうグラフに表《あらわ》しました。

(1) 日なたと日かげの地面の温度について、正しいものを1つえらんで、(　)に○をつけましょう。
ア(○)日なたのほうが、地面の温度が高い。
イ(　)日かげのほうが、地面の温度が高い。
ウ(　)地面の温度は同じである。
(2) 日なたの地面の温度をくらべます。温度が高いのは、午前9時と午前12時のどちらですか。
(午前12時)
(3) (1)、(2)のようになるのは、なぜですか。(　)に当てはまる言葉《ことば》を、□からえらんで書きましょう。
●日なたでは、(日光)によって地面があたためられるから。

雨　風　雲　日光

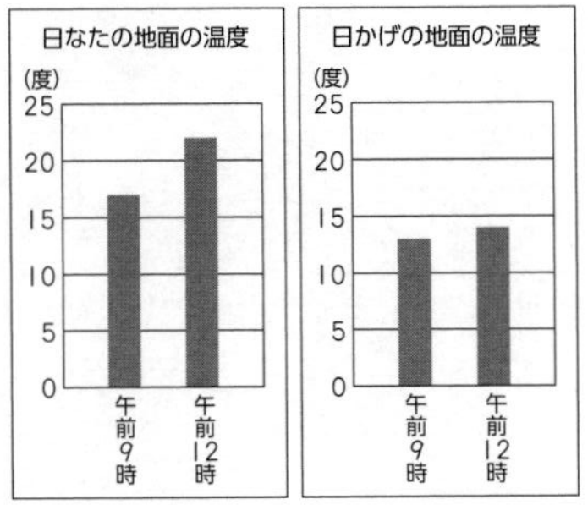

55ページ てびき

1 (1)温度計《おんどけい》で土をほり返《かえ》すと、温度計がわれてきけんです。
(2)温度計に日光が当たると、温度を正しくはかれません。
(3)えきの先が20の目もりの上にあるので、20度《ど》です。

2 (1)午前9時も午前12時も、日なたのほうが、温度が高くなっています。

ぴったり3 たしかめのテスト

7. 地面のようすと太陽

56ページ

/100 合格70点

教科書 110〜125ページ　答え 29ページ

1 あ、いを使《つか》って、太陽《たいよう》が見えるほういを調《しら》べます。　技能　1つ10点(30点)

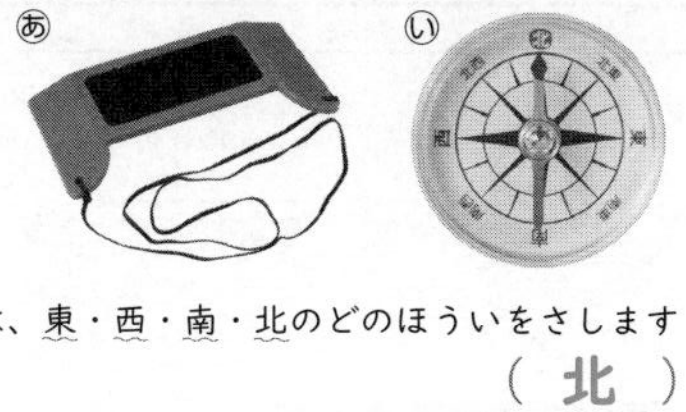

(1) あ、いをそれぞれ何といいますか。

あ（　しゃ光板　）

い（　ほういじしん　）

(2) いのはりの、色がついているほうの先は、東・西・南・北のどのほういをさしますか。　（　北　）

よく出る

2 時《じ》こくをかえて、太陽とかげのいちを調べました。　1つ5点、(1)は全部できて5点(15点)

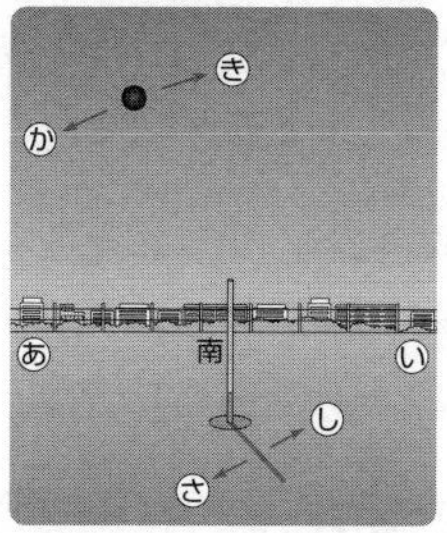

(1) あ、いは、それぞれ北・東・西のどのほういを表《あらわ》していますか。　あ（　東　）い（　西　）

(2) 時間がたつと、太陽のいちはか、きのどちらのほうにかわりますか。　（　き　）

(3) (2)のとき、ぼうのかげのいちはどうなりますか。正しいものを1つえらんで、（　）に○をつけましょう。

ア（　）かわらない。

イ（○）さのほうにかわる。

ウ（　）しのほうにかわる。

よく出る

3 日なたと日かげの地面《じめん》のようすをくらべます。日かげのようすを3つえらんで、（　）に○をつけましょう。　1つ5点(15点)

ア（○）暗《くら》い。

イ（　）明るい。

ウ（○）つめたい。

エ（　）あたたかい。

オ（　）かわいている。

カ（○）少ししめっている。

56

57ページ

学習

4 午前9時と午前12時に、日なたと日かげの地面の温度《おんど》をはかりました。　思考・表現　1つ10点(30点)

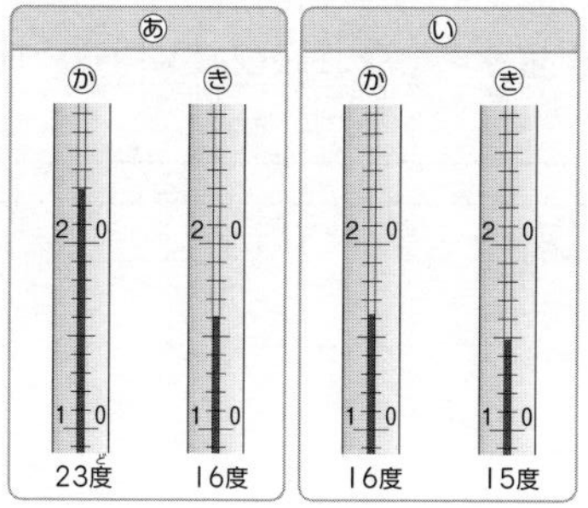

(1) 午前12時の地面の温度を表しているのは、あ、いのどちらですか。　（　あ　）

(2) 日なたの地面の温度を表しているのは、か、きのどちらですか。　（　か　）

(3) 記述 日なたと日かげで、地面の温度がちがうのはなぜですか。

（　日なたの地面は、日光であたためられるから。　）

できたらスゴイ！

5 次《つぎ》の図は、ある時こくの校庭《こうてい》のようすを表しています。　思考・表現　全部できて10点(10点)

● 記述 かげのでき方がまちがっているところが1つあります。まちがっているところを○でかこみましょう。また、そう考えた理由《りゆう》もせつめいしましょう。

（かげが、太陽と同じがわにあるから。
（かげの向きが、ほかのかげの向きとちがうから。））

ふりかえり　3がわからないときは、52ページの1にもどってかくにんしましょう。
5がわからないときは、48ページの1にもどってかくにんしましょう。

57

56〜57ページ　てびき

1 (2)ほういじしんのはりは、南北をさすように止まります。北をさすほうの先は、赤色や青色にぬられています。

2 (2)、(3)太陽《たいよう》のいちは東→南→西とかわり、かげのいちは西→北→東とかわります。

3 日かげの地面《じめん》は、暗《くら》く、つめたく、少ししめっています。

4 (1)朝より昼のほうが、地面の温度《おんど》は高くなります。かもきも、あのときのほうが温度が高くなっているので、あが午前12時です。

(2)、(3)日なたの地面は日光であたためられ、温度が高くなります。日かげの地面は日光であたためられず、温度があまりかわりません。

5 人やものが日光をさえぎると、太陽の反対《はんたい》がわにかげができます。かげは、どれも同じ向《む》きにできます。

58ページ

ぴったり1 じゅんび

8. 太陽の光

かがみではね返した日光1

3分でまとめ

かがみではね返した日光のようすを、かくにんしよう。

教科書 126~129ページ　答え 30ページ

次《つぎ》の(　)に当てはまるものを○でかこもう。

1 かがみではね返《かえ》した日光は、どのように進《すす》むのだろうか。 教科書 126~129ページ

▶かがみを使《つか》うと、日光を(① とめる ・ (はね返す))ことができる。

かがみではね返した日光のようす

▶かがみではね返した日光は、(② (まっすぐに) ・ 曲《ま》がりながら)進む。

▶かがみではね返した日光は、集《あつ》めることが(③ (できる) ・ できない)。

▶日光は、(④ (まっすぐに) ・ 曲がりながら)進み、集めることが(⑤ (できる) ・ できない)。

木の間やブラインドからさしこむ日光は、まっすぐに進んでいるね。

ここが だいじ!
①日光は、かがみを使ってはね返すことができる。
②はね返した日光はまっすぐに進み、集めることができる。

ぴたトリビア 水面《すいめん》にまわりのけしきがうつってみえるのは、水面がかがみのはたらきをして、光をはね返しているからです。

59ページ

ぴったり2 練習

8. 太陽の光

かがみではね返した日光1

教科書 126~129ページ　答え 30ページ

1 かがみを使《つか》って、日光の進《すす》み方を調《しら》べました。

(1) 次《つぎ》の文の(　)に当てはまる言葉《ことば》を、［　］からえらんで書きましょう。

● 日光は、かがみに当たると(はね返る)。

［ 通りぬける　　とまる　　はね返《かえ》る ］

(2) あで、かがみに当たった後の日光は、どのように進んでいますか。正しいほうの(　)に○をつけましょう。

ア(○)まっすぐに進んでいる。

イ(　)曲《ま》がりながら進んでいる。

(3) かがみに当たった後の日光について、正しいほうの(　)に○をつけましょう。

ア(○)重《かさ》ねて集《あつ》めることができる。

イ(　)重ねて集めることができない。

59ページ　てびき

1 (1)かがみなどを使《つか》うと、日光をはね返《かえ》すことができます。

(2)かがみではね返した日光は、まっすぐに進《すす》みます。

(3)かがみの向《む》きをかえると、はね返した日光が当たる場所《ばしょ》がかわります。かがみを2まい使い、はね返した日光が同じ場所に当たるようにかがみの向きをかえれば、はね返した日光を重《かさ》ねて集《あつ》めることができます。

おうちのかたへ
鏡で光が反射することは、実験した事実として捉えます。なお、光が反射するときのきまりについては、中学校で学習します。

おうちのかたへ　8. 太陽の光
鏡や虫眼鏡を使い、日光の進み方や、日光を当てたときの明るさやあたたかさの変化について学習します。鏡で反射した日光が直進することを理解しているか、鏡や虫眼鏡で日光を集めるほど明るくあたたかくなることを理解しているか、などがポイントです。

次《つぎ》の(　)に当てはまる言葉《ことば》を○でかこもう。

1 かがみで日光を集《あつ》めると、明るさやあたたかさはどうなるのだろうか。 教科書 130～132ページ

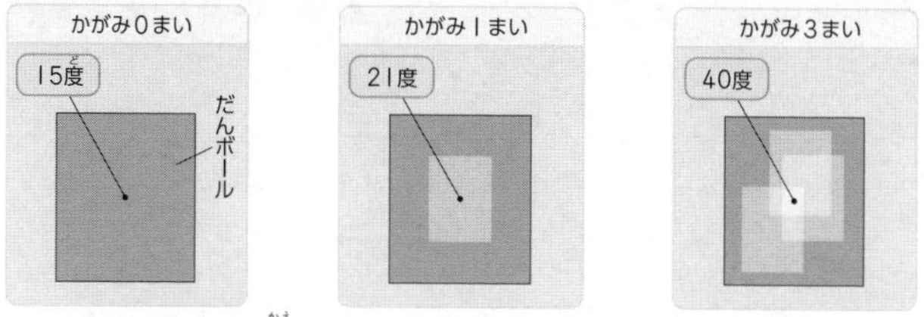
かがみ0まい
15度
だんボール
かがみ1まい
21度
かがみ3まい
40度

▶ものにかがみではね返《かえ》した日光を当てると、日光を当てたところが
(① **明るく** ・ 暗《くら》く)、(② **あたたかく** ・ つめたく)なる。

▶かがみで日光をたくさん集めるほど、日光を当てたところは
(③ **明るく** ・ 暗く)、(④ **あたたかく** ・ つめたく)なる。

2 虫めがねで日光を集めると、明るさやあたたかさはどうなるのだろうか。 教科書 134～135ページ

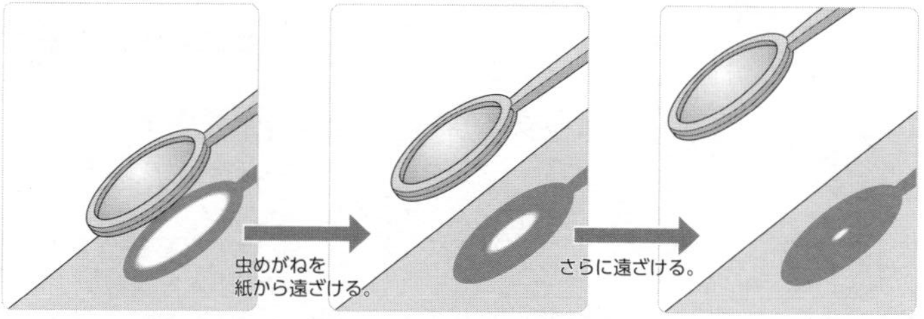
虫めがねを
紙から遠ざける。
さらに遠ざける。

▶虫めがねで日光を集めると、日光を集めたところが
(① **明るく** ・ 暗く)、(② **あたたかく** ・ つめたく)なる。

▶虫めがねを紙から遠ざけると、日光が集まるところは
(③ 大きく ・ **小さく**)なり、明るさが(④ **明るく** ・ 暗く)なる。

ここがだいじ！
①かがみで日光を集めるほど、日光を当てたところが明るく、あたたかくなる。
②虫めがねで日光を集めるほど、日光を集めたところが明るく、あたたかくなる。

ぴたトリビア 水を入れたペットボトルも、虫めがねと同じように光を集めます。水を入れたペットボトルを日なたにおいておくと、集まった光がもとになって、火事が起《お》こることがあります。

1 かがみではね返《かえ》した日光をまとに当てて、日光が当たったところの明るさと温度《おんど》を調《しら》べました。

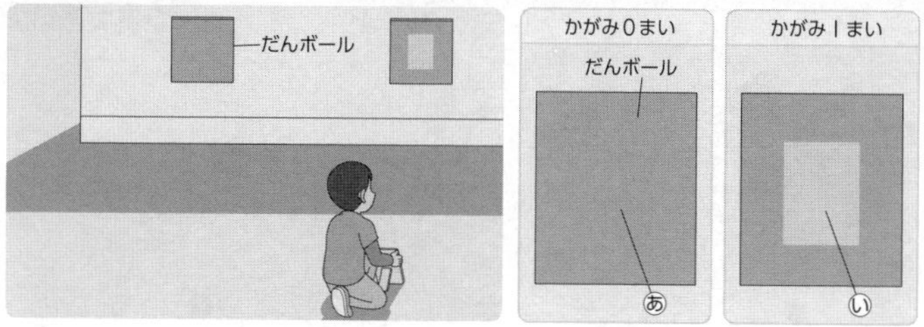
だんボール
かがみ0まい
だんボール
あ
かがみ1まい
い

(1) あといでは、どちらのほうが明るいですか。 (い)

(2) あといでは、どちらのほうが温度が高いですか。 (い)

(3) かがみを3まいにして、日光を集《あつ》めました。

① いちばん明るいのは、か～くのどこですか。 (き)

② いちばん温度が高いのは、か～くのどこですか。 (き)

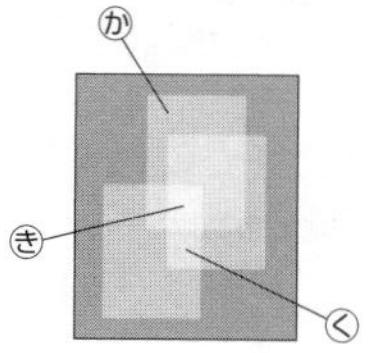
か
き
く

2 虫めがねで集めた日光を、紙に当てました。

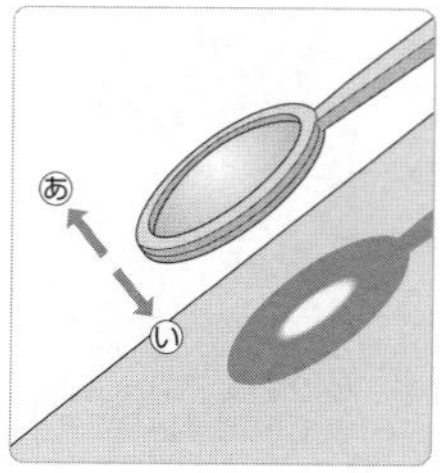
あ
い

(1) 虫めがねをあの向《む》きに動《うご》かしました。

① 日光が集まるところの大きさはどうなりますか。 (小さくなる。)

② 日光が集まるところの明るさはどうなりますか。 (明るくなる。)

(2) 虫めがねをいの向きに動かしました。

① 日光が集まるところの大きさはどうなりますか。 (大きくなる。)

② 日光が集まるところの明るさはどうなりますか。 (暗くなる。)

61ページ てびき

1 (1)、(2)かがみではね返《かえ》した日光を当てたところは、明るく、あたたかくなります。
(3)たくさんの日光が集《あつ》まるほど、明るく、あたたかくなります。かはかがみ1まい、きはかがみ3まい、くはかがみ2まいの日光が集まっています。したがって、いちばん多くの日光が集まっているきが、いちばん明るく、あたたかくなります。

2 (1)虫めがねを遠ざけると、日光が集まるところは小さくなり、明るさは明るくなります。
(2)虫めがねを近づけると、日光が集まるところは大きくなり、明るさは暗《くら》くなります。

おうちのかたへ
虫眼鏡で日光を集められることは、実験した事実として捉えます。なお、凸レンズの性質については、中学校で学習します。

ぴったり3
たしかめのテスト
8. 太陽の光

62ページ

/100 合格 70 点

教科書 126~137ページ　答え 32ページ

よく出る

1 かがみを使《つか》って、日かげのかべに日光を当てました。　1つ8点(32点)

(1) かがみには、どのようなはたらきがありますか。
　(　)に当てはまる言葉《ことば》を書きましょう。
　●かがみには、日光を(はね返す)
　はたらきがある。

(2) かがみに当たった後の日光は、どのように進《すす》みますか。正しいほうの(　)に○をつけましょう。
　ア(　)曲《ま》がりながら進む。
　イ(○)まっすぐに進む。

(3) 日光を当てたところについて、正しいほうの(　)に○をつけましょう。
　ア(　)日かげなので、日光が当たっても明るくならない。
　イ(○)日かげでも、日光が当たると明るくなる。

(4) さわるとあたたかいのは、あ、いのどちらですか。　(あ)

2 虫めがねを使います。　技能　(2)は10点、ほかは1つ7点(24点)

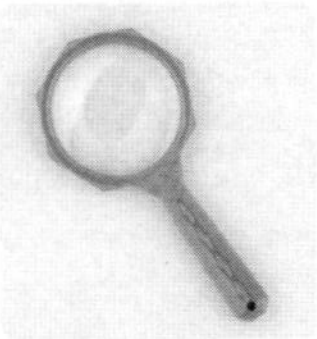

(1) 虫めがねでぜったいに見てはいけないものを、［　］からえらんで書きましょう。　(太陽)

こん虫《ちゅう》　植物《しょくぶつ》　太陽《たいよう》　人間

(2) 記述 (1)のものを見てはいけないのはなぜですか。
　(目をいためるから。)

(3) 虫めがねで集《あつ》めた日光を調《しら》べます。正しい調べ方を1つえらんで、(　)に○をつけましょう。
　ア(　)集めた日光を着《き》ている服《ふく》に当てて、こげ方を調べる。
　イ(　)集めた日光を手のひらに当てて、あたたかさを調べる。
　ウ(○)集めた日光をだんボールに当てて、明るさを調べる。

よく出る

3 虫めがねで集めた日光を、紙に当てました。　1つ8点(16点)

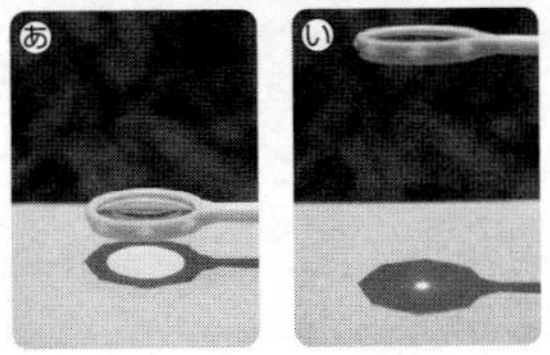

(1) 日光が集まったところが明るいのは、あ、いのどちらですか。　(い)

(2) 日光が集まったところの温度《おんど》が高いのは、あ、いのどちらですか。　(い)

できたらスゴイ!

4 3まいのかがみを使って、だんボールに日光を当てました。　1つ7点(28点)

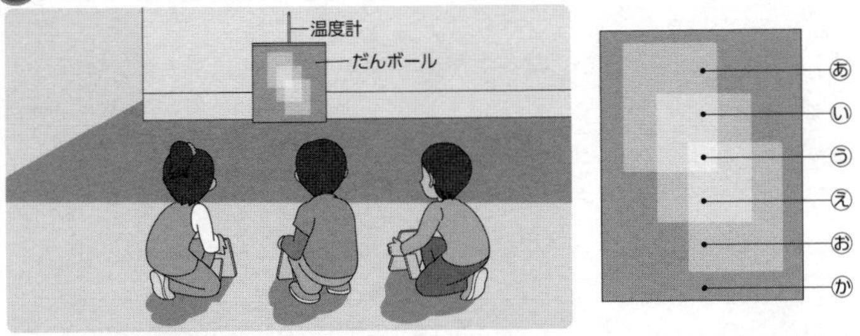

(1) あと同じあたたかさになったのは、い~かのどこですか。　(お)

(2) いちばんあたたかくなったのは、あ~かのどこですか。　(う)

(3) このじっけんからわかることを1つえらんで、(　)に○をつけましょう。　思考・表現
　ア(○)集めた日光が多いところほど、あたたかくなる。
　イ(　)集めた日光が少ないところほど、あたたかくなる。
　ウ(　)集めた日光が多くても少なくても、あたたかさは同じになる。

(4) たけるさんは、かがみを使って水をあたためることにしました。いちばんよく水があたたまるものを1つえらんで、(　)に○をつけましょう。　思考・表現

ア(　)　イ(　)　ウ(○)

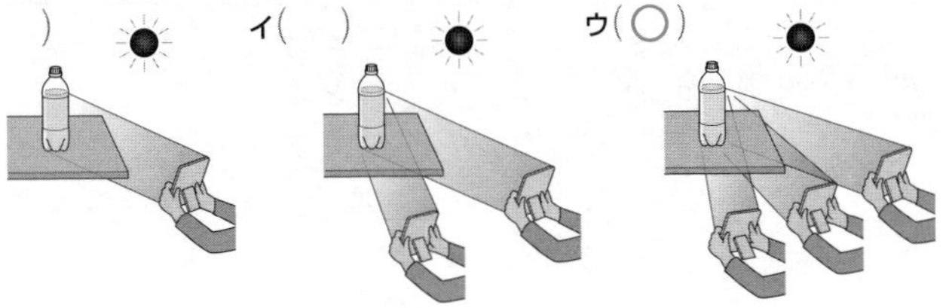

ふりかえり
3がわからないときは、60ページの2にもどってかくにんしましょう。
4がわからないときは、60ページの1にもどってかくにんしましょう。

62~63ページ　てびき

1 (3)、(4)日光が当たったところは、明るく、あたたかくなります。

2 (3)集《あつ》めた光を人などの生きものに当てたり、服《ふく》に当てたりすると、とてもきけんです。

3 虫めがねで日光を集めるとき、日光が集まるところが小さくなるほど、明るく、あたたかくなります。

4 (1)、(2)あとおにはかがみ1まい分の日光が当たっているので、同じあたたかさになります。かには日光が当たっていません。また、いとえにはかがみ2まい分、うにはかがみ3まい分の日光が当たっています。

(4)じっけんから、たくさんの日光を集めるほど、あたたかくなることがわかります。したがって、3まいのかがみを使《つか》っていちばん多くの日光を集めている**ウ**の水が、いちばんよくあたたまります。

ぴったり1 じゅんび

9. 電気の通り道

電気の通り道1

3分でまとめ

かん電池と豆電球をどのようにつなげば明かりがつくか、かくにんしよう。

教科書 138〜141ページ　答え 33ページ

次《つぎ》の(　)に当てはまる言葉《ことば》を書こう。

1 かん電池と豆電球《まめでんきゅう》をどのようにつなげば、明かりがつくのだろうか。 教科書 138〜141ページ

かん電池
(① ＋)きょく
(② ー)きょく
豆電球
導線《どうせん》つきソケット

明かりが(③ つく)。

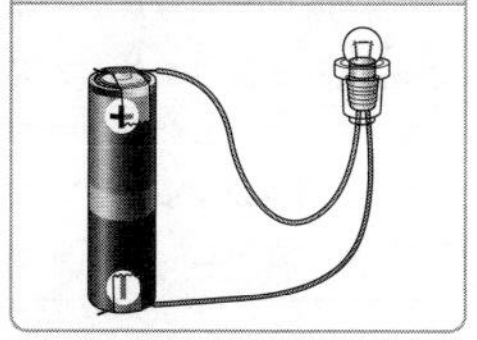

明かりが(④ つかない)。

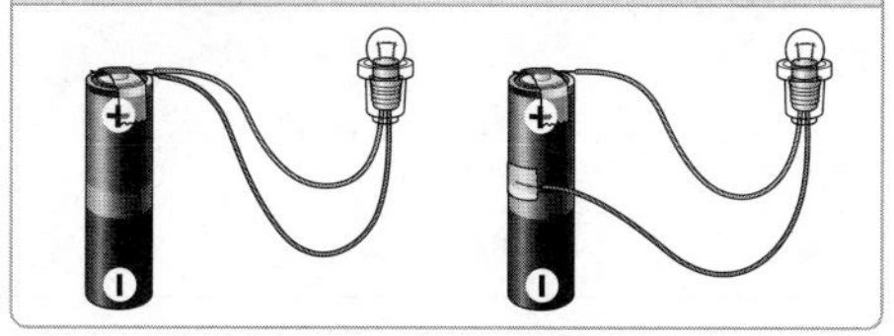

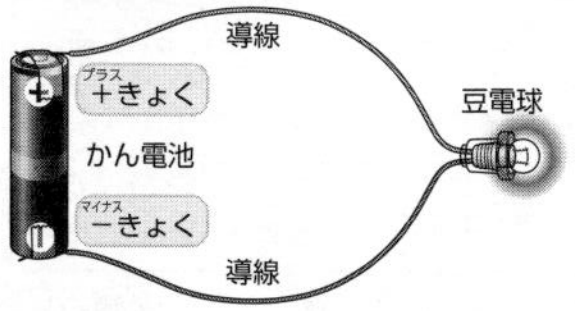

導線
＋《プラス》きょく
かん電池
ー《マイナス》きょく
導線
豆電球

豆電球とソケットのしくみ

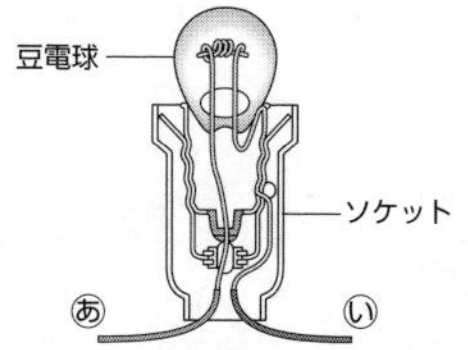

豆電球
ソケット
あ
い

豆電球やソケットの中には電気の通り道があり、あからいまで、つながっているよ。

▶導線をかん電池の(⑤ ＋)きょくと(⑥ ー)きょくにつなぐと、電気の通り道が１つの(⑦ わ)のようにつながり、電気が通る。

▶わになっている電気の通り道を(⑧ 回路)という。

ここがだいじ！
①かん電池の＋きょくとーきょくに導線をつなぐと、電気の通り道が１つのわのようにつながり、電気が通る。
②わになっている電気の通り道を回路《かいろ》という。

ぴたトリビア　遠くの発電所《はつでんしょ》からわたしたちの家まで電気が運《はこ》ばれてくるのは、導線が長くなっても、回路がつながっていれば電気が通るからです。

ぴったり2 練習

9. 電気の通り道

電気の通り道1

教科書 138〜141ページ　答え 33ページ

1 かん電池と豆電球《まめでんきゅう》をつないで、明かりをつけます。

あ
か
き

(かん電池)

い

(豆電球)

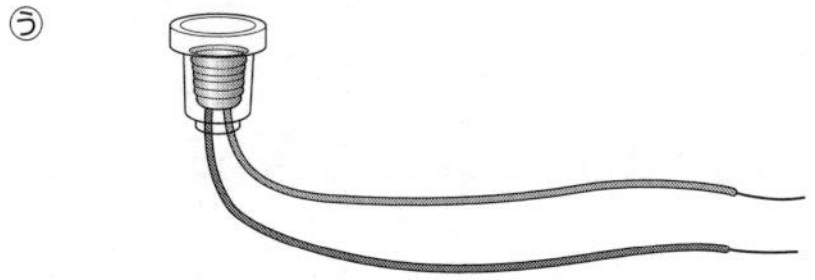

う

(導線つきソケット)

(1) あ〜うのきぐの名前を、上の(　)に書きましょう。

(2) ＋《プラス》きょくは、か、きのどちらですか。　(き)

(3) 次《つぎ》の文の(　)に当てはまる言葉《ことば》を、□からえらんで書きましょう。

ひも　わ　回路《かいろ》　通路

●電気の通り道が１つの(① わ)のようにつながっていると、電気が通る。
この電気の通り道を(② 回路)という。

(4) 明かりがつくものには○、つかないものには×を(　)につけましょう。

①(×)　②(○)　③(×)

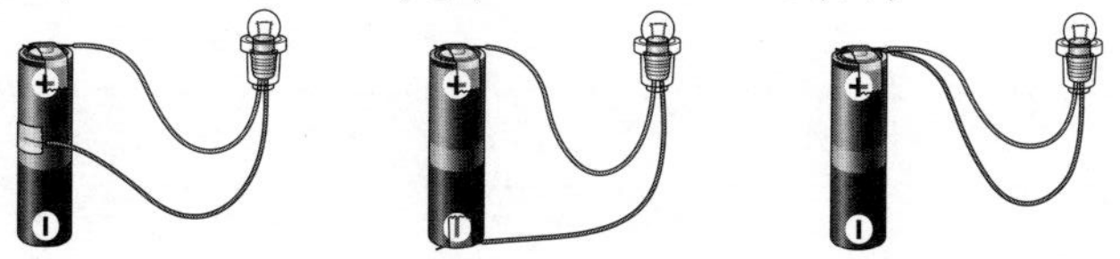

ヒント　1 (4)電気が通ると、豆電球に明かりがつきます。

おうちのかたへ　9. 電気の通り道

豆電球や乾電池を使って、回路ができると電気が通ることや、電気を通すものと通さないものがあることを学習します。電気が通るように回路をつくることができるか、金属には電気を通す性質があることを理解しているか、などがポイントです。

65ページ　てびき

1 (2)かん電池のでっぱりがあるほうが＋《プラス》きょく、でっぱりがないほうがー《マイナス》きょくです。

(3)かん電池(＋きょく)→導線《どうせん》→豆電球《まめでんきゅう》→導線→かん電池(ーきょく)と、わのようにつなぐと電気が通ります。この電気の通り道を回路《かいろ》といいます。

(4)かん電池の＋きょくとーきょくに導線をつなぐと、回路ができるので、豆電球の明かりがつきます。

①導線の一方が、＋きょくでもーきょくでもないところにつながっています。

③導線がどちらも＋きょくにつながっています。

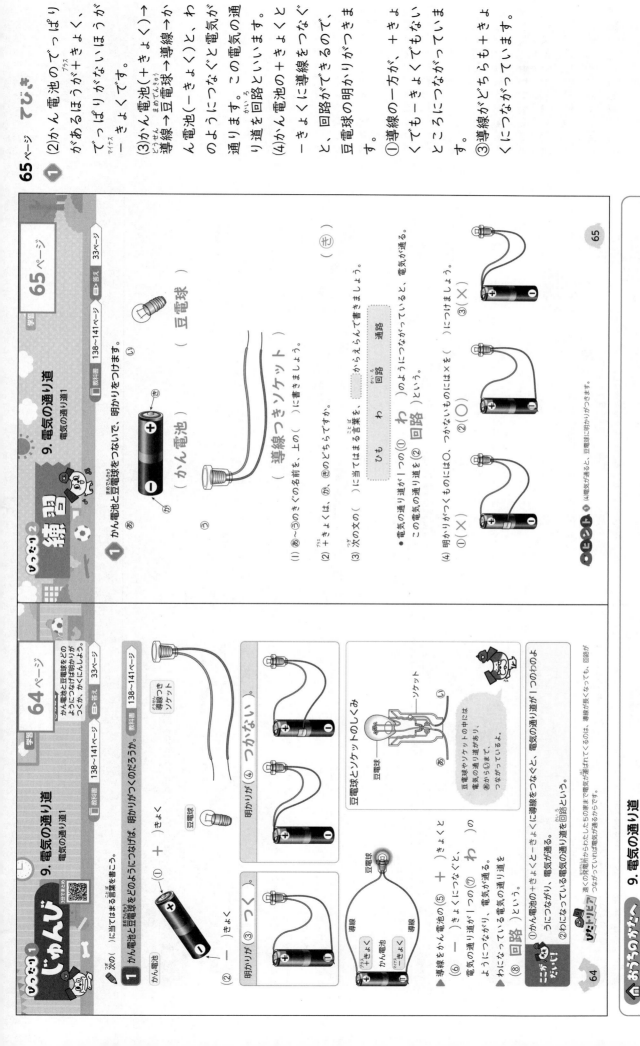

ぴったり1 じゅんび

9. 電気の通り道

電気の通り道2

学習 66ページ

どのようなものが電気を通すか、かくにんしよう。

教科書 142〜149ページ　答え 34ページ

次《つぎ》の(　)に当てはまる言葉《ことば》を書くか、当てはまるものを○でかこもう。

1 どのようなものが、電気を通すのだろうか。

教科書 142〜145ページ

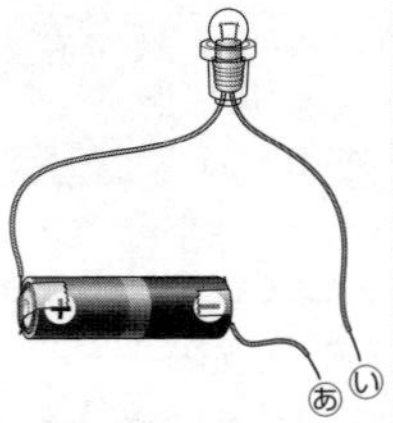

あといの間に
いろいろなものをつなぐ。

調《しら》べるもの

くぎ
[銅《どう》]

くぎ
[鉄《てつ》]

わゴム
[ゴム]

わりばし
[木]

電気を(① 通す　)もの	電気を(② 通さない　)もの
・アルミニウムはく[アルミニウム] ・くぎ[銅] ・くぎ[鉄]	・だんボール[紙] ・ペットボトル[プラスチック] ・コップ[ガラス] ・わゴム[ゴム] ・わりばし[木]

▶鉄や銅、アルミニウムなどは電気を(③ 通す ・ 通さない)。

▶プラスチックや紙、木などは電気を(④ 通す ・ 通さない)。

▶鉄や銅、アルミニウムなどを(⑤ 金ぞく)という。

▶金ぞくは電気を(⑥ 通す ・ 通さない)。

▶じっけんで使《つか》う導線《どうせん》は、
電気を(⑦ 通す ・ 通さない)
銅などの金ぞくの線を、
電気を(⑧ 通す ・ 通さない)
プラスチックでおおっている。

導線のしくみ

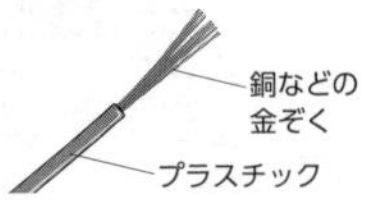

導線のつなぎ方

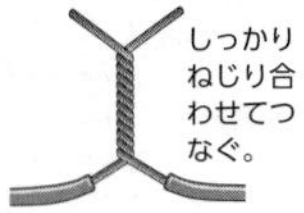

ここが だいじ!
①鉄や銅、アルミニウムなどの金ぞくは、電気を通す。
②プラスチックや紙、木などは金ぞくではないので、電気を通さない。

ぴたトリビア 電気を通しやすい金ぞくのベスト3は銀《ぎん》、銅、金です。金や銀は高いので、導線には銅が使《つか》われています。

ぴったり2 練習

9. 電気の通り道

電気の通り道2

学習 67ページ

教科書 142〜149ページ　答え 34ページ

1 電気を通すものと通さないものを調《しら》べました。

(1) 次《つぎ》の文の(　)に当てはまる言葉《ことば》を書きましょう。

●あといの間に電気を通すものをつなぐと、(回路)ができるので、豆電球《まめでんきゅう》の明かりがつく。

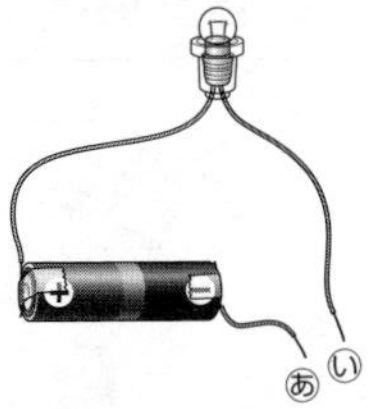

(2) あといの間につなぐと、豆電球の明かりがつくものには○、つかないものには×を、(　)につけましょう。

①(○)　②(○)　③(×)

アルミニウムはく[アルミニウム]　くぎ[鉄《てつ》]　コップ[ガラス]

④(○)　⑤(×)　⑥(×)

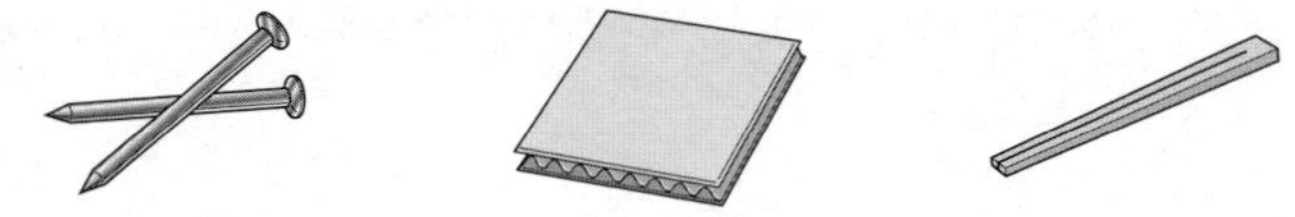

くぎ[銅《どう》]　だんボール[紙]　わりばし[木]

(3) 電気を通すものは、何でできていますか。

(金ぞく)

(4) じっけんで使《つか》う導線《どうせん》で、(3)でできているのは㋕、㋖のどちらですか。

(㋕)

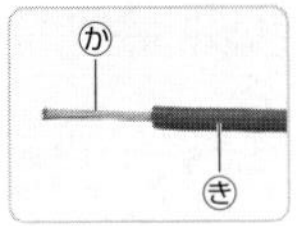

67ページ てびき

1 (1) 1つのわのようになった電気の通り道を回路《かいろ》といいます。回路ができると、電気が通り、豆電球《まめでんきゅう》の明かりがつきます。
(2)、(3)アルミニウムや鉄《てつ》、銅《どう》などは金ぞくなので、電気が通ります。ガラスや紙、木は金ぞくではないので、電気が通りません。
(4)導線《どうせん》は、電気を通す銅などの線を、電気を通さないプラスチックでおおっています。このように、わたしたちの身《み》の回りには、電気を通すものと通さないものを組み合わせた道具《どうぐ》がたくさんあります。

ぴったり3 たしかめのテスト

9. 電気の通り道

68ページ

/100 合格70点

教科書 138～151ページ　答え 35ページ

1 豆電球《まめでんきゅう》に明かりをつけます。　1つ10点(30点)

(1) 明かりがつくものを1つえらんで、(　)に○をつけましょう。

ア(　)　イ(　)　ウ(　)

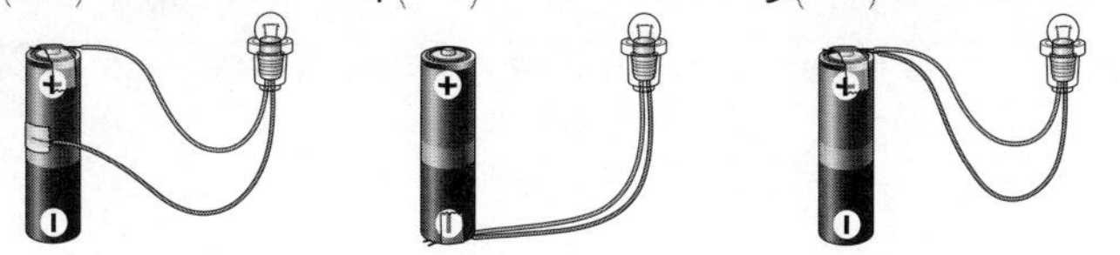

エ(　)　オ(○)

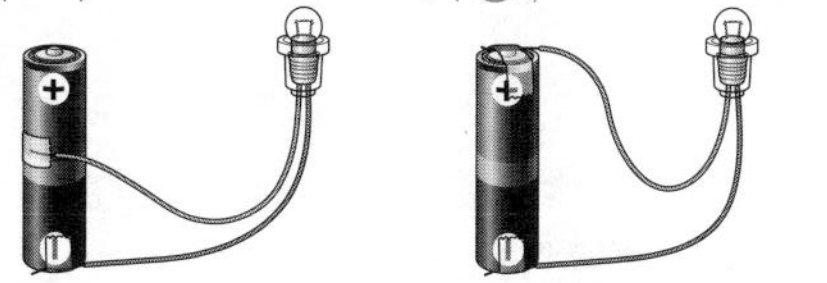

(2) 明かりがつくときの電気の通り道は、どうなっていますか。正しいほうの(　)に○をつけましょう。

ア(○) 1つのわのようになっている。

イ(　) 1本のまっすぐな線になっている。

(3) (2)の電気の通り道を何といいますか。　(回路)

よく出る

2 電気を通すものと通さないものを調《しら》べます。　1つ10点、(1)は全部できて10点(30点)

(1) あといの間にはさむと豆電球の明かりがつくものをすべてえらんで、(　)に○をつけましょう。

ア(○)アルミニウムはく

イ(　)ペットボトル

ウ(　)紙コップ

エ(○)銅《どう》のくぎ

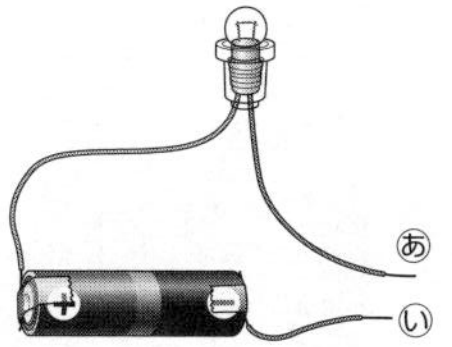

(2) 電気を通すものは、何でできていますか。　(金ぞく)

学習 69ページ

(3) 作図 かのはさみをつないで豆電球の明かりをつけるには、導線《どうせん》をどのようにつなげばよいですか。きの図に — でかきましょう。

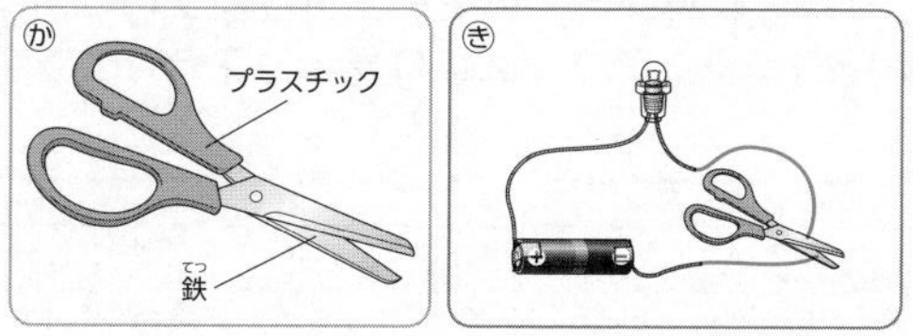

この本の終わりにある「冬のチャレンジテスト」をやってみよう！

3 記述 あ～うのように導線で豆電球をかん電池につなぎましたが、明かりがつきませんでした。どのようにすれば明かりがつきますか。　思考・表現　1つ10点(30点)

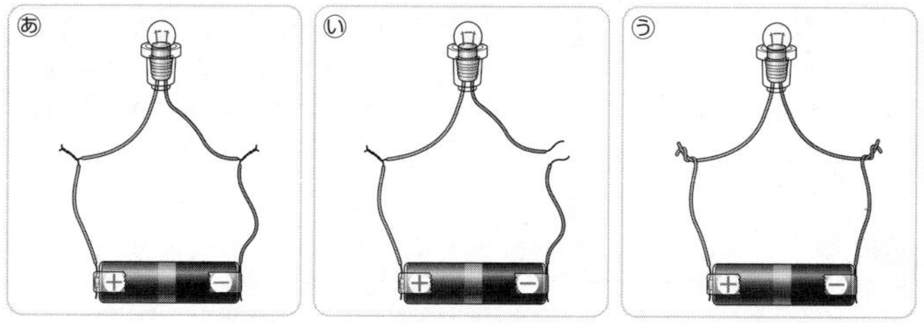

あ(豆電球を、中の線(フィラメント)が切れていないものにかえる。)

い(導線と導線をしっかりとつなぐ。)

う(導線をきちんとむいてから、導線どうしをつなぐ。)

できたらスゴイ!

4 あは、豆電球の中の電気の通り道を表《あらわ》しています。ソケットを使《つか》わずに豆電球に明かりをつけるには、どのように導線をつないだらよいですか。正しいものを1つえらんで、(　)に○をつけましょう。　思考・表現 (10点)

ア(　)　イ(○)　ウ(　)

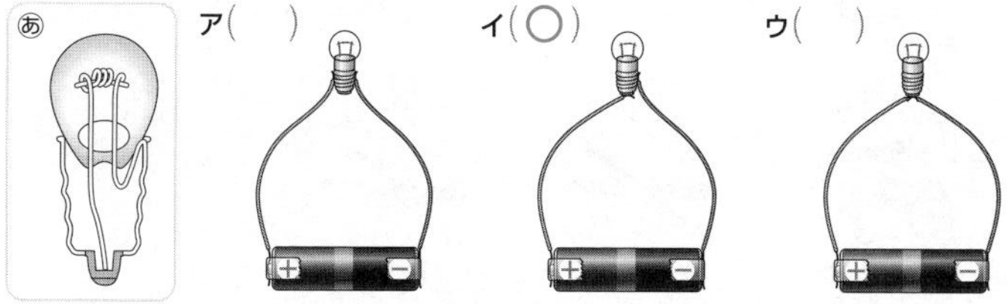

ふりかえり　2がわからないときは、66ページの1にもどってかくにんしましょう。4がわからないときは、64ページの1にもどってかくにんしましょう。

68～69ページ　てびき

1 かん電池の＋《プラス》きょくと−《マイナス》きょくに導線《どうせん》をつないで1つのわのようになると、電気が通ります。

2 (1)**イ**…ペットボトルはプラスチックでできています。金ぞくではないので、電気が通りません。

3 あ…豆電球《まめでんきゅう》の中の線が切れていると、そこで回路《かいろ》がとぎれます。

い…右がわの導線《どうせん》がつながれていないので、回路がとぎれています。

う…導線の外がわのおおいはプラスチックでできていて、電気を通しません。

4 あから、電気の通り道の一方は豆電球の横《よこ》がわにつながり、もう一方は豆電球の下がわにつながっていることがわかります。したがって、**イ**のように、導線の一方を豆電球の横がわにつなぎ、もう一方を豆電球の下がわにつなぐと、電気の通り道がつながります。

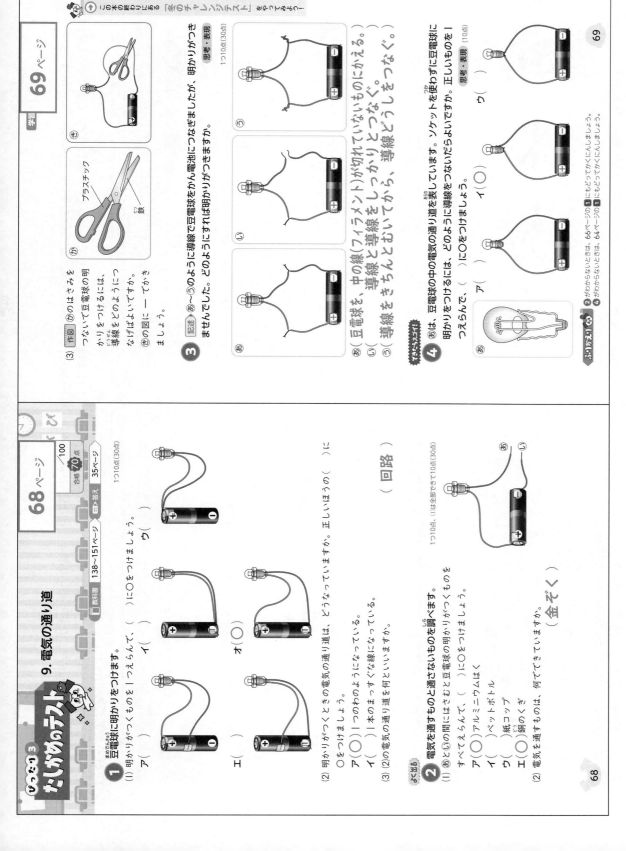

ぴったり1 じゅんび

10. じしゃくのふしぎ

①じしゃくに引きつけられるもの1

3分でまとめ

どのようなものがじしゃくに引きつけられるか、かくにんしよう。

教科書 152~161ページ　答え 36ページ

次《つぎ》の(　)に当てはまる言葉《ことば》を書くか、当てはまるものを○でかこもう。

1 どのようなものが、じしゃくに引きつけられるのだろうか。 教科書 152~156ページ

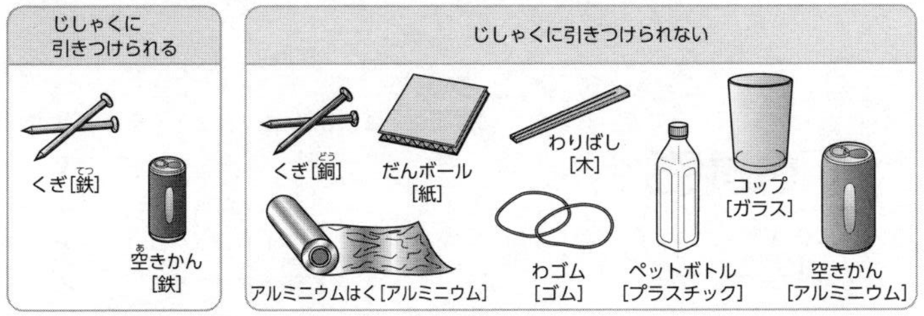

じしゃくに引きつけられる
くぎ[鉄《てつ》]
空《あ》きかん[鉄]
じしゃくに引きつけられない
くぎ[銅《どう》]
だんボール[紙]
わりばし[木]
コップ[ガラス]
アルミニウムはく[アルミニウム]
わゴム[ゴム]
ペットボトル[プラスチック]
空きかん[アルミニウム]

▶じしゃくに引きつけられるものは、(① 鉄)でできている。

2 じしゃくと鉄のきょりがかわると、どうなるのだろうか。 教科書 158~160ページ

▶じしゃくと鉄がはなれているとき、じしゃくは鉄を(① 引きつける ・ 引きつけない)。

▶じしゃくと鉄の間に、じしゃくに引きつけられないものがあるとき、じしゃくは鉄を(② 引きつける ・ 引きつけない)。

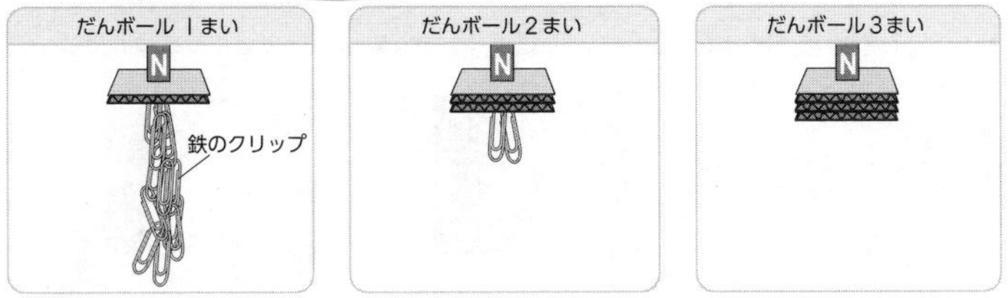

だんボール1まい
N
鉄のクリップ
だんボール2まい
N
だんボール3まい
N

▶じしゃくと鉄のきょりが長くなると、じしゃくが鉄を引きつける力は(③ 強く ・ 弱く)なる。

ここがだいじ!
①じしゃくには、鉄を引きつけるはたらきがある。
②じしゃくは、はなれている鉄も引きつける。
③じしゃくと鉄のきょりが長くなると、鉄を引きつける力が弱くなる。

ぴたトリビア 鉄はじしゃくにつきますが、アルミニウムはじしゃくにつきません。このちがいを使《つか》って、鉄の空きかんとアルミニウムの空きかんを分けています。

ぴったり2 練習

10. じしゃくのふしぎ

①じしゃくに引きつけられるもの1

教科書 152~161ページ　答え 36ページ

1 じしゃくに引きつけられるものと、引きつけられないものを調《しら》べます。

(1) じしゃくに引きつけられるものには○、引きつけられないものには×を(　)につけましょう。

①(×)　②(○)　③(×)　④(×)
⑤(×)　⑥(×)　⑦(×)　⑧(○)

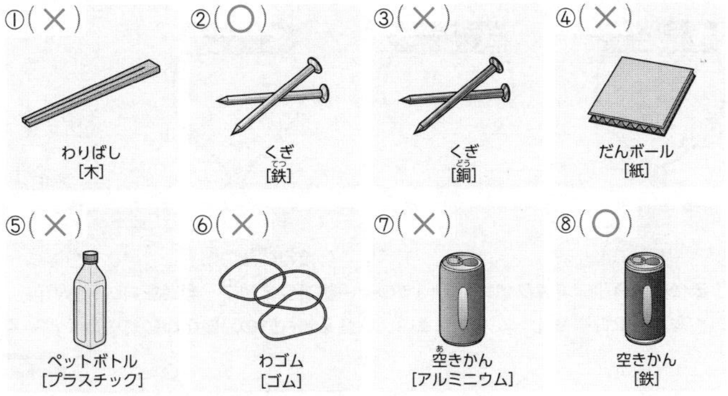

わりばし[木]
くぎ[鉄《てつ》]
くぎ[銅《どう》]
だんボール[紙]
ペットボトル[プラスチック]
わゴム[ゴム]
空《あ》きかん[アルミニウム]
空きかん[鉄]

(2) じしゃくに引きつけられるものは、何でできていますか。　(鉄)

2 鉄のクリップに、じしゃくを近づけます。

(1) 図1のように、クリップにじしゃくを近づけると、クリップはどうなりますか。正しいものを1つえらんで、(　)に○をつけましょう。

ア(　)動《うご》かない。
イ(○)じしゃくに引きつけられる。
ウ(　)じしゃくから遠ざかる。

図1

N
近づける。
クリップ

(2) 図2のように、だんボールをはりつけたじしゃくを、クリップに近づけます。引きつけられるクリップの数が多いのは、あ、いのどちらですか。　(あ)

図2

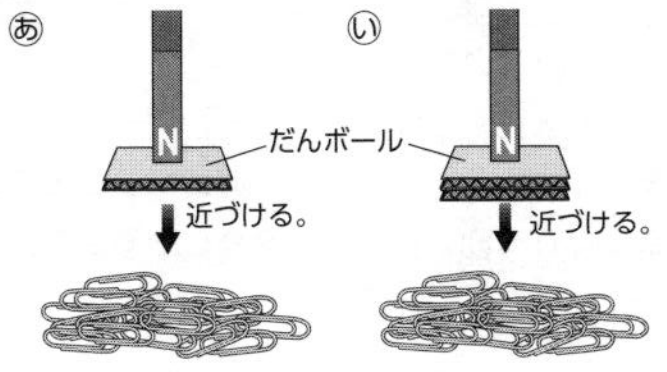

あ
い
N
だんボール
近づける。
近づける。

ヒント 2 (2)じしゃくと鉄のきょりが長くなると、鉄を引きつける力が弱くなります。

71ページ てびき

1 鉄《てつ》でできているものは、じしゃくに引きつけられます。銅《どう》やアルミニウムは金ぞくですが、鉄ではないので、じしゃくに引きつけられません。

おうちのかたへ
すべての金属(鉄、銅、アルミニウムなど)は電気を通しますが、すべての金属が磁石に引きつけられるわけではありません。電気を通すものと磁石に引きつけられるものの違いに注意させましょう。

2 (1)じしゃくは、はなれていたり、間にじしゃくにつかないものがあったりしても、鉄を引きつけます。
(2)だんボールの数が多くなると、じしゃくと鉄のきょりが長くなり、鉄を引きつける力が弱くなります。

おうちのかたへ　10. じしゃくのふしぎ
磁石や身の回りのものを使い、磁石は鉄を引きつけることや、磁石の極どうしには引力や斥力がはたらくことなどを学習します。ここでは、磁石は鉄を引きつけることや磁石についた鉄が磁化されることを理解しているか、磁石の極どうしにはたらく力について理解しているか、などがポイントです。

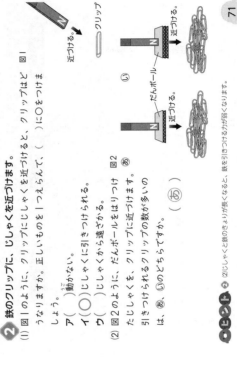

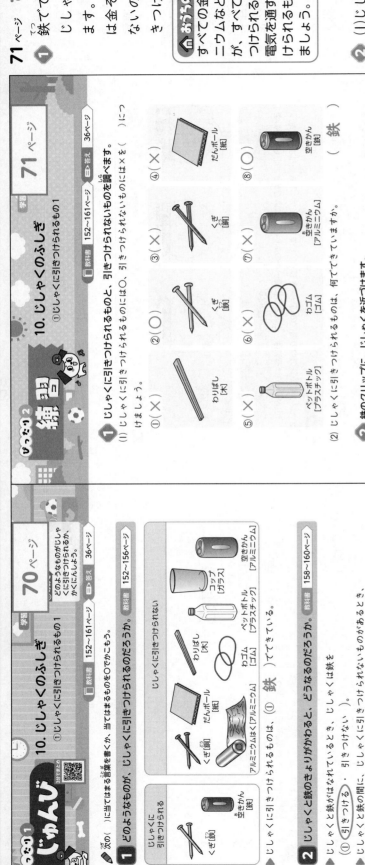

ぴったり1 じゅんび

10. じしゃくのふしぎ

①じしゃくに引きつけられるもの2
②じしゃくと鉄

学習 72ページ

じしゃくに近づけた鉄は、じしゃくになるのか、かくにんしよう。

教科書 162~169ページ　答え 37ページ

次《つぎ》の(　)に当てはまる言葉《ことば》を書くか、当てはまるものを○でかこもう。

1 じしゃくのきょくどうしを近づけると、どうなるのだろうか。 教科書 162~165ページ

- じしゃくのはしの、鉄《てつ》を強く引きつける部分《ぶぶん》を(① きょく)という。
- じしゃくのきょくには、(② N)きょくと(③ S)きょくがある。
- じしゃくの同じきょくどうしは(④ 引き合う ・ (しりぞけ合う))。
- じしゃくのちがうきょくどうしは(⑤ (引き合う) ・ しりぞけ合う)。
- じしゃくを自由《じゆう》に動《うご》けるようにしておくと、N《エヌ》きょくは(⑥ 北)をさして止まり、S《エス》きょくは(⑦ 南)をさして止まる。

ほういじしんのはりも、じしゃくだよ。

2 じしゃくに近づけた鉄は、じしゃくになるのだろうか。 教科書 166~169ページ

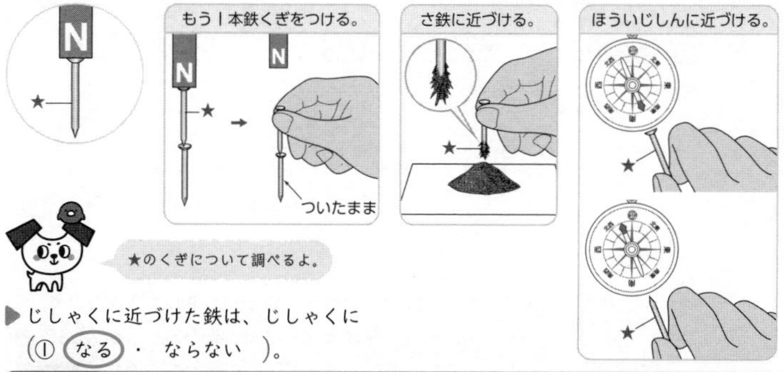

★のくぎについて調べるよ。

- じしゃくに近づけた鉄は、じしゃくに(① (なる) ・ ならない)。

ここがだいじ!
①じしゃくのはしの部分をきょくといい、鉄を強く引きつける。
②じしゃくの同じきょくどうしはしりぞけ合い、ちがうきょくどうしは引き合う。
③じしゃくに近づけた鉄は、じしゃくになる。

ぴたトリビア　じしゃくを切ると、一方のはしがNきょくになり、もう一方のはしがSきょくになります。Nきょくだけのじしゃくや、Sきょくだけのじしゃくは、いまのところ見つかっていません。

ぴったり2 練習

10. じしゃくのふしぎ

①じしゃくに引きつけられるもの2
②じしゃくと鉄

学習 73ページ

教科書 162~169ページ　答え 37ページ

1 じしゃくのせいしつを調《しら》べました。

図1　図2

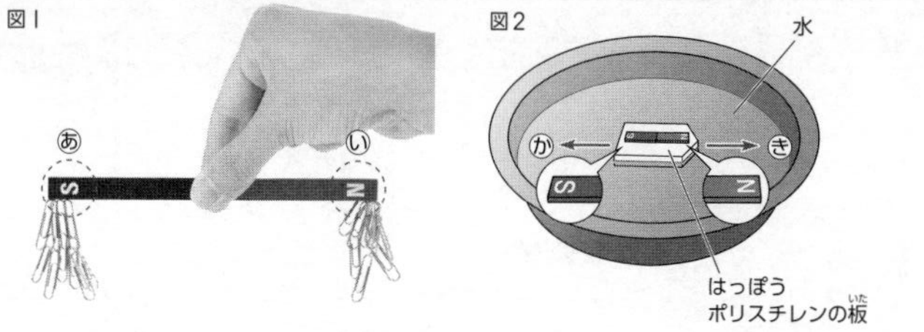

(1) 図1のあ、いのように、じしゃくのはしの鉄《てつ》を強く引きつける部分《ぶぶん》を何といいますか。(きょく)

(2) じしゃくが引き合うほうの(　)に○をつけましょう。

ア(○)　イ(　)

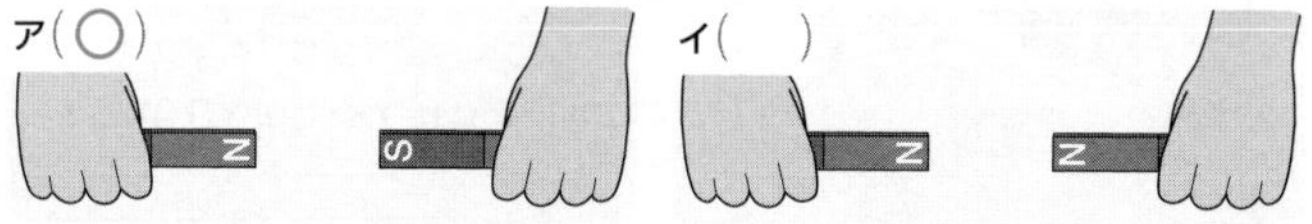

(3) じしゃくを水にうかべて自由《じゆう》に動《うご》くようにしておくと、図2のようになって止まりました。か、きは、それぞれ東・西・南・北のどれをさしていますか。

か(南)　き(北)

2 図1のように、鉄くぎあを、しばらくじしゃくにつけておきました。

図1　図2　図3

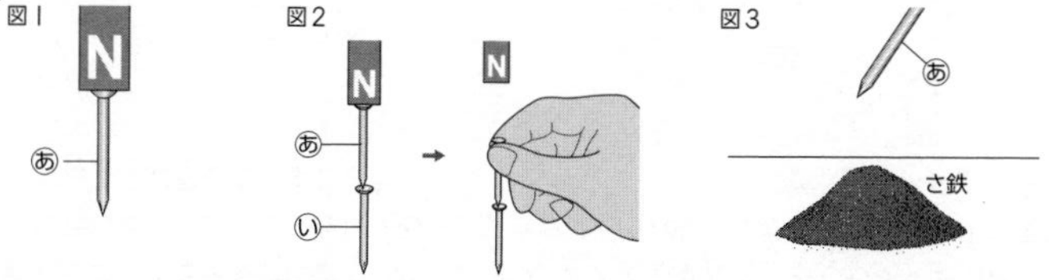

(1) 図2のように、鉄くぎいをつけた後、あをしずかにはなしました。いは落《お》ちますか、落ちませんか。(落ちない。)

(2) 図3のように、あをさ鉄に近づけると、どうなりますか。(さ鉄がつく。)

ヒント ② じしゃくについた鉄は、じしゃくになります。

73ページ　てびき

① (1)じしゃくのはしのほうは、鉄《てつ》を引きつけるはたらきが強くなっています。この部分《ぶぶん》をきょくといいます。きょくには、N《エヌ》きょくとS《エス》きょくがあり、じしゃくにはNやSの文字が書かれています。
(2)じしゃくのちがうきょくどうしは引き合い、同じきょくどうしはしりぞけ合います。
(3)じしゃくを自由《じゆう》に動《うご》けるようにしておくと、Nきょくが北をさし、Sきょくが南をさすように止まります。

② じしゃくについた鉄は、じしゃくになります。したがって、鉄のくぎやさ鉄を引きつけます。

ぴったり3 たしかめのテスト

10. じしゃくのふしぎ

74ページ

/100 合格 70 点

教科書 152〜171ページ　答え 38ページ

よく出る

1 いろいろなものに、じしゃくを近づけました。 1つ5点(10点)

(1) じしゃくに引きつけられるものを1つえらんで、(　)に○をつけましょう。

ア(　)紙コップ

イ(　)アルミニウムはく

ウ(○)鉄《てつ》くぎ

エ(　)ガラスびん

(2) 次《つぎ》の文の(　)に当てはまる言葉《ことば》を書きましょう。

● じしゃくに引きつけられるものは、(鉄)でできている。

よく出る

2 じしゃくのせいしつを調《しら》べました。 1つ10点(30点)

(1) じしゃくに鉄のクリップが引きつけられるようすとして、正しいものを1つえらんで、(　)に○をつけましょう。

ア(　)　イ(　)　ウ(○)

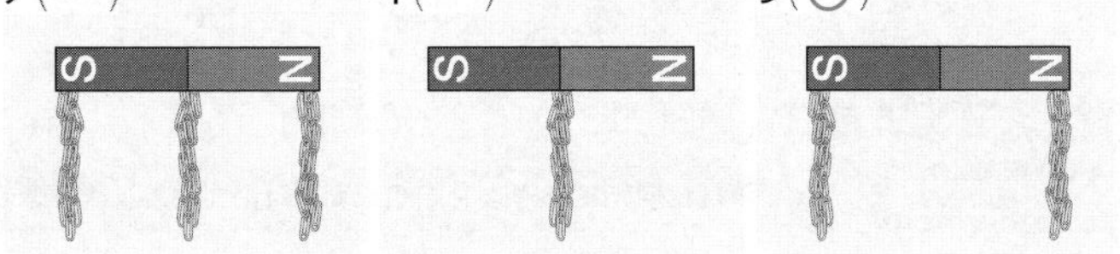

(2) 図1は、じしゃくにはりつけるだんボールの数をかえて、鉄のクリップを引きつけるようすを調べたときのようすです。図1からわかることをまとめた次の文の、(　)に当てはまる言葉を書きましょう。

● じしゃくは、鉄とのきょりが長くなるほど、鉄を引きつける力が(弱くなる)。

図1

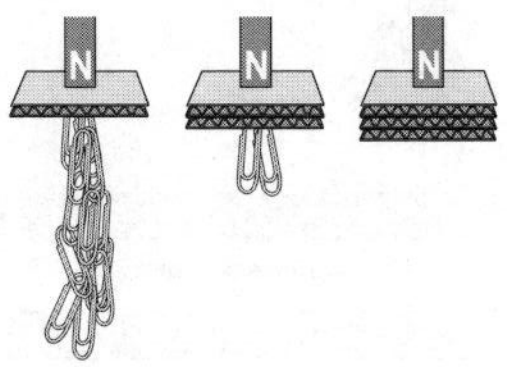

(3) 図2のように、じしゃくのS《エス》きょくどうしを近づけると、じしゃくは引き合いますか、しりぞけ合いますか。

(しりぞけ合う。)

図2

学習

75ページ

3 じしゃくについている鉄くぎが、じしゃくになっていることをたしかめます。 1つ10点(20点)

(1) くぎがじしゃくになっていることをたしかめるには、どうすればよいですか。正しいものを1つえらんで、(　)に○をつけましょう。 技能

ア(　)回路《かいろ》につなぐ。

イ(　)べつのじしゃくに近づける。

ウ(○)さ鉄に近づける。

(2) (1)のようにすると、どうなりますか。 思考・表現

(さ鉄がくぎにつく。)

4 紙でつくったチョウに鉄のクリップをつけ、糸でむすんでからじしゃくで引きつけました。①、②のようにすると、チョウはどうなりますか。［　］から1つえらんで、記号を書きましょう。 思考・表現 1つ10点(20点)

① 図1のように、プラスチックの下じきを入れる。 (あ)

② 図2のように、はさみで糸を切る。 (う)

あ そのままちゅうにうく。

い 下に落《お》ちる。

う じしゃくにつく。

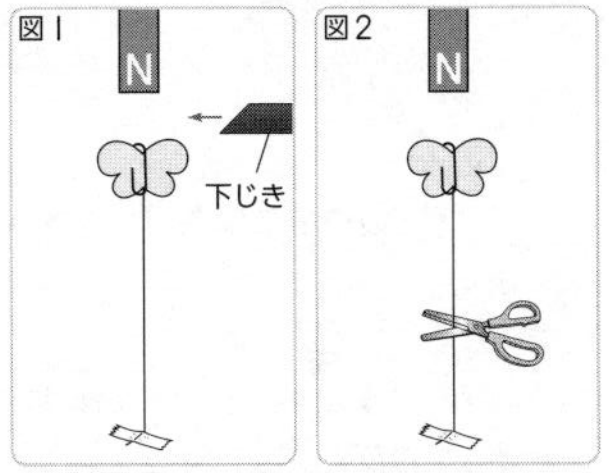

てきたらスゴイ!

5 ほういじしんのはりは、じしゃくになっています。 1つ10点(20点)

(1) ほういじしんは、はりの色がついているほうの先が東・西・南・北のどのほういをさして止まるようにつくられていますか。 技能 (北)

(2) 記述 まいさんは、右の図のようにしてほういを調べましたが、はりの先が(1)のほういをさしませんでした。どのようにすれば、ほういを正しく調べられますか。 思考・表現

(つくえの上においてある じしゃくをとりのぞく。)

ふりかえり

1がわからないときは、70ページの1にもどってかくにんしましょう。
5がわからないときは、72ページの1にもどってかくにんしましょう。

74〜75ページ　てびき

1 鉄《てつ》でできているものは、じしゃくに引きつけられます。アルミニウムや銅《どう》は金ぞくですが、鉄ではないので、じしゃくに引きつけられません。

2 (1)鉄を強く引きつける部《ぶ》分《ぶん》は、じしゃくのはしにあります。この部分をきょくといいます。

3 じしゃくには、鉄を引きつけるせいしつがあります。したがって、鉄くぎがさ鉄を引きつければ、じしゃくになったといえます。

4 ②糸がじゃまをして、それいじょうはじしゃくに近づけませんでしたが、糸を切るとじしゃくにくっつきます。

5 (2)近くにほかのじしゃくがあると、ほういじしんのはりと引き合ったり、しりぞけ合ったりします。そのため、正しくほういを調《しら》べることができません。

ぴったり1 じゅんび

3分でまとめ

11. ものの重さ

①もののしゅるいと重さ
②ものの形と重さ

学習 76ページ

めあて ものしゅるいや形によって重さがかわるのか、かくにんしよう。

教科書 174〜183ページ　答え 39ページ

次《つぎ》の(　)に当てはまる言葉《ことば》を書くか、当てはまるものを○でかこもう。

1 もののしゅるいがちがうと、重《おも》さがちがうのだろうか。 教科書 174〜178ページ

▶水などのかさ(大きさ)のことを、(① **体積**)という。

同じ体積《たいせき》のものの重さ

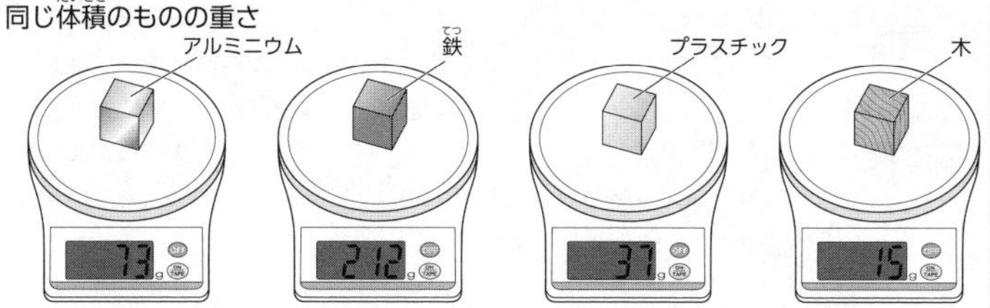

▶同じ体積でも、もののしゅるいによって、重さが(② (かわる) ・ かわらない)。

2 形をかえると、ものの重さはどうなるのだろうか。 教科書 180〜182ページ

形をかえたときのものの重さ

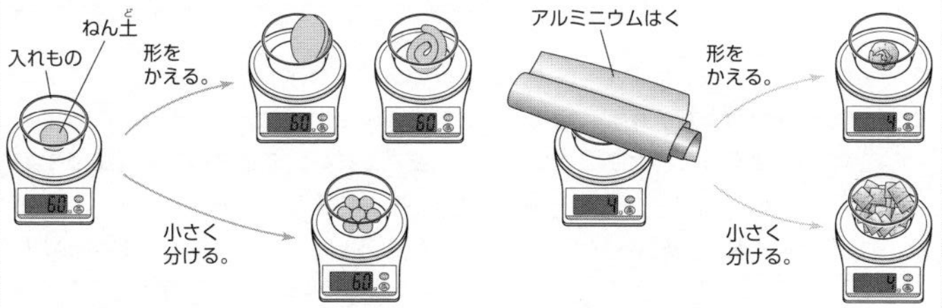

▶ものの形をかえると、重さは(① かわる ・ (かわらない))。
▶ものを小さく分けて、全部集《ぜんぶあつ》めると、重さは(② かわる ・ (かわらない))。

ここがだいじ! ①同じ体積でも、もののしゅるいによって、重さがちがう。
②ものの形をかえたり、小さく分けたりしても、全部を集めれば重さはかわらない。

ぴたトリビア ドレッシングなどでは、えきが2つに分かれていることがあります。これは、油《あぶら》と油いがいでは油のほうが軽いため、上にうくからです。

ぴったり2 練習

11. ものの重さ

①もののしゅるいと重さ
②ものの形と重さ

学習 77ページ

教科書 174〜183ページ　答え 39ページ

1 同じ体積《たいせき》の木、鉄《てつ》、アルミニウム、プラスチックの重《おも》さを調《しら》べて、表《ひょう》にまとめました。

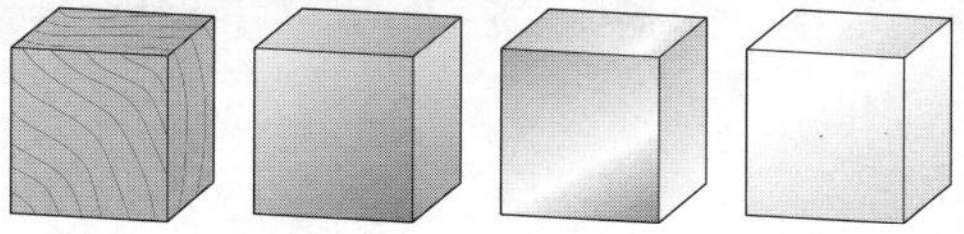

もの	重さ
木	15g
鉄	212g
アルミニウム	73g
プラスチック	37g

(1) もののしゅるいがちがうと、重さはどうなりますか。正しいほうの(　)に○をつけましょう。
ア(　)体積が同じなら、同じ重さになる。
イ(○)体積が同じでも、ちがう重さになる。

(2) 同じ体積の木、鉄、アルミニウム、プラスチックの重さをくらべたとき、①もっとも軽《かる》いもの、②もっとも重いものは、それぞれ何ですか。
①(木)
②(鉄)

2 ねん土《ど》の形をかえて、重さをくらべます。

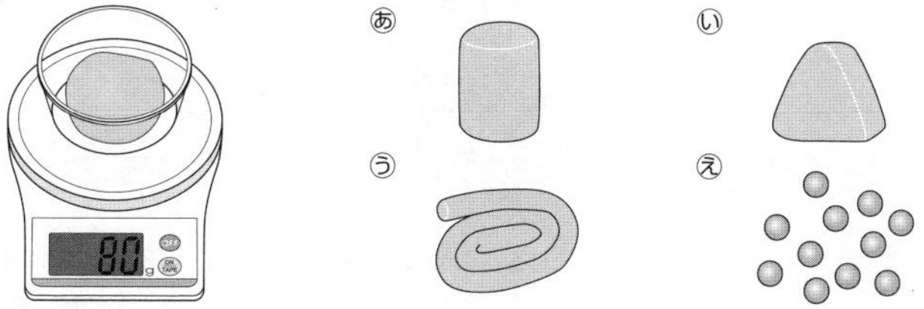

(1) あ〜うのように形をかえて重さをはかると、それぞれ何gですか。
あ(80g) い(80g) う(80g)

(2) えのように小さく分けて、全部集《ぜんぶあつ》めてから重さをはかると、何gですか。
(80g)

ヒント 2 ものの形をかえたり、小さく分けたりしても、全部を集めれば、重さはかわりません。

77ページ てびき

1 表《ひょう》から、もののしゅるいによって、重《おも》さがちがうことがわかります。

おうちのかたへ
一般に「鉄は重く、木は軽い」という場合、同じ体積あたりの重さを比べています。なお、cm^3などの体積の単位は5年の算数で学習するため、ここでは具体的な体積にはふれていません。

2 (1)ものの形をかえても、重さはかわりません。
(2)ものを小さく分けても、全部集《ぜんぶあつ》めると重さはかわりません。

おうちのかたへ　**11. ものの重さ**
ものの種類が違うと同じ体積でも重さが違うことや、ものの形が変わっても重さは変わらないことを学習します。ここでは、違う種類のものの重さを比べたときのようすを理解しているか、形を変えたときの重さのようすを理解しているか、などがポイントです。

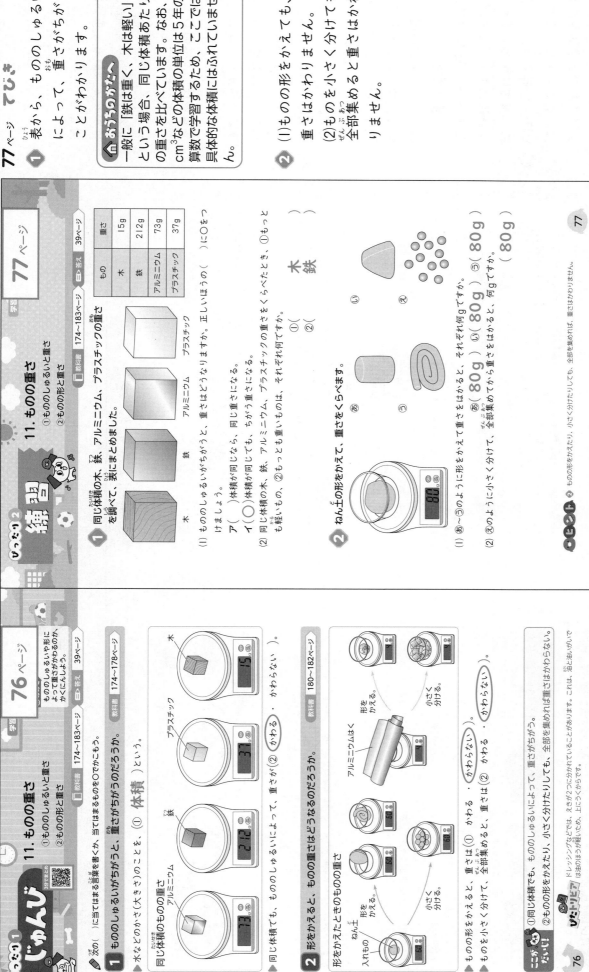

78ページ

ぴったり3 たしかめのテスト

11. ものの重さ

/100 合格70点

教科書 174～185ページ　答え 40ページ

よく出る

1 **同じ体積《たいせき》の鉄《てつ》、アルミニウム、ゴム、木、プラスチックの重《おも》さを調《しら》べて、表《ひょう》にまとめました。**　1つ10点、(1)は全部できて10点(20点)

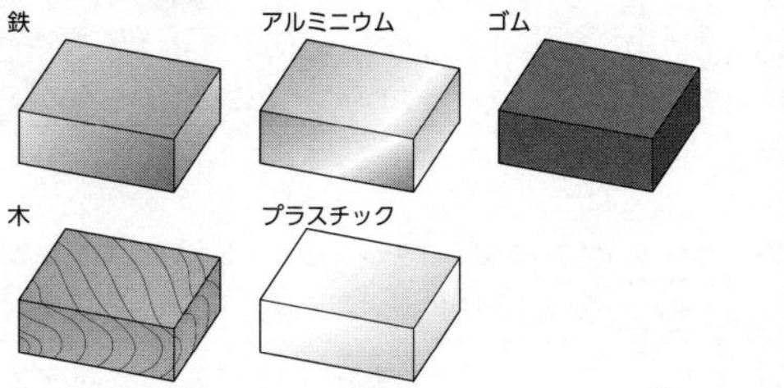

もの	重さ
鉄	315g
アルミニウム	108g
ゴム	38g
木	22g
プラスチック	55g

(1) 鉄、アルミニウム、ゴム、木、プラスチックを、軽《かる》いじゅんに書きましょう。

（　木　→　ゴム　→プラスチック→アルミニウム→　鉄　）

(2) もののしゅるいと重さについて、正しいほうの（　）に○をつけましょう。

ア（　）体積が同じなら、もののしゅるいがかわっても、重さはかわらない。

イ（○）体積が同じでも、もののしゅるいがかわると、重さがちがう。

よく出る

2 **アルミニウムはくの形をかえて、重さをはかりました。**　1つ10点(30点)

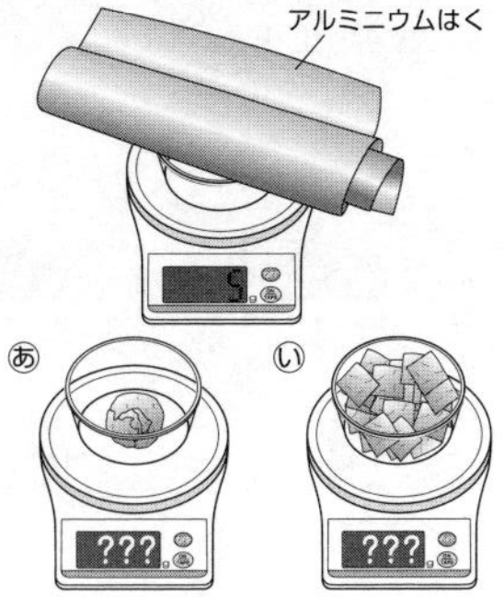

(1) あのように、小さく丸めて重さをはかると、重さはかわりますか。

（　かわらない。　）

(2) いのように、小さく分けたものを全部集《ぜんぶあつ》めて重さをはかると、何gになりますか。

（　5g　）

(3) ものの形と重さについて、正しいほうの（　）に○をつけましょう。

ア（　）ものの形がかわると、重さもかわる。

イ（○）ものの形がかわっても、重さはかわらない。

学習 79ページ

3 **重さをくらべます。あといの重さが同じものには○、ちがうものには×をつけましょう。**　思考・表現　1つ5点(20点)

①（○）同じねん土《ど》とコップ

②（○）どちらも10g

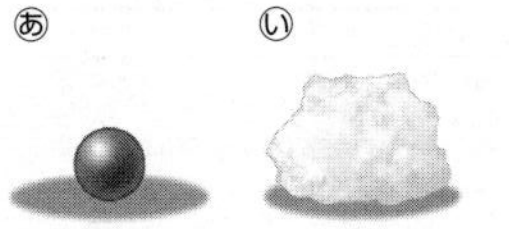

③（○）ブロック1この重さは同じ

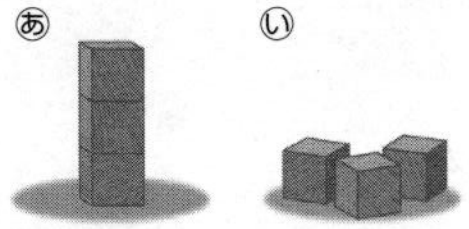

④（×）ブロック1この重さは同じ

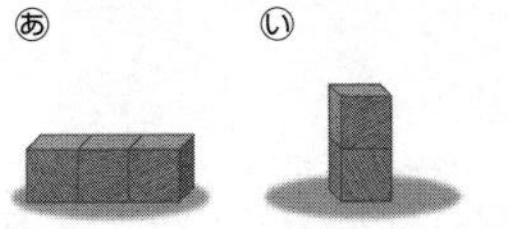

できたらスゴイ！

4 **はかりを使《つか》って、じてんの重さをはかります。**　(1)は全部できて20点、(2)は10点(30点)

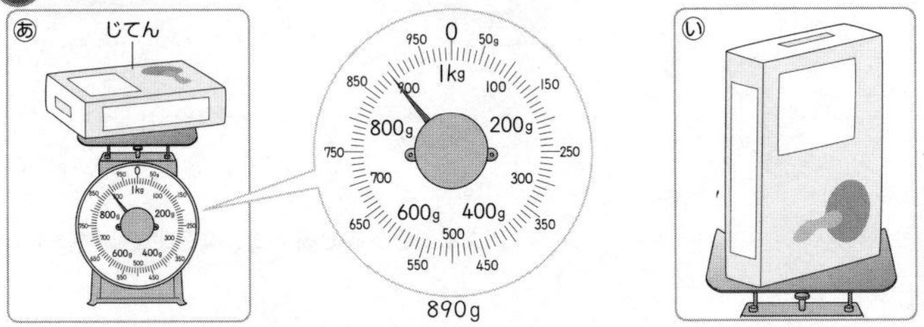

890g

(1) はかりの使い方として正しいものをすべてえらんで、（　）に○をつけましょう。　技能

ア（○）水平《すいへい》なところで使う。

イ（○）はじめに、はりが0をさすようにする。

ウ（　）はかりたいものを、いきおいよくのせる。

(2) いのように、じてんのおき方をかえると、重さはどうなりますか。正しいものを1つえらんで、（　）に○をつけましょう。

ア（　）あより重くなる。

イ（○）あと同じになる。

ウ（　）あより軽くなる。

この本の終わりにある「春のチャレンジテスト」をやってみよう！

この本の終わりにある「学力しんだんテスト」をやってみよう！

ふりかえり　1がわからないときは、76ページの1にもどってかくにんしましょう。
4がわからないときは、76ページの2にもどってかくにんしましょう。

78～79ページ　てびき

1 (2)表《ひょう》から、もののしゅるいによって、重《おも》さがちがうことがわかります。

2 (2)ものを小さく分けても、分けたものを全部集《ぜんぶあつ》めれば、重さはかわりません。

3 ①もののおき方をかえても、重さはかわりません。
②体積《たいせき》はちがいますが、どちらも10gなので、同じ重さです。
③ブロックの数が同じなので、つみ方をかえても、重さはかわりません。
④ブロックの数がちがうので、重さがちがいます。

4 (1)はかりのしゅるいがちがっても、水平《すいへい》なところにおく、はじめに0をさすようにする、はかりたいものをしずかにのせる、などの使《つか》い方は同じです。
(2)もののおき方をかえると、重くなったように感《かん》じることがありますが、はかりではかると重さは同じです。

ぴったり1 じゅんび

★ おもちゃショーを開こう

おもちゃショーを開こう！

学習 80ページ

教科書 186〜190ページ　答え 41ページ

次《つぎ》の(　)に当てはまる言葉《ことば》を書くか、当てはまるものを○でかこもう。

1 学んできたことを生かして、おもちゃを作ろう。

教科書 186〜190ページ

▶のばしたゴムは、
(① 元にもどろう ・ さらにのびよう)
とする力で、ものを動《うご》かすことができる。

わゴムの数をふやすと、びっくり箱がもっと遠くまでとび出すようになるよ。

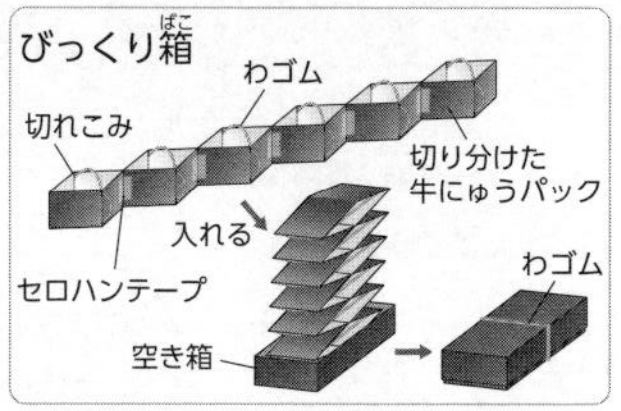

びっくり箱《ばこ》
わゴム
切れこみ
切り分けた牛にゅうパック
入れる
セロハンテープ
わゴム
空き箱

▶音が出ているとき、ものはふるえて
(② いる ・ いない)。

わりばしを強く回すと、箱のふるえ方が大きくなって、音が大きくなるね。

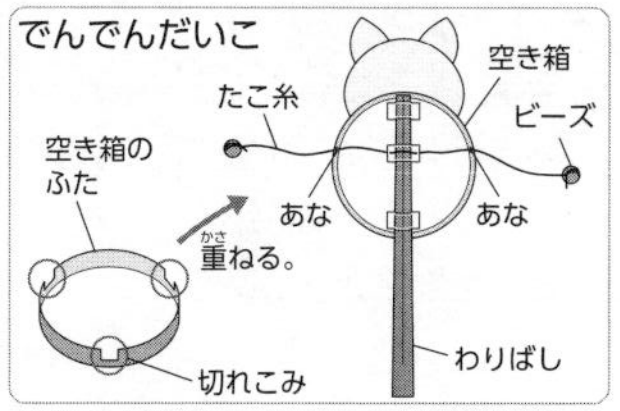

でんでんだいこ
空き箱
たこ糸
ビーズ
空き箱のふた
あな
あな
重《かさ》ねる。
切れこみ
わりばし

▶導線《どうせん》をかん電池の、(③ ＋)きょくと
(④ −)きょくにつなぐと、
(⑤ 回路)ができて、豆電球《まめでんきゅう》に明かりがつく。

電気の通り道が１つのわのようになっていると、電気が通ったね。

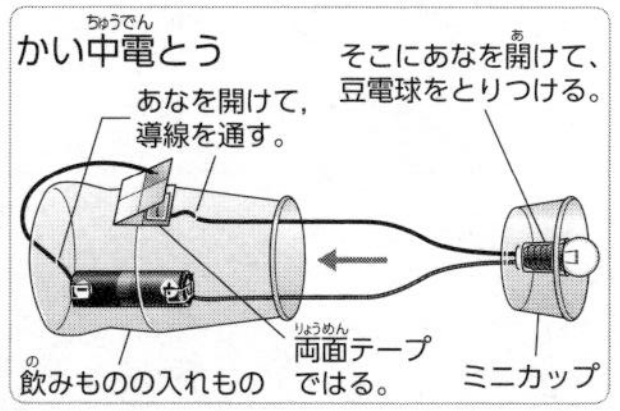

かい中電《ちゅうでん》とう
そこにあなを開《あ》けて、豆電球をとりつける。
あなを開けて、導線を通す。
飲《の》みものの入れもの
両面《りょうめん》テープではる。
ミニカップ

▶じしゃくは、(⑥ 鉄)でできたものを引きつける。

じしゃくは、鉄《てつ》との間に、じしゃくに引きつけられないものがあっても、鉄を引きつけたね。

じしゃくめいろ
画用紙
鉄のクリップをはりつけた空き箱
じしゃく
ゴール
スタート

大日本図書版・小学理科３年

おうちのかたへ　★ おもちゃショーを開こう！

これまでの学習を生かして、おもちゃを作ります。3年で学習したことを振り返らせましょう。作ったものが計画通りに動かなかった場合は、上手く動かなかった原因を考えさせるとよいでしょう。計画通りに動いた場合でも、よりよくするためのくふうを考えさせてみましょう。

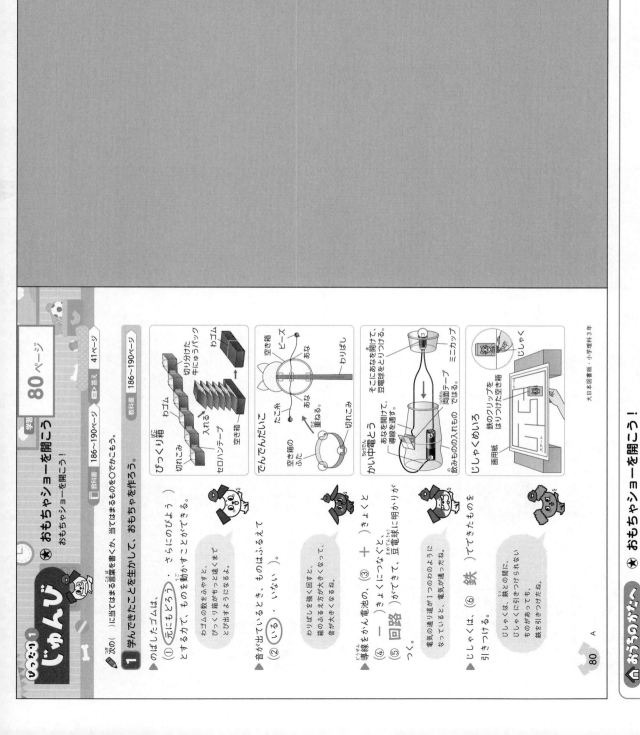

夏のチャレンジテスト

教科書 4～89ページ

名前　　　月　日

時間 40分

知識・技能	思考・判断・表現	ごうかく80点
/60	/40	/100

答え 42ページ

知識・技能

1 生きもののすがたを調《しら》べます。

1つ3点(9点)

(1) 虫めがねを使《つか》って、タンポポをかんさつします。正しいほうに○をつけましょう。

ア ○

タンポポを動《うご》かす。

イ

虫めがねを動かす。

(2) 虫めがねでぜったいに見てはいけないものは何ですか。（太陽）

(3) 生きもののすがたについて、正しいほうに○をつけましょう。

ア（　）生きものの色や形、大きさなどのすがたは、どれも同じである。

イ（○）生きものの色や形、大きさなどのすがたには、ちがいがある。

2 風の強さをかえて、車の進《すす》むきょりを調べました。

1つ3点(9点)

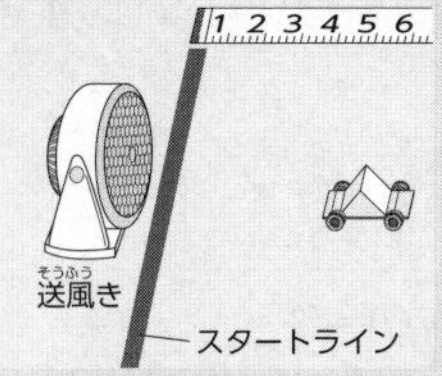

車の進んだきょり

	弱い風のとき	強い風のとき
1回目	3m	6m
2回目	2m	5m
3回目	3m	5m

(1) 風の力には、ものを動かすはたらきがありますか、ありませんか。（ある。）

(2) 風の強さが強いほど、車の進むきょりはどうなりますか。（長くなる。）

(3) 風の強さを「中」にしたときの車の進んだきょりとしてよいものを、［　］からえらんで書きましょう。（4m）

［1m　4m　7m］

3 モンシロチョウを育《そだ》てます。

1つ3点(9点)

(1) ★のような、虫の子どものことを何といいますか。（よう虫）

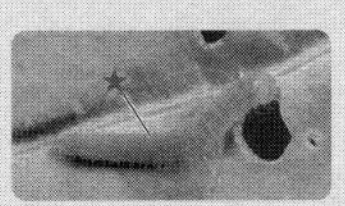

(2) ★は、どんな植物《しょくぶつ》の葉《は》でよく見つかりますか。正しいものに○をつけましょう。

ア（　）ミカン

イ（○）キャベツ

ウ（　）サンショウ

(3) えさの葉をとりかえるときは、どのようにしますか。正しいほうに○をつけましょう。

カ

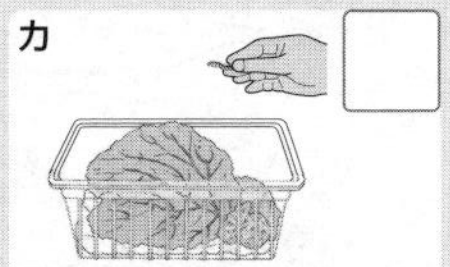

手でつまみ、新しい葉にのせる。

キ ○

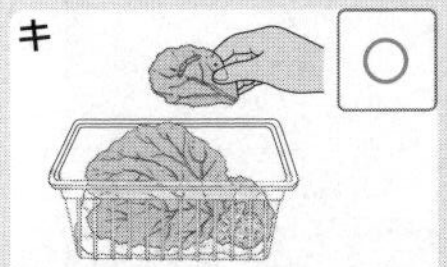

古い葉ごと、新しい葉にのせる。

4 こん虫《ちゅう》の体のつくりを調べました。

1つ2点(12点)

(1) あ～うの部分《ぶぶん》を、それぞれ何といいますか。

あ（頭）

い（むね）

う（はら）

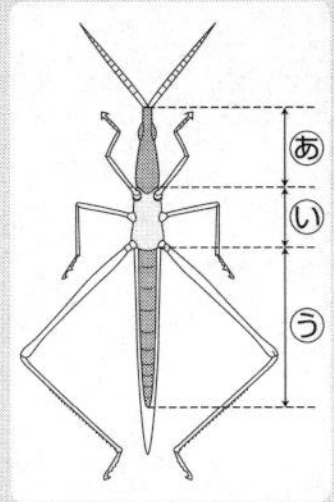

(2) バッタのはねは、あ～うのどの部分についていますか。（い）

(3) ［　］に当てはまる数を書きましょう。

・いの部分には、あしが（6）本ついている。

(4) モンシロチョウの体について、正しいほうに○をつけましょう。

ア（　）あといがいっしょになって、2つの部分からできている。

イ（○）あ～うの3つの部分からできている。

うらにも問題があります。

夏のチャレンジテスト　おもて　てびき

1 (1)虫めがねは、目に近づけたままにします。
(2)虫めがねで太陽《たいよう》を見ると、目をいためるおそれがあります。
(3)生きもののすがたには、にているところも、ちがうところもあります。

2 (2)強い風のときのほうが、弱い風のときよりも、進《すす》んだきょりが長くなっています。
(3)車が進んだきょりは、弱い風のときよりは長く、強い風のときよりは短《みじか》くなります。

3 (2)モンシロチョウは、キャベツなどの葉《は》にたまごをうみつけます。よう虫《ちゅう》は、たまごがうみつけられていた植物《しょくぶつ》の葉を食べて育《そだ》ちます。

4 (2)こん虫《ちゅう》のはねは、むねについています。
(3)、(4)バッタやチョウなどはこん虫で、体が頭・むね・はらの3つの部分《ぶぶん》に分かれています。また、むねには、6本のあしがついています。

5 ヒマワリが育つようすをかんさつしました。

(1)は全部できて3点、(2)は3点、(3)は8点(14点)

(1) ヒマワリが育つじゅんに、1～3を書きましょう。

(2) ㋒のころのヒマワリの記ろくとしてよいものに、○をつけましょう。

ア(　　)
葉が手のひらの3倍《ばい》くらいの大きさになっていた。くきは太さが2cmもあった。

イ(　　)
葉の数がふえていた。いちばん太いくきは赤っぽい色で、そこから細いくきがたくさん出ていた。

ウ(　　)
細長く、まわりがぎざぎざしている葉がたくさんあった。上のほうの葉は重《かさ》なっていた。

エ(○)
くきがまっすぐにのびて、前より太くなっていた。葉の大きさは、手のひらと同じくらいになっていた。

(3) 記述 ヒマワリの高さをはかるとき、いつも同じきまりではかるのはなぜですか。

(はかるときのきまりをかえると、高さを正しくくらべられないから。)

6 トライアングルをたたいて、音を出しました。

(1)は1つ2点、(2)は3点(7点)

(1) 音の大きさとトライアングルのふるえ方をまとめました。①、②にあてはまる言葉《ことば》を書きましょう。

①(大きい)　②(小さい)

音の大きさ	トライアングルのふるえ方
大きい音	ふるえが(①)。
小さい音	ふるえが(②)。

(2) 音が出ているトライアングルのふるえを止めると、音はどうなりますか。

(出なくなる。(止まる。))

思考・判断・表現

7 チョウとトンボの育ち方をくらべました。

1つ8点、(1)は全部できて8点(16点)

(1) あ～えを、モンシロチョウが育つじゅんにならべかえましょう。

(あ)→(う)→(え)→(い)

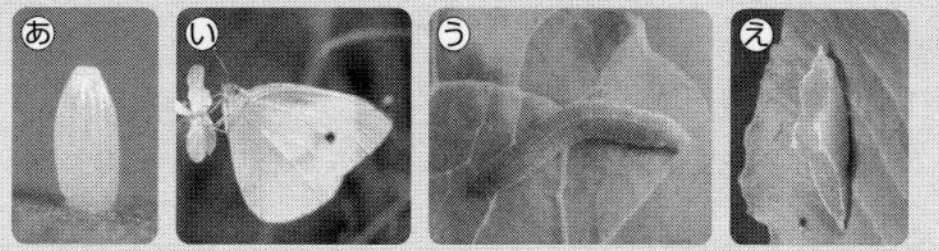

(2) 記述 トンボの育ち方は、チョウの育ち方とどのようにちがいますか。

(トンボはよう虫がさなぎにならずにせい虫になるが、チョウはよう虫がさなぎになってからせい虫になる。)

8 ヒマワリとホウセンカの体のつくりをくらべました。

1つ8点(16点)

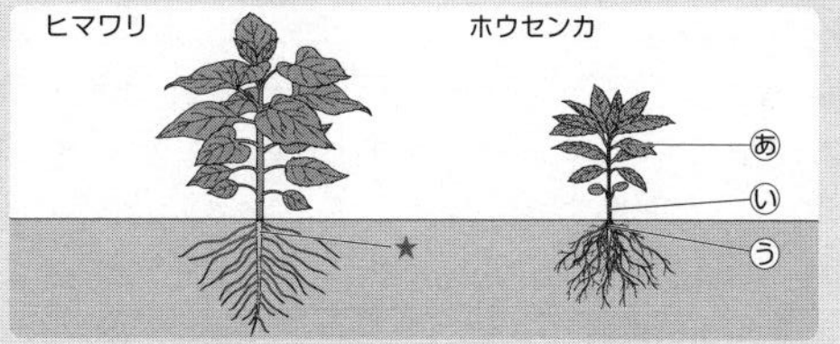

(1) ヒマワリの体の★は、ホウセンカの体のあ～うのどれに当たりますか。　(う)

(2) (　　)に当てはまる言葉を書きましょう。

● 植物の体は、葉・(くき)・根《ね》でできている。

9 ゴムで動く車で、ゲームをしています。

(8点)

● 記述 車をゴールに止めるには、ゴムをどのようにのばせばよいですか。

(あのときより長く、いのときより短くなるようにのばす。)

夏のチャレンジテスト　うら　てびき

5 (1)葉《は》が出た植物《しょくぶつ》は、だんだん葉の数が多くなり、高さが高くなっていきます。その後、花がさきます。

(2)㋒のころは手のひらと同じくらいの大きさだった葉は、花がさくころには手のひらの何倍《なんばい》もの大きさになっています。

(3)ものの高さや大きさなどをくらべるときは、同じきまりではかったものどうしをくらべます。

6 (1)音が大きくなるほど、もののふるえ方が大きくなります。

(2)ふるえがなくなると、音が出なくなります。

7 (1)モンシロチョウは、たまご(あ)→よう虫《ちゅう》(う)→さなぎ(え)→せい虫《ちゅう》(い)のじゅんに育《そだ》ちます。

(2)トンボはたまご→よう虫→せい虫のじゅんに育ち、さなぎの時期《じき》がありません。

8 (1)ヒマワリの体の★は根《ね》です。また、ホウセンカの体のあは葉、いはくき、うは根です。

9 ゴムを長くのばすほど、ものを動《うご》かすはたらきが大きくなります。したがって、あのときより長く、いのときより短《みじか》くなるようにゴムをのばすと、車が動くきょりがあのときより長く、いのときより短くなります。

冬のチャレンジテスト

教科書 92~151ページ

名前　　月　日

時間 40分

知識・技能	思考・判断・表現	ごうかく80点
/60	/40	/100

答え 44ページ

知識・技能

1 ヒマワリやホウセンカに実《み》ができました。

1つ4点(16点)

(1) ヒマワリとホウセンカの実は、それぞれあ~うのどれですか。

ヒマワリ(う)　ホウセンカ(あ)

(2) 実ができるのは、いつですか。正しいほうに○をつけましょう。

ア(　)花がさく前

イ(○)花がさいた後

(3) 実ができた後、植物《しょくぶつ》はどうなりますか。

(かれる。)

2 午前9時と午前12時に、日なたと日かげの地面《じめん》の温度《おんど》をはかりました。

1つ4点(16点)

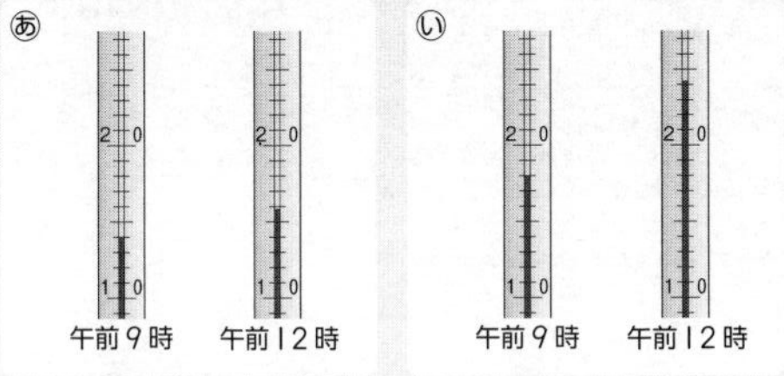

(1) あの午前9時、午前12時の温度は、何度《ど》ですか。

午前9時(14度)　午前12時(16度)

(2) 日なたの温度を表《あらわ》しているのは、あといのどちらですか。(い)

(3) 記述 地面の温度をはかるとき、おおいをするのはなぜですか。

(温度計に日光が当たらないようにするため。)

3 虫めがねで、だんボールに日光を集《あつ》めます。

1つ4点(12点)

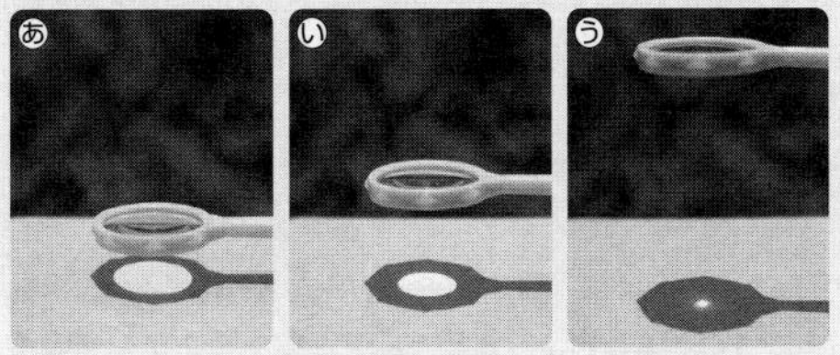

(1) 虫めがねをだんボールから遠ざけていくと、日光が集まるところの大きさはどうなりますか。正しいものに○をつけましょう。

ア(　)大きくなる。

イ(○)小さくなる。

ウ(　)かわらない。

(2) 日光が集まるところが小さいほど、明るさはどうなりますか。(明るくなる。)

(3) だんボールからけむりが出るのがもっともはやいのは、あ~うのどれですか。(う)

4 身《み》の回りのものが、電気を通すかどうか調《しら》べました。

1つ4点、(1)は全部できて4点(8点)

(1) 電気を通すものを、あ~かからすべてえらびましょう。(あ、お、か)

(2) (　)に当てはまる言葉《ことば》を書きましょう。

• 電気を通すものは(金ぞく)でできている。

うらにも問題があります。

冬のチャレンジテスト　おもて　てびき

1 (1)、(2)植物《しょくぶつ》の実《み》は、花がさいた後に、花があったところにできます。花がどのようにさいていたか、思い出しましょう。

(3)実ができると、植物はしだいにかれていきます。

2 (1)えきの先が目もりと目もりの間にあるときは、近いほうの目もりを読みます。

(2)日なたの地面《じめん》は、日光であたためられるので、日かげの地面より温度《おんど》が高くなります。

(3)日光にはものをあたためるはたらきがあるので、温度計に日光が当たると、温度を正しくはかれません。

3 (2)虫めがねで日光を集《あつ》めるとき、日光が集まるところが小さくなるほど、明るく、あたたかくなります。

(3)温度がひじょうに高くなると、だんボールがこげ、けむりが出ます。

4 銅《どう》やアルミニウム、鉄《てつ》などでできているものは、電気を通します。銅やアルミニウム、鉄などをまとめて、金ぞくといいます。

5 豆電球《まめでんきゅう》とかん電池を導線《どうせん》でつないで、明かりをつけます。

1つ4点(8点)

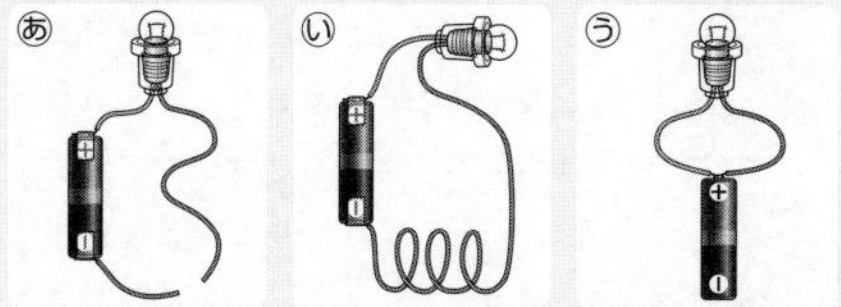

(1) 明かりがつくのは、あ～うのどれですか。 （ い ）

(2) 記述 かのようにつないでも、明かりがつかなかったのは、なぜですか。

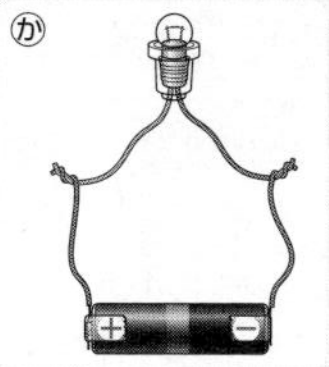

（ 導線をむかずにつないでいるから。 ）

思考・判断・表現

6 動物《どうぶつ》のすみかを調べました。

1つ4点(16点)

(1) 次《つぎ》の動物がよく見つかる場所《ばしょ》は、それぞれあ～えのどこですか。

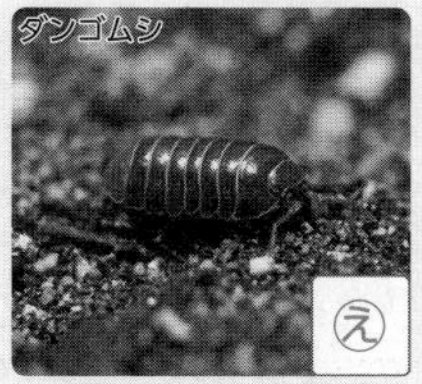

(2) （　　）に当てはまる言葉を書きましょう。

- 動物は、（① 食べもの ）がある場所や、（② かくれる ）ことができる場所をすみかにしている。

7 午前10時、午前12時、午後2時に、太陽《たいよう》の見えるいちとかげのいちを調べました。

1つ4点、(3)は全部できて4点(12点)

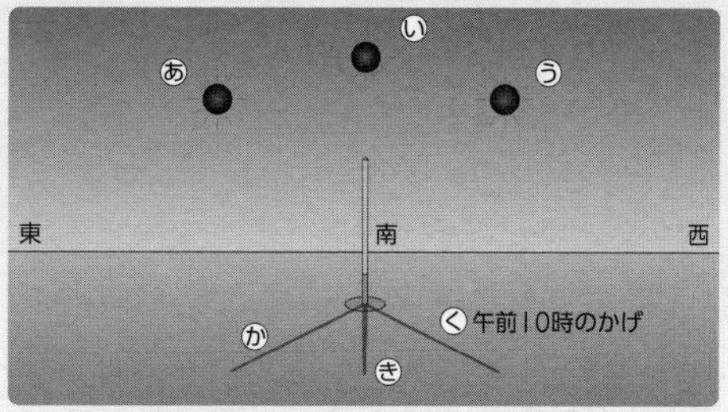

(1) 午前10時の太陽のいちを表しているのは、あ～うのどれですか。 （ あ ）

(2) 記述 時間がたつと、かげのいちがかわるのはなぜですか。

（ 時間がたつと、太陽のいちがかわるから。 ）

(3) か～くを、かげのいちがかわったじゅんにならべかえましょう。 （ く ）→（ き ）→（ か ）

8 3まいのかがみを使《つか》って、日光をはね返《かえ》しました。

1つ4点(12点)

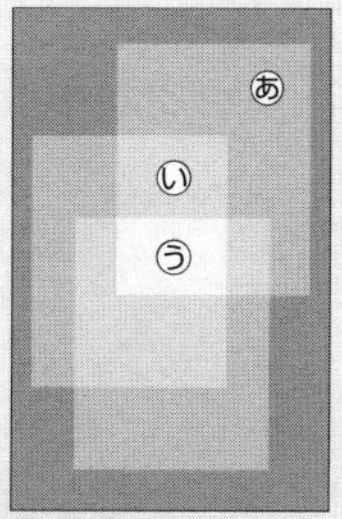

(1) もっとも明るいのは、あ～うのどれですか。 （ う ）

(2) もっともあたたかいのは、あ～うのどれですか。（ う ）

(3) 記述 下の図で、水がはやくあたたまるのは、かときのどちらですか。理由《りゆう》がわかるように書きましょう。

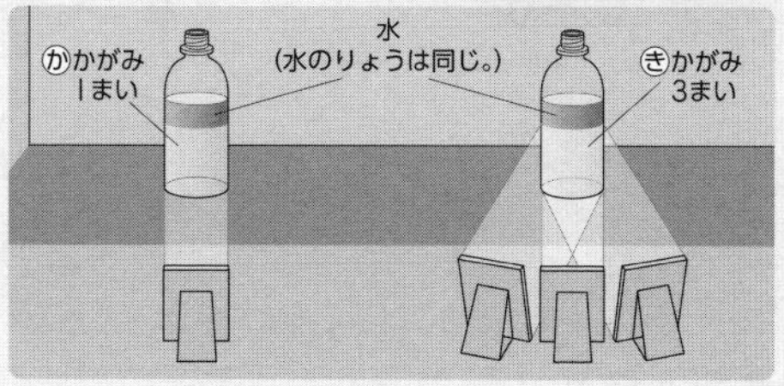

（ きのほうが多くの日光を集めているので、はやくあたたまる。 ）

冬のチャレンジテスト　うら　てびき

5 (1)あは導線《どうせん》がとちゅうで切れているので、電気が通りません。また、うは導線をどちらもかん電池の＋《プラス》きょくにつないでいるので、電気が通りません。

(2)導線は、電気を通す金ぞくの線のまわりを、電気を通さないプラスチックでおおっています。導線どうしをつなぐときは、プラスチックの部分《ぶぶん》をむいて、金ぞくの線どうしをねじり合わせます。

6 (1)チョウは花のみつを食べものにしているので、花の近くで見つかります。ダンゴムシは落《お》ち葉《ば》を食べものにしていて、落ち葉や石などの下にかくれています。

(2)動物《どうぶつ》は、植物《しょくぶつ》や土など、まわりのしぜんとかかわり合って生きています。

7 (1)もののかげは、太陽《たいよう》の反対《はんたい》がわにできます。

(2)もののかげは太陽の反対がわにできるので、太陽のいちがかわると、かげのいちもかわります。

(3)太陽のいちは東→南→西とかわるので、かげのいちは西→北→東とかわります。

8 (1)、(2)多くの日光が集《あつ》まっているところほど、明るく、あたたかくなります。

(3)かはかがみ1まい、きはかがみ3まいの日光であたためているので、きのほうがはやくあたたまります。

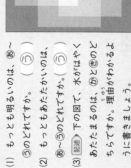

春のチャレンジテスト

教科書 152~185ページ

名前　　　　月　　日

時間 40分

知識・技能	思考・判断・表現	ごうかく80点
/60	/40	/100

答え 46ページ

知識・技能

1 身《み》の回りのものが、じしゃくに引きつけられるかどうか調《しら》べました。 1つ5点、(1)は全部できて5点(10点)

あ
一円玉
[アルミニウム]
い
コップ[ガラス]
う
くぎ[鉄《てつ》]
え
わりばし
[木]
お
はさみの切るところ
[鉄]
か
ノート
[紙]

(1) じしゃくに引きつけられるものを、あ~かからすべてえらびましょう。 (う、お)

(2) (　　)に当てはまる言葉《ことば》を書きましょう。

- じしゃくに引きつけられるものは (鉄)でできている。

2 じしゃくを水にうかべたり、糸でつるしたりして、自由《じゆう》に動《うご》けるようにしました。 1つ5点(15点)

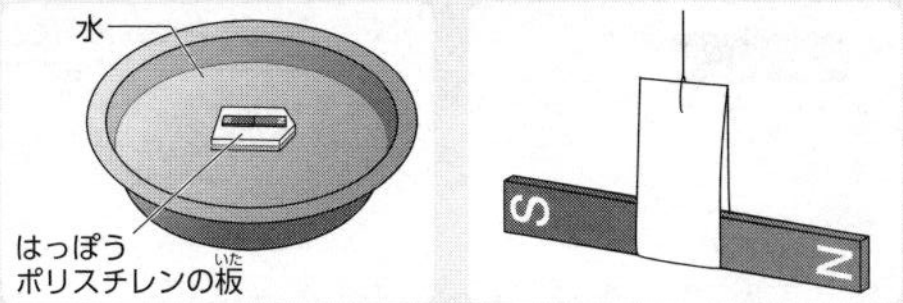

水
はっぽう
ポリスチレンの板《いた》
S
N

(1) (　　)に当てはまるほういを、東・西・南・北で書きましょう。

- じしゃくを自由に動けるようにすると、いつもN《エヌ》きょくが(① 北)、S《エス》きょくが(② 南)をさして止まる。

(2) あは、(1)のせいしつをりようして、ほういを調べられるようにしたものです。あを何といいますか。

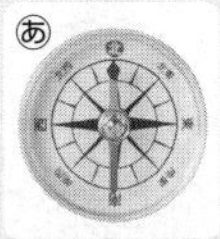

あ

(ほういじしん)

3 鉄のくぎがじしゃくについています。

1つ5点(10点)

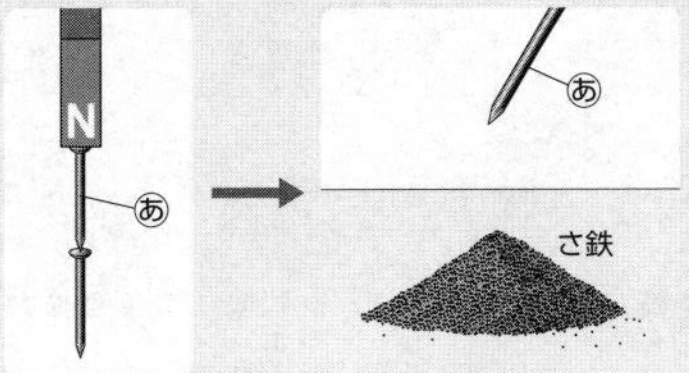

N
あ
あ
さ鉄

(1) あをさ鉄に近づけると、どうなりますか。正しいほうに○をつけましょう。

ア(○)さ鉄があにつく。

イ(　　)さ鉄はあにつかない。

(2) (　　)に当てはまる言葉を書きましょう。

- じしゃくについた鉄は、(じしゃく)になる。

4 はかりを使《つか》って、形をかえたときのものの重《おも》さをくらべます。 1つ5点(15点)

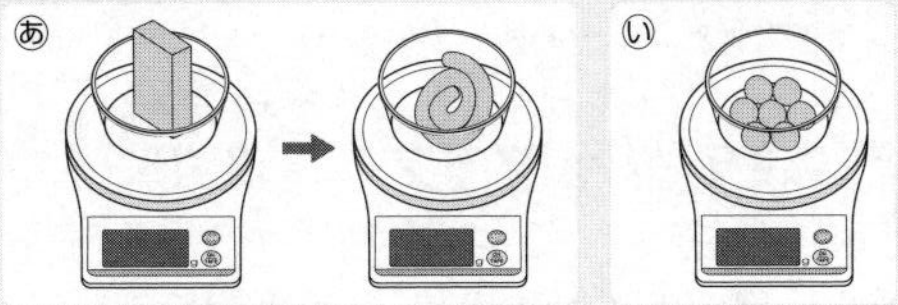

あ
い

(1) はかりは、どのようなところにおいて使いますか。正しいほうに○をつけましょう。

ア(○)水平《すいへい》なところ

イ(　　)ななめになっているところ

(2) あのように、ねん土《ど》の形をかえると、重さはどうなりますか。正しいものに○をつけましょう。

ア(　　)重くなる。

イ(　　)軽《かる》くなる。

ウ(○)かわらない。

(3) いのように、ねん土を小さく分けて全部《ぜんぶ》集《あつ》めると、重さはどうなりますか。

(かわらない。)

春のチャレンジテスト(表)

●うらにも問題があります。

春のチャレンジテスト　おもて　てびき

1 アルミニウムや銅《どう》など、鉄《てつ》ではない金ぞくは、じしゃくに引きつけられません。電気を通すものとじしゃくに引きつけられるものは、まったく同じではないので、気をつけましょう。

2 じしゃくを自由《じゆう》に動《うご》けるようにしておくと、N《エヌ》きょくが北、S《エス》きょくが南をさすように止まります。このせいしつを使《つか》ってほういを調《しら》べられるようにしたものが、ほういじしんです。

3 じしゃくについた鉄はじしゃくになるので、べつの鉄を引きつけます。なお、じしゃくになった鉄にもNきょくとSきょくがあるので、ほういじしんのはりと引き合ったり、しりぞけ合ったりします。

4 (2)ものの形をかえても、重《おも》さはかわりません。

(3)ものを小さく分けても、全部《ぜんぶ》を集《あつ》めれば、重さはかわりません。

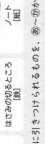

5 同じ形・体積《たいせき》で、もののしゅるいがちがうおもりの重さをはかりました。 1つ5点(10点)

しゅるい	プラスチック	アルミニウム	木
重さ	46g	90g	19g

(1) 3しゅるいのおもりのうち、もっとも軽いものは何でできていますか。 (木)

(2) (　　)に当てはまる言葉を書きましょう。

● 同じ体積でも、ものの(しゅるい)によって重さがちがう。

思考・判断・表現

6 うすいふくろに入れたじしゃくを、すなの中に入れると、さ鉄がつきました。 1つ4点(16点)

(1) さ鉄は、じしゃくのはしのほうに強く引きつけられます。この部分《ぶぶん》を何といいますか。 (きょく)

(2) 記述 あのように、じしゃくをふくろに入れていても、さ鉄がつきました。このことから、じしゃくについて、どのようなことがわかりますか。

(間にじしゃくにつかないものがあっても、鉄を引きつけること。)

(3) じしゃくを入れるふくろを、あつい紙のふくろにかえて、すなの中に入れました。じしゃくにつくさ鉄のりょうは、多くなりますか、少なくなりますか。

(少なくなる。)

(4) じしゃくのせいしつとして、正しいほうに○をつけましょう。

ア(○)じしゃくは、はなれている鉄を引きつける。
イ(　　)じしゃくは、はなれている鉄を引きつけない。

7 2つのじしゃくを近づけました。 1つ4点、(1)は全部できて4点(16点)

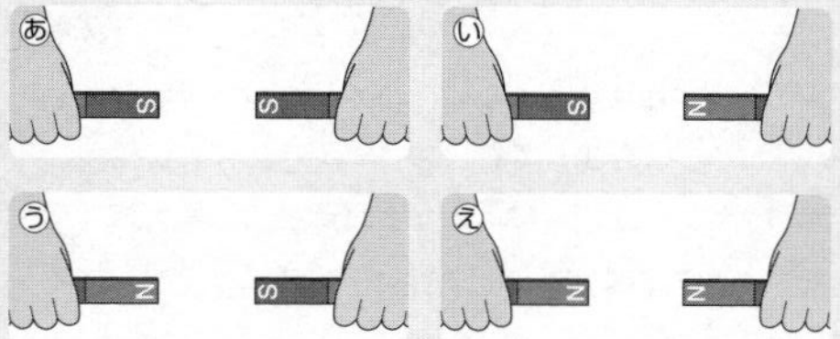

(1) じしゃくが引き合うものを、あ～えからすべてえらびましょう。 (い、う)

(2) (　　)に当てはまるほうを○でかこみましょう。

● じしゃくの(① 同じ ・ (ちがう))きょくどうしは引き合い、(② (同じ) ・ ちがう)きょくどうしはしりぞけ合う。

(3) 右のようにすると、じしゃくはしりぞけ合いました。かは何きょくですか。

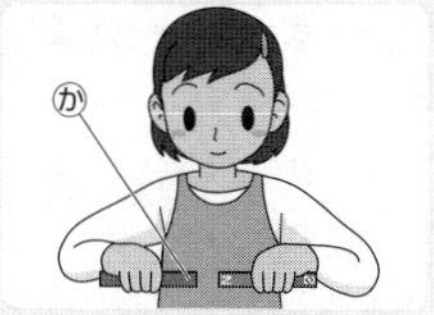

(Nきょく)

8 はかりを使ってアルミニウムはくの重さをはかると、4gでした。 1つ4点(8点)

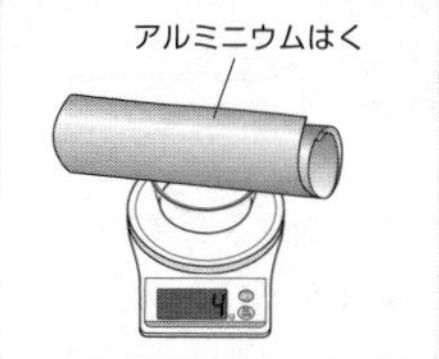

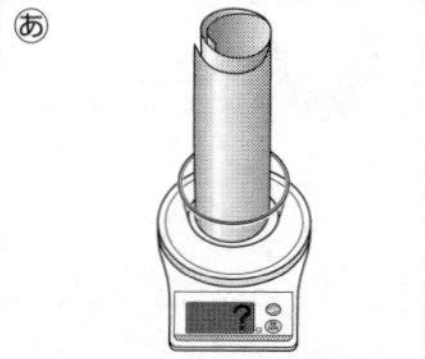

(1) あのように、アルミニウムはくを立てて重さをはかると、何gになると考えられますか。 (4g)

(2) アルミニウムはくを半分だけ小さく分けて、重さがかわるか調べます。いでは、重さがかわるかを正しく調べられないのはなぜですか。

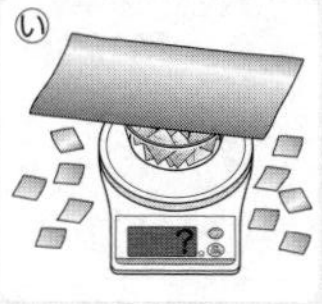

(小さく分けたアルミニウムはくの一部が、はかりにのっていないから。)

春のチャレンジテスト　うら　てびき

5 (1)はかりを使《つか》うと、ものの重《おも》さを数字で表《あらわ》すことができます。数字がもっとも小さい木が、もっとも軽《かる》いといえます。
(2)もののしゅるいがちがうと、同じ体積《たいせき》でも重さがちがいます。

6 (1)じしゃくのはしにある、鉄《てつ》を引きつけるはたらきが強い部分《ぶぶん》をきょくといいます。きょくには、N《エヌ》きょくとS《エス》きょくがあります。
(2)、(4)じしゃくは、はなれていたり、間にじしゃくにつかないものがあったりしても、鉄を引きつけます。
(3)ふくろがあつくなると、じしゃくと鉄のきょりが長くなるので、鉄を引きつける力が弱くなります。

7 (1)、(2)じしゃくの同じきょくどうし(NきょくとNきょく、SきょくとSきょく)はしりぞけ合い、ちがうきょくどうし(NきょくとSきょく)は引き合います。
(3)じしゃくがしりぞけ合ったことから、2つのじしゃくの同じきょくどうしを近づけていることがわかります。一方がNきょくなので、もう一方もNきょくです。

8 (1)もののせ方をかえても、重さはかわりません。
(2)重さがかわるかどうかを調《しら》べるので、もともとのアルミニウムはくを全部《ぜんぶ》はかりにのせないと、重さをくらべることができません。

3年 理科のまとめ

学力しんだんテスト

月　日

名前

時間 40分

ごうかく80点　／100

答え 48ページ

1 アゲハの育《そだ》つようすを調《しら》べました。

(1)、(4)は1つ4点、(2)、(3)はそれぞれ全部できて4点(16点)

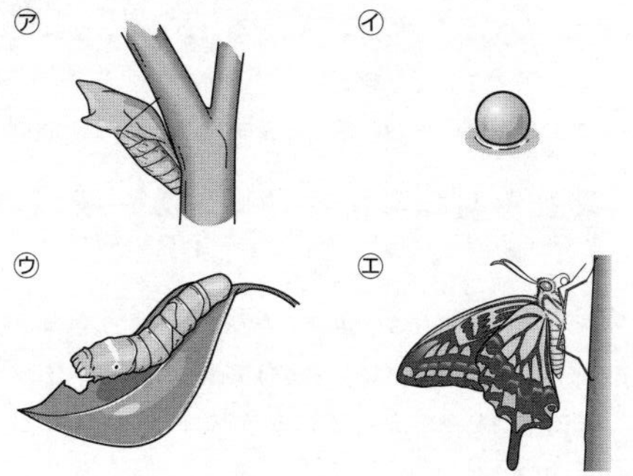

㋐
㋑
㋒
㋓

(1) ㋐のころのすがたを、何といいますか。

(さなぎ)

(2) ㋐〜㋓を、育つじゅんにならべましょう。

(㋑)→(㋒)→(㋐)→(㋓)

(3) アゲハのせい虫《ちゅう》のあしは、どこに何本ついていますか。

(むね)に(6)本ついている。

(4) アゲハのせい虫のような体のつくりをした動物《どうぶつ》を、何といいますか。　(こん虫)

2 ゴムのはたらきで、車を動《うご》かしました。

1つ4点(8点)

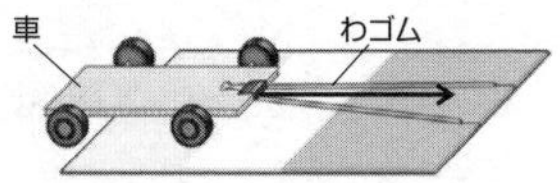

車
わゴム

(1) わゴムをのばす長さを長くしました。車の進《すす》むきょりはどうなりますか。正しいほうに○をつけましょう。

①(○)長くなる。　②(　)短《みじか》くなる。

(2) 車が進むのは、ゴムのどのようなはたらきによるものですか。

(のばしたゴムが元にもどろうとする力によるはたらき。)

3 ホウセンカの育ち方をまとめました。

1つ4点(12点)

?

(1) 図の？に入るホウセンカのようすについて、正しいことを言っているほうに○をつけましょう。

草たけが大きくなって、花がさきます。
実をのこして、かれてしまいます。

①(　)　②(○)

(2) ホウセンカの実の中には、何が入っていますか。

(たね)

(3) ホウセンカの実は、何があったところにできますか。正しいものに○をつけましょう。

①(　)子葉《しよう》　②(　)葉《は》　③(○)花

4 午前9時と午後3時に、太陽《たいよう》によってできるぼうのかげの向《む》きを調べました。　1つ4点(12点)

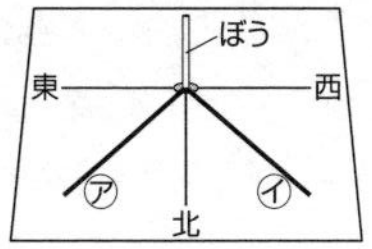

ぼう
東
西
㋐
㋑
北

(1) 午後3時のかげの向きは、㋐と㋑のどちらですか。

(㋐)

(2) 時間がたつと、かげはどの方向に動きますか。正しいほうに○をつけましょう。

①(　)㋐→㋑　②(○)㋑→㋐

(3) 時間がたつと、かげの向きがかわるのはなぜですか。

(太陽のいちがかわるから。(太陽が動くから。))

うらにも問題があります。

学力しんだんテスト　おもて　てびき

1 (1)、(2)チョウは、たまご(㋑)→よう虫《ちゅう》(㋒)→さなぎ(㋐)→せい虫《ちゅう》(㋓)のじゅんに育《そだ》っていきます。

(3)、(4)こん虫《ちゅう》のせい虫の体は、どれも、頭・むね・はらの3つに分かれ、むねに6本のあしがあります。

2 (1)ゴムを長くのばすほど、ものを動《うご》かすはたらきは大きくなります。

(2)ゴムを引っぱったり、ねじったりすると、元にもどろうとする力がはたらきます。

3 植物《しょくぶつ》は１つのたねから子葉《しよう》が出て、葉《は》の数がふえ、草たけが高くなり、くきが太くなっていきます。つぼみができて花がさき、やがて実《み》となります。実がなってたねができた後にかれていきます。

4 時間がたつと、太陽《たいよう》は東→西に動き、かげは西(㋑)→東(㋐)に動きます。かげの向《む》きがかわるのは、太陽のいちがかわる(太陽が動く)からです。

5 虫めがねを使《つか》って、日光を集《あつ》めました。

1つ4点(8点)

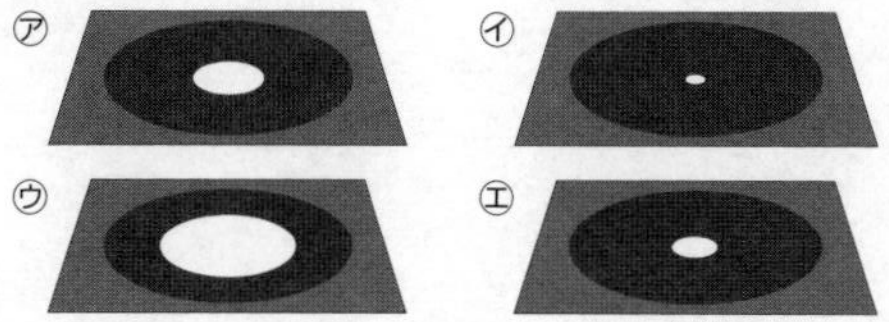
㋐
㋑
㋒
㋓

(1) ㋐～㋓のうち、日光が集まっている部分《ぶぶん》が、いちばん明るいのはどれですか。 (㋑)

(2) ㋐～㋓のうち、日光が集まっている部分が、いちばんあついのはどれですか。 (㋑)

6 電気を通すもの・通さないものを調べました。

1つ4点(12点)

(1) 電気を通すものはどれですか。2つえらんで、○をつけましょう。

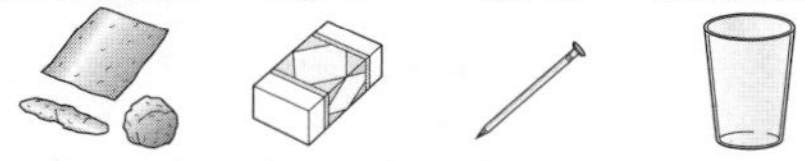
アルミニウムはく
消《け》しゴム
鉄《てつ》のくぎ
ガラスのコップ

①(○) ②(　　) ③(○) ④(　　)

(2) (1)のことから、電気を通すものは何でできていることがわかりますか。 (金ぞく)

7 トライアングルをたたいて音を出して、音が出ているもののようすを調べました。 1つ4点(12点)

(1) 音の大きさと、トライアングルのふるえについて調べました。①、②にあてはまる言《こと》葉《ば》を書きましょう。

音の大きさ	トライアングルのふるえ
大きい音	ふるえが(①)。
小さい音	ふるえが(②)。

①(大きい) ②(小さい)

(2) 音が出ているトライアングルのふるえを止めると、音はどうなりますか。

(出なくなる。(止まる。))

活用力をみる

8 おもちゃをつくって遊《あそ》びました。

1つ4点(20点)

(1) じしゃくのつりざおを使って、魚をつります。

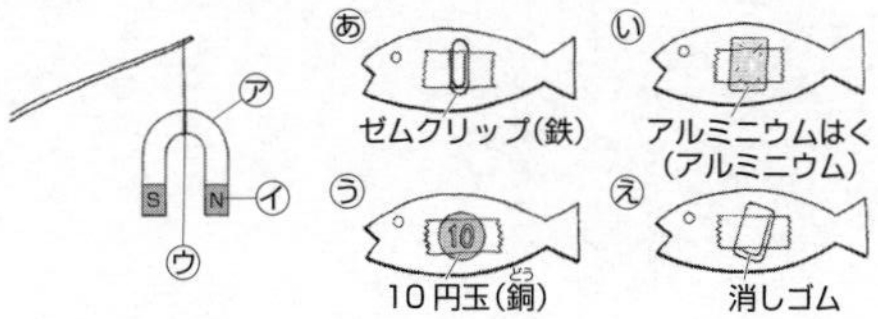
㋐
S
N
㋑
㋒
あ
ゼムクリップ(鉄)
い
アルミニウムはく
(アルミニウム)
う
10
10円玉(銅《どう》)
え
消しゴム

① つれるのは、あ～えのどれですか。 (あ)

② じしゃくの㋐～㋒のうち、魚をいちばん強く引きつける部分はどれですか。 (㋑)

(2) シーソーのおもちゃで遊びました。シーソーは、重《おも》いものをのせたほうが下がります。

① 同じりょうのねん土《ど》から、リンゴ、バナナ、ブドウをつくり、シーソーにのせました。**ア～ウ**のうち、正しいものに○をつけましょう。

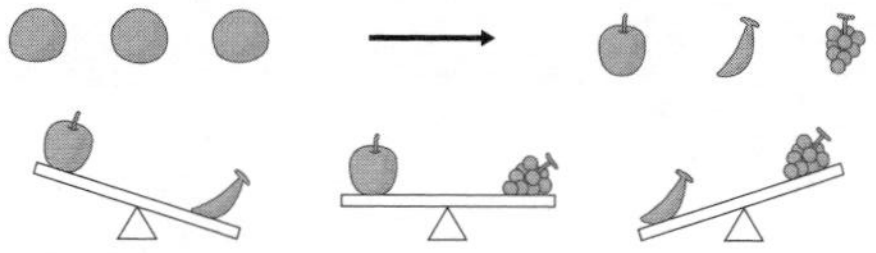

ア(　　) イ(○) ウ(　　)

② 同じ体積《たいせき》のまま、もののしゅるいをかえて、シーソーにのせました。リンゴ、バナナ、ブドウの中で、いちばん重いものはどれですか。

リンゴ(ゴム)
バナナ(鉄)
ブドウ(プラスチック)

(バナナ)

③ 同じ体積でも、ものによって重さはかわりますか。かわりませんか。 (かわる。)

学力しんだんテスト　うら　てびき

5 虫めがねを使《つか》うと、日光を集《あつ》めることができます。日光を集めたところを小さくするほど、明るく、あつくなります。

6 アルミニウムや鉄《てつ》などの金ぞくは、電気を通します。ゴムやガラスなどは、電気を通しません。

7 (1)音を出しているものはふるえています。大きい音を出しているときはふるえが大きく、小さい音を出しているときはふるえが小さいです。

(2)ふるえを止めると、音が出なくなります。

8 (1)①鉄でできたものは、じしゃくにつきます。銅《どう》やアルミニウムなど、鉄いがいの金ぞくは、じしゃくにつきません。消しゴムはプラスチックでできていて、じしゃくにつきません。

②じしゃくがもっとも強く鉄を引きつけるのは、きょくの部分《ぶぶん》です。

(2)①同じりょうのねん土《ど》の形をかえても、重《おも》さはかわりません。したがって、シーソーは水平《すいへい》になって止まります。

②シーソーの図を見ると、次《つぎ》のことがわかります。

・リンゴよりバナナが重い。
・ブドウよりリンゴが重い。
・ブドウよりバナナが重い。

これらのことから、鉄のバナナがいちばん重いことがわかります。

メモ

メモ

ふろく　取りはずしてお使いください。

理科 スタートアップドリル

3年

このドリルを使って
２年生までに学習した
ことをふり返ろう。

年　　組

1 生きものを見つけよう①

1 春の校ていで、生きものを見つけました。
(　　)にあてはまる生きものの名前を、あとの［　　］からえらんで、
(　　)にかきましょう。

①

(　　　　　　)

②

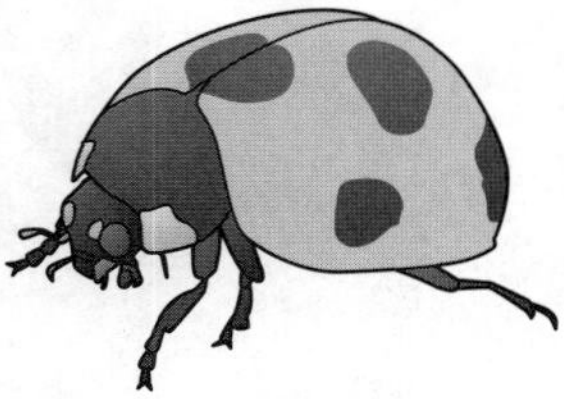

(　　　　　　)

③

(　　　　　　)

④

(　　　　　　)

⑤

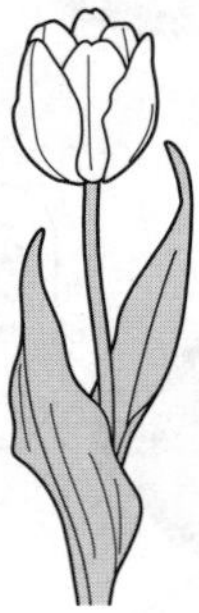

(　　　　　　)

ダンゴムシ	タンポポ	チューリップ	チョウ	テントウムシ

2 花をそだてよう①

1 たねと、花やみをかんさつして、ひょうにまとめました。
①や②は、㋐と㋑のどちらに入りますか。（　　）にかきましょう。

	ヒマワリ	フウセンカズラ	アサガオ
たね	㋐	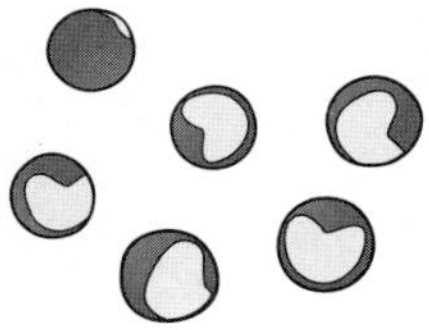	㋑
花またはみ			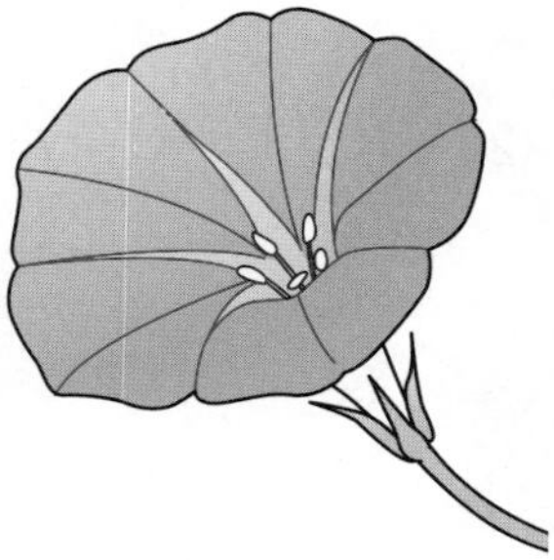

①

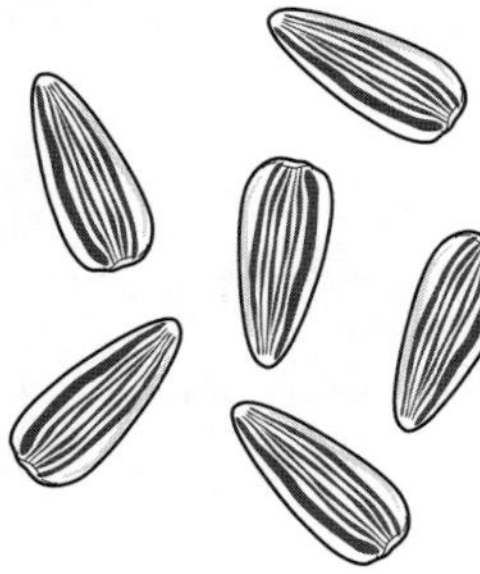

（　　　）

②

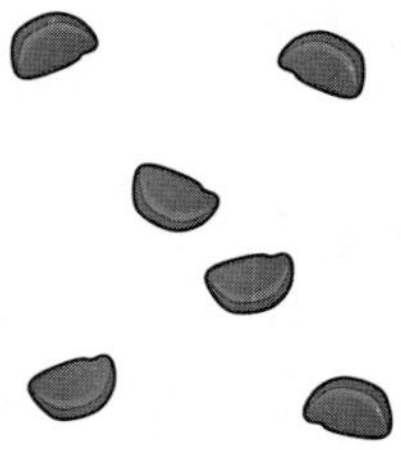

（　　　）

3 花をそだてよう②

1 アサガオのたねをまいて、そだてました。

(1) アサガオのたねまきを、正しいじゅんにならべかえます。
(　　)に、1から3のばんごうをかきましょう。

㋐

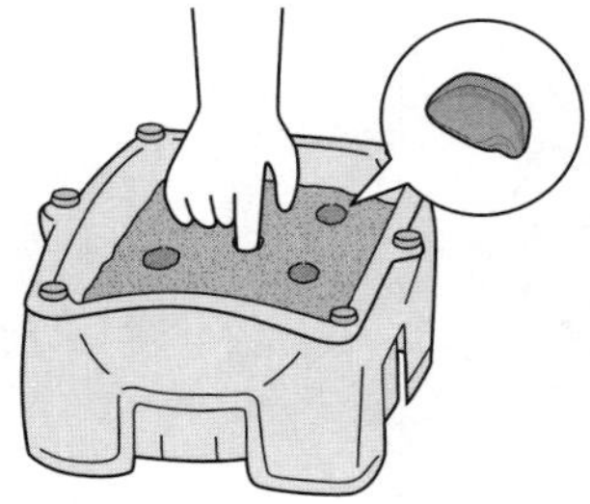

(　　　)

㋑

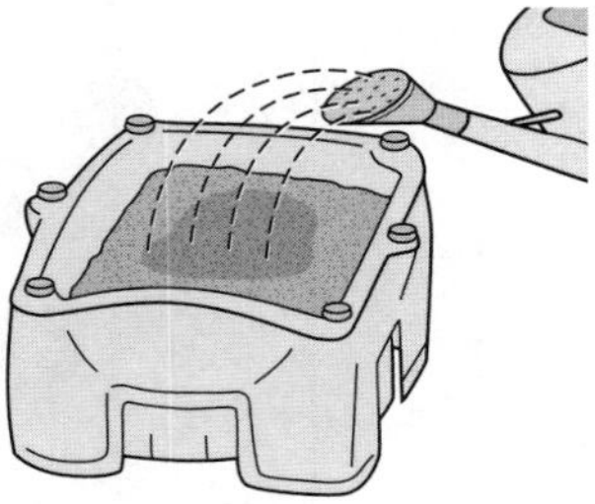

(　　　)

㋒

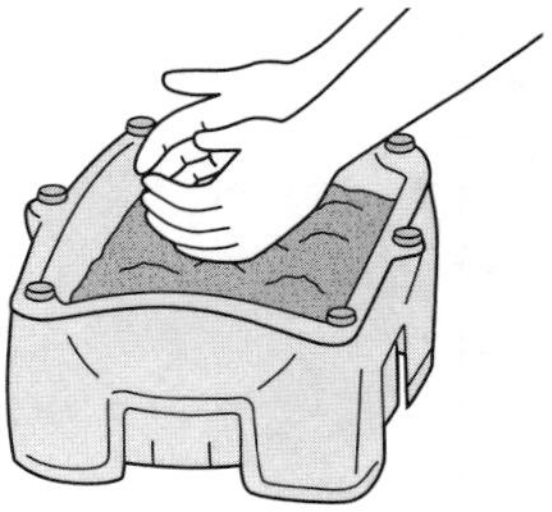

(　　　)

(2) アサガオのそだちを、正しいじゅんにならべかえます。
(　　)に、1から3のばんごうをかきましょう。

㋐

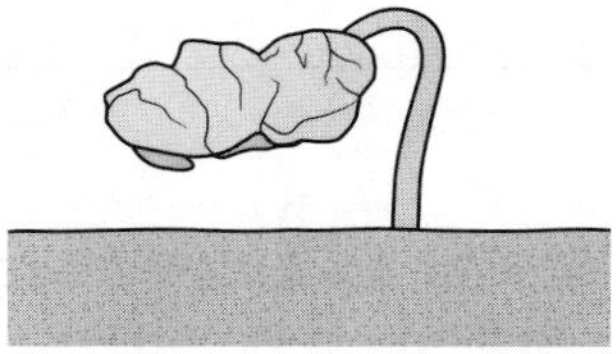

(　　　)

㋑

(　　　)

㋒

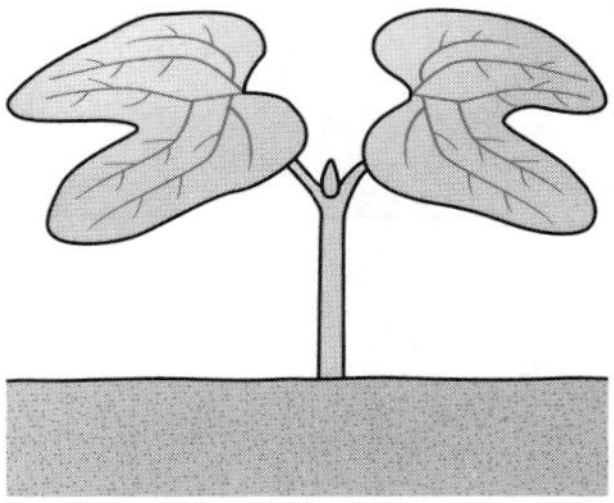

(　　　)

(3) ①から④で、アサガオのせわのしかたで、正しいものはどれですか。
正しいものを2つえらんで、(　　)に○をかきましょう。

①(　　　)日当たりのよい場しょにおく。
②(　　　)水は毎日よるにやる。
③(　　　)ひりょうはやらなくてよい。
④(　　　)つるがのびたら、ぼうを立てる。

4 きせつだより

1 それぞれのきせつに、生きものをかんさつしました。
夏に見られる生きものには○を、秋に見られる生きものには△を、
(　　)にかきましょう。

①ヒマワリ(花)

(　　)

②アサガオ(花)

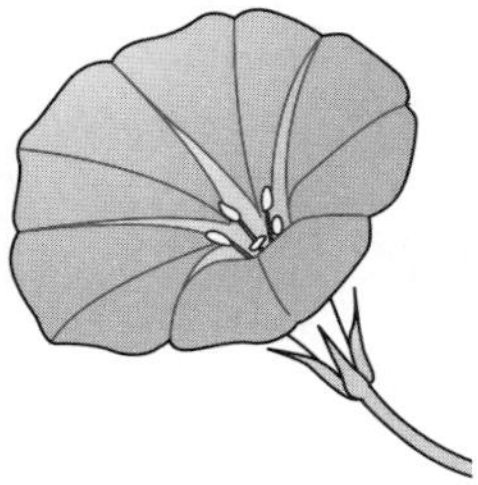

(　　)

③キンモクセイ(花)

(　　)

④イチョウ(黄色の葉《は》)

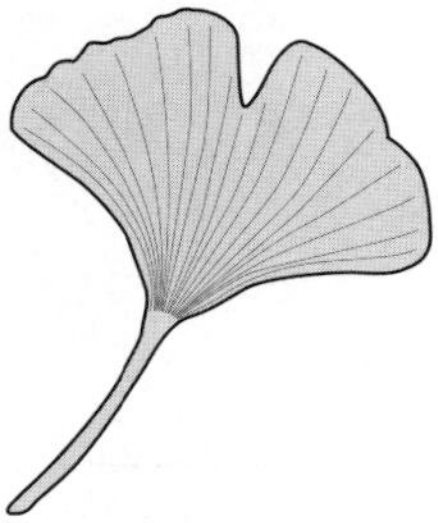

(　　)

⑤カエデ(赤色の葉)

(　　)

⑥エノコログサ

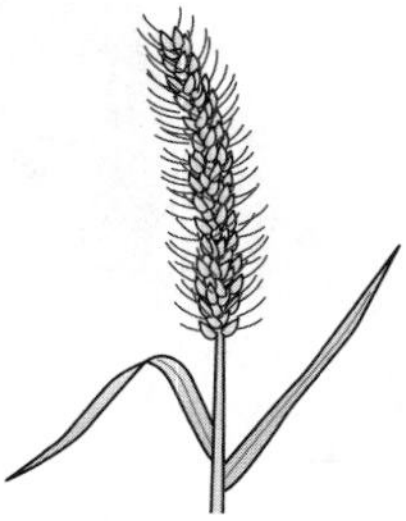

(　　)

⑦コナラ(み)

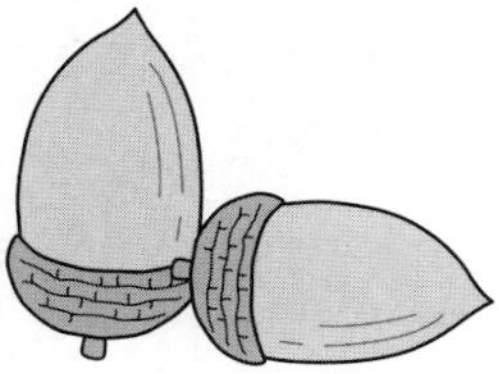

(　　)

⑧カブトムシ

(　　)

⑨コオロギ

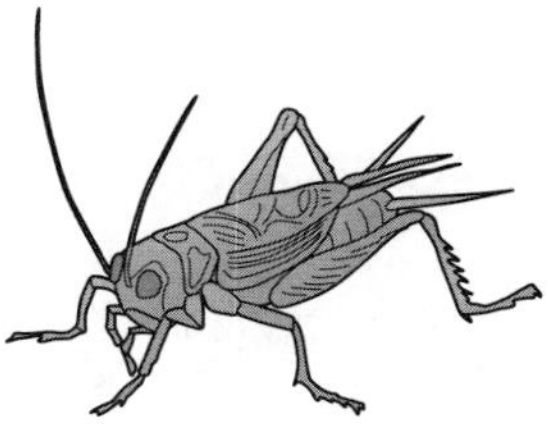

(　　)

5 野さいをそだてよう

1 （　　）にあてはまる野さいの名前を、あとの［　　］からえらんでかきましょう。

①

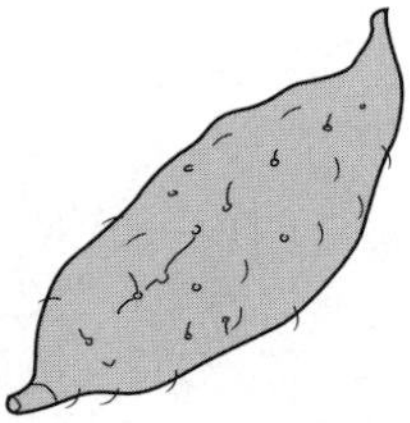

（　　　　　　）

②

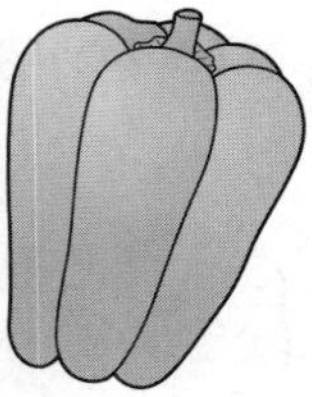

（　　　　　　）

③

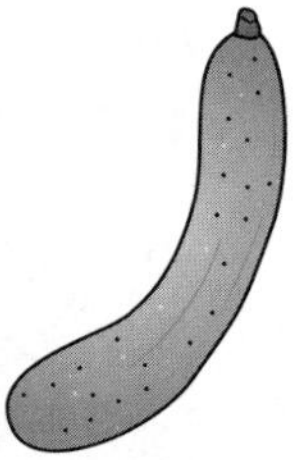

（　　　　　　）

④

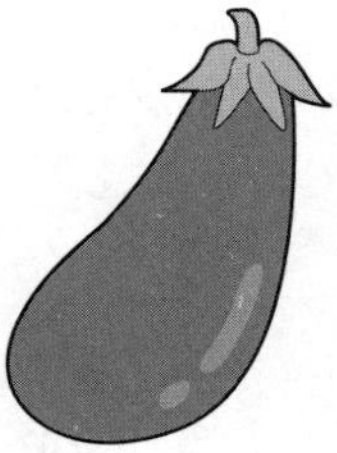

（　　　　　　）

⑤

（　　　　　　）

キュウリ	サツマイモ	トマト	ナス	ピーマン

2 野さいのなえのうえかえを、正しいじゅんにならべかえます。
（　　）に、１から３のばんごうをかきましょう。

㋐土をかけて、上から
かるくおさえる。

（　　）

㋑なえをそっと
とり出し、うえる。

（　　）

㋒なえが入る大きさの
あなをほる。

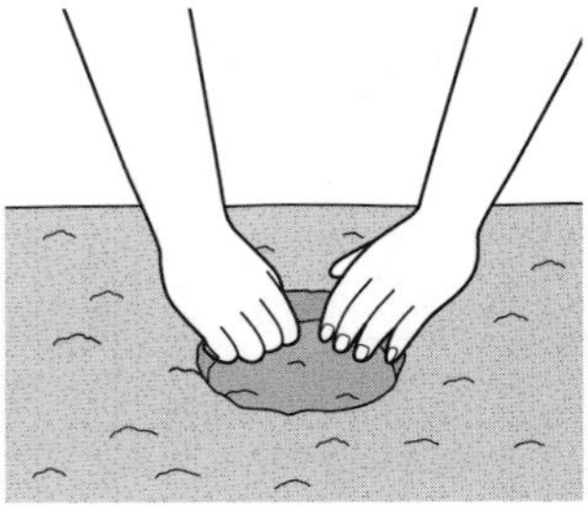

（　　）

6 生きものを見つけよう②

1 ①から④の生きものは、どこで見つかりますか。
(　　)にあてはまることばを、あとの□からえらんでかきましょう。

①ダンゴムシ

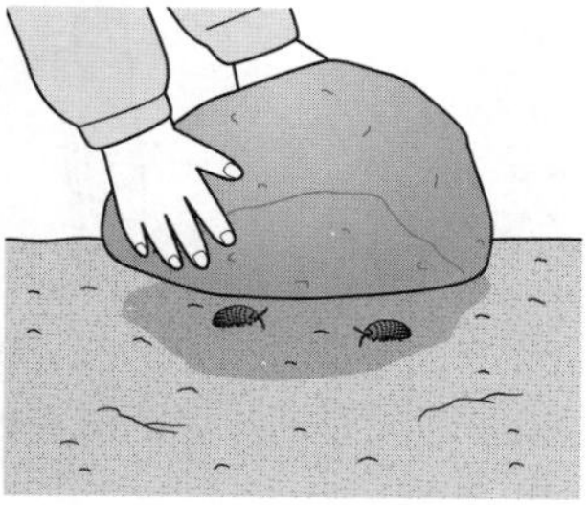

(　　　　　)

②バッタ

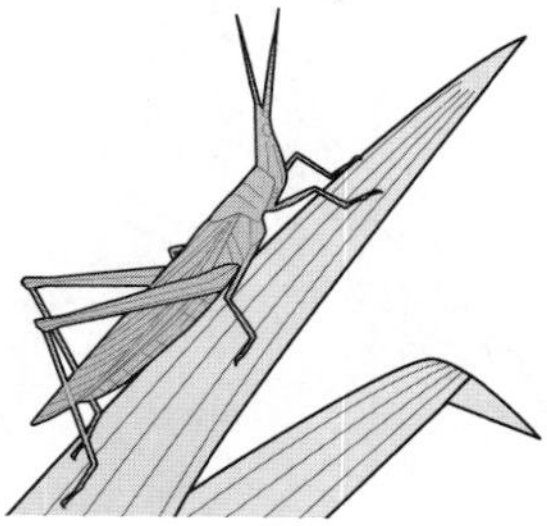

(　　　　　)

③メダカ

(　　　　　)

④クワガタ

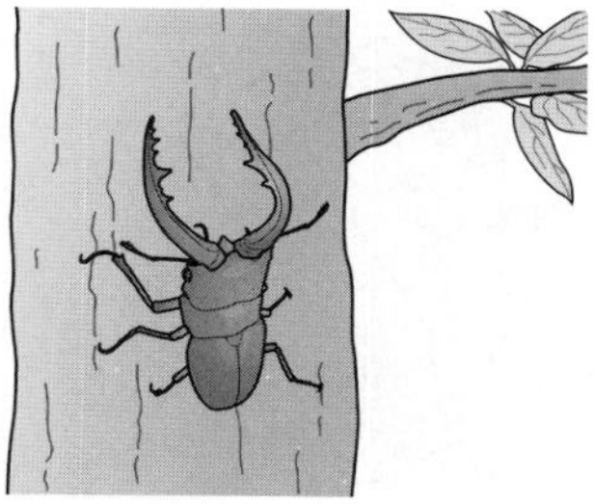

(　　　　　)

石の下　　草むら　　水の中　　森や林

2 ①と②の名前はなんですか。(　　)にあてはまる名前をかきましょう。

①

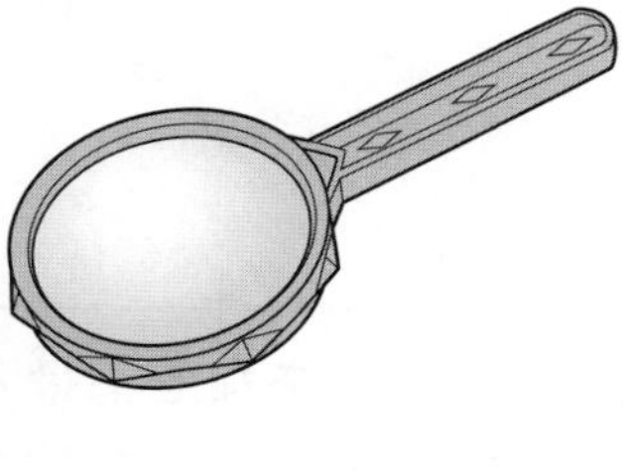

(　　　　　)

②

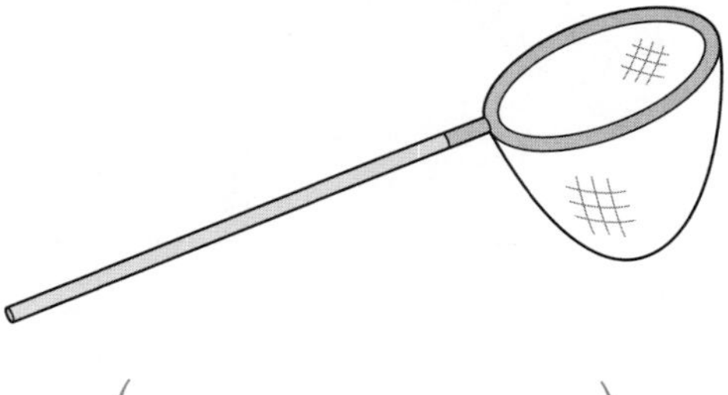

(　　　　　)

7 おもちゃを作ろう①

1 おもちゃを作るときに、道ぐをつかいます。
(　　)にあてはまることばを、あとの□からえらんでかきましょう。

①はさみ

(　　　　　　　　)道ぐ

②のり

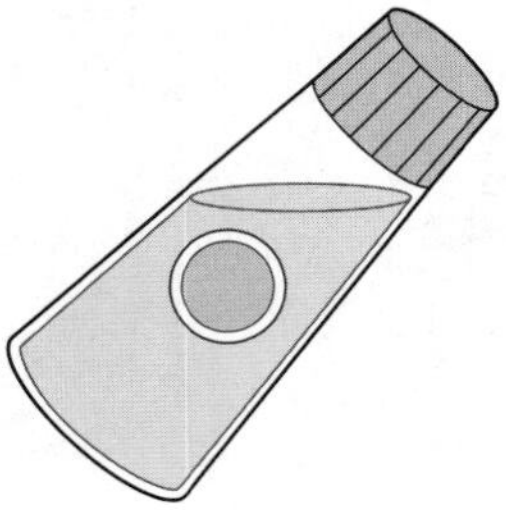

(　　　　　　　　)道ぐ

③ペン

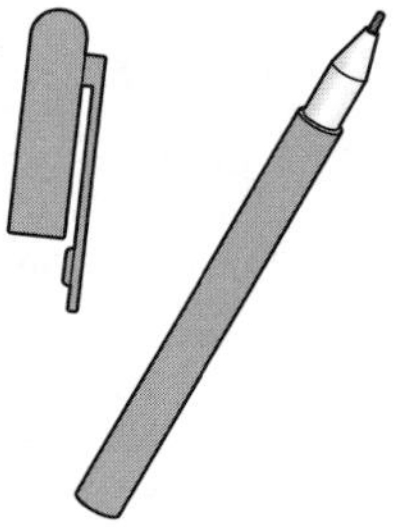

(　　　　　　　　)道ぐ

④パンチ

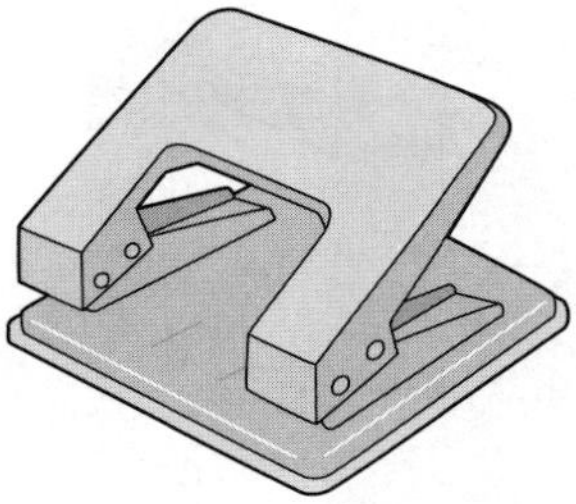

(　　　　　　　　)道ぐ

⑤えんぴつ

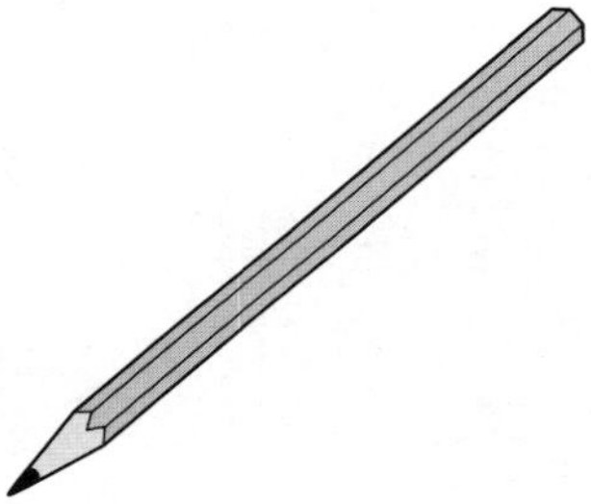

(　　　　　　　　)道ぐ

⑥セロハンテープ

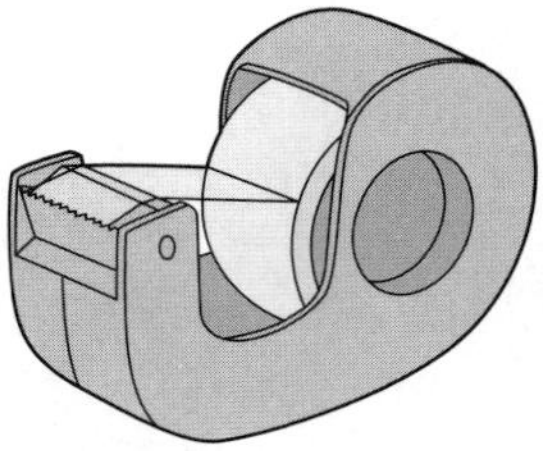

(　　　　　　　　)道ぐ

⑦クレヨン

(　　　　　　　　)道ぐ

⑧カッターナイフ

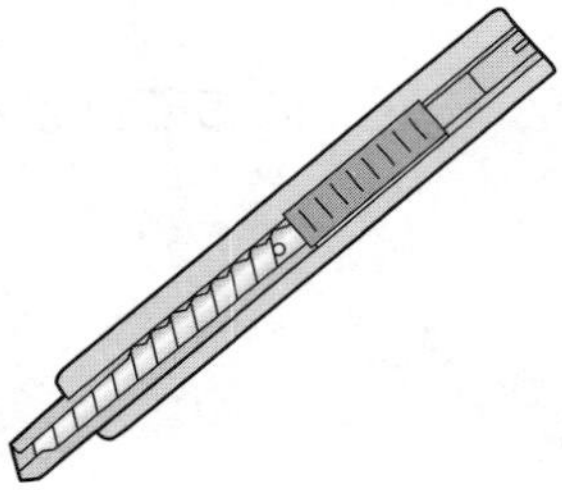

(　　　　　　　　)道ぐ

⑨千まい通し

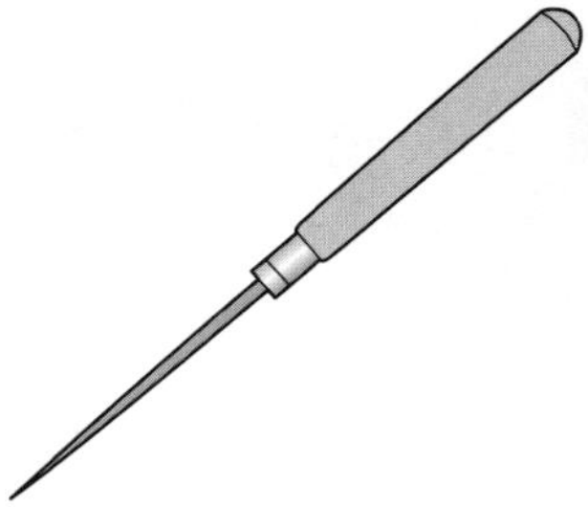

(　　　　　　　　)道ぐ

かく　　切る　　くっつける　　あなをあける

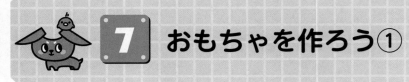

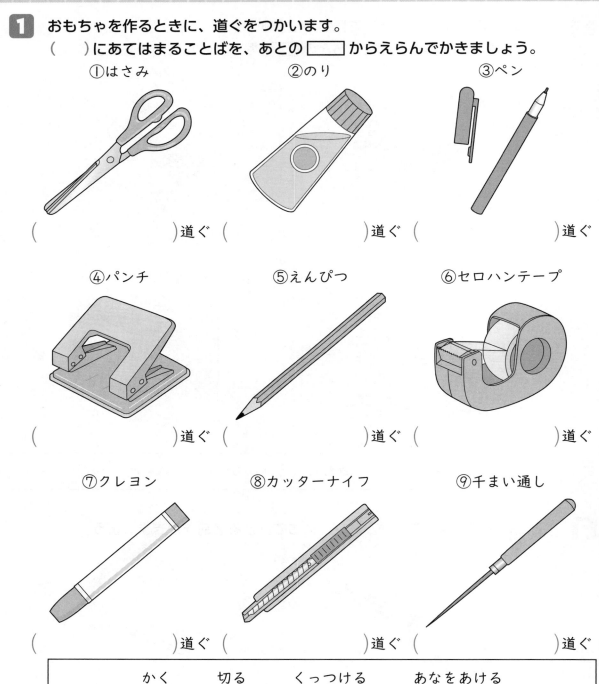

8 おもちゃを作ろう②

1 カッターナイフをつかうときのやくそくです。
①から③で、正しいものに○を、正しくないものに×を、（　　）にかきましょう。

①もつほうをむけて
わたす。

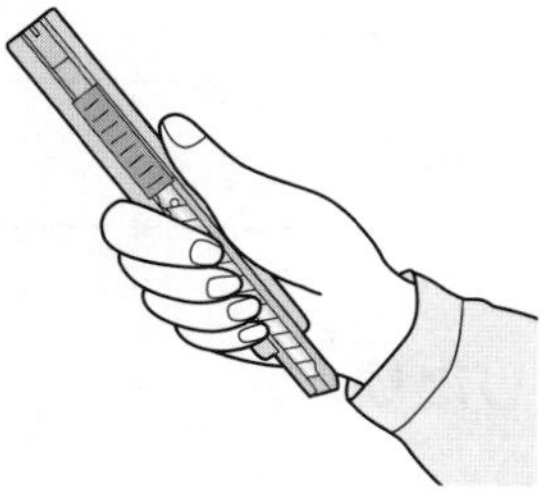

（　　）

②はの通り道に
手をおかない。

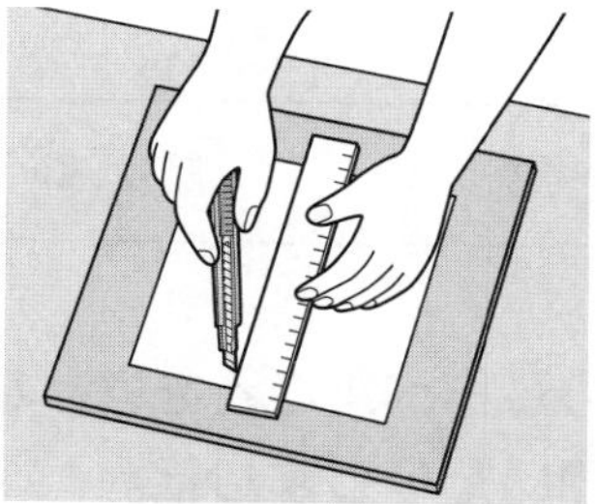

（　　）

③すぐつかえるように
ずっとはを出しておく。

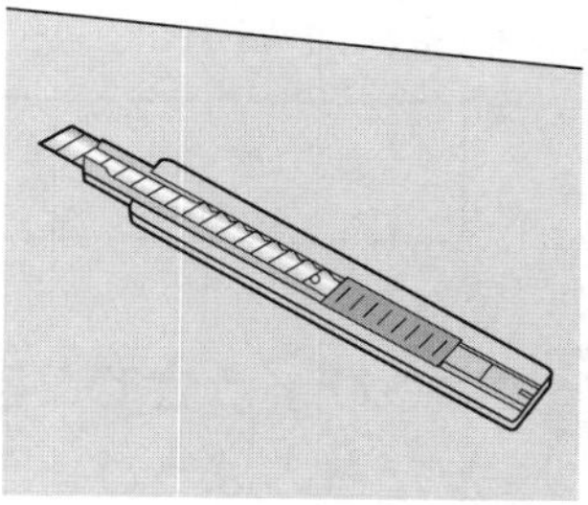

（　　）

2 おもちゃを作りました。①から③は、何の力をつかったおもちゃですか。
（　　）にあてはまることばを、あとの□からえらんでかきましょう。

①ごろごろにゃんこ

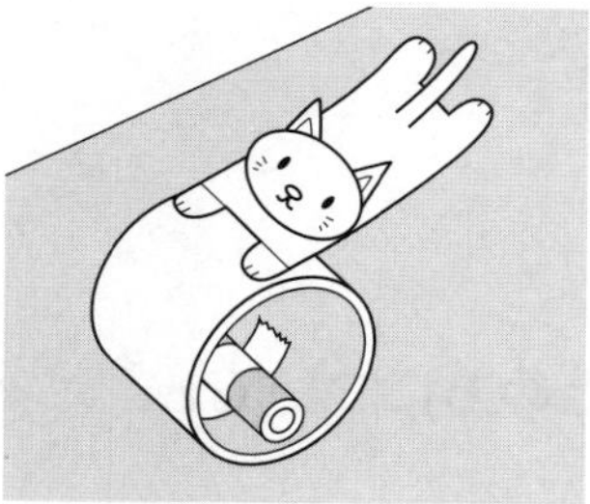

（　　　　）

②ウィンドカー

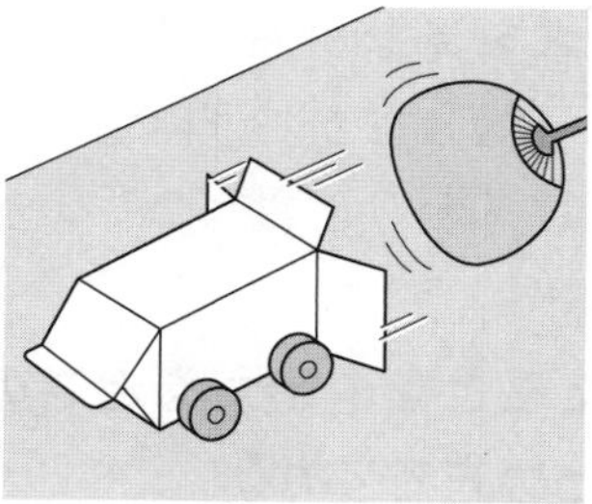

（　　　　）

③さかなつりゲーム

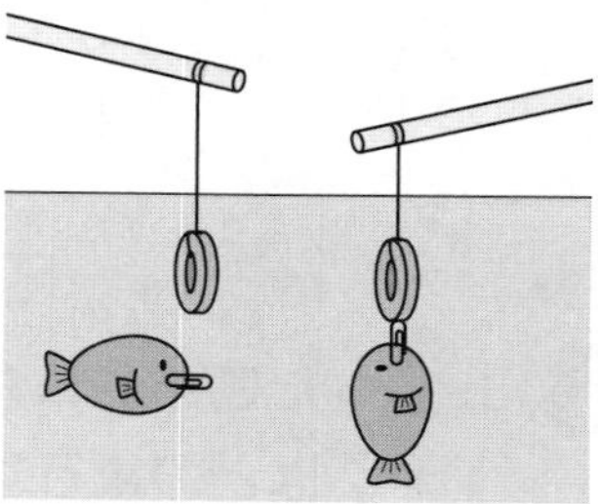

（　　　　）

おもり	風	じしゃく

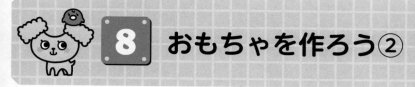

9 はっぴょうしよう

1 話し合いをするときに大切なことについて、
（　　）に入ることばを、あとの□からえらんでかきましょう。

①話し合いをするときに、（　　　　　　　）をきめておく。

②自分が（　　　　　　　）いることを、はっきりと言う。

③だれかが（　　　　　　　）いるときは、しっかりと聞く。

思って　　話して　　めあて

2 はっぴょう会で、自分のしらべたことをはっぴょうしたり、
友だちのはっぴょうを聞いたりしました。

(1) 話し方として、正しいものを２つえらんで、（　　）に○をかきましょう。

①（　　　）下をむいて、ゆっくりと小さな声で話す。

②（　　　）ていねいなことばづかいで話す。

③（　　　）聞いている人のほうを見ながら話す。

(2) 話の聞き方として、正しいものを２つえらんで、（　　）に○をかきましょう。

①（　　　）話している人を見ながら、しずかに聞く。

②（　　　）まわりの人と話しながら聞く。

③（　　　）さいごまでしっかりと聞く。

3 しらべたことやわかったことを、伝えるときのまとめ方について、
①や②はどのようなまとめ方ですか。
（　　）に入ることばを、あとの□からえらんでかきましょう。

①けいじばんなどにはって、たくさんの人に伝えることができる。

（　　　　　　　　）

②伝えたい人が手にとって、じっくりと読んでもらうことができる。

（　　　　　　　　）

げき　　パンフレット　　ポスター

答え

1 生きものを見つけよう①

1

① 
チョウ

② 
テントウムシ

③ 
ダンゴムシ

④ 
タンポポ

⑤ 
チューリップ

★生きものをかんさつするときは、見つけた場しょ、大きさ、形、色などをしらべて、カードにかきましょう。また、きょうかしょなどで、名前をしらべましょう。

おうちのかたへ

３年理科でも身の回りの生き物を観察しますが、そのときには生き物によって、大きさ、形、色など、姿に違いがあることを学習します。

2 花をそだてよう①

1

① 
㋐

② 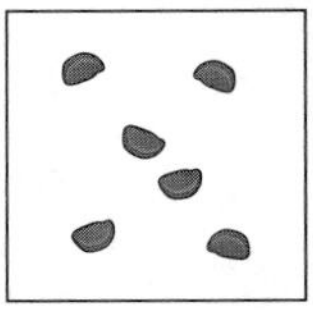
㋑

★ヒマワリ、フウセンカズラ、アサガオで、たねの大きさや形、色がちがいます。くらべてみましょう。

おうちのかたへ

３年理科でも植物のたねをまき、成長を観察しますが、そのときには植物の育つ順序や、植物の体のつくりを学習します。

3 花をそだてよう②

1 (1)

㋐ 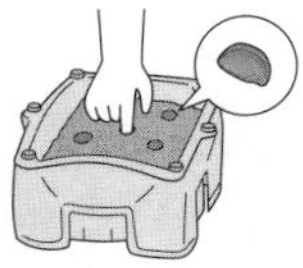
1

㋑ 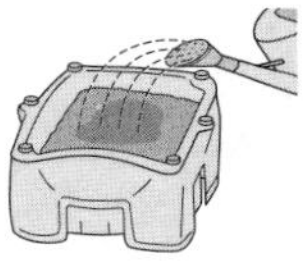
3

㋒ 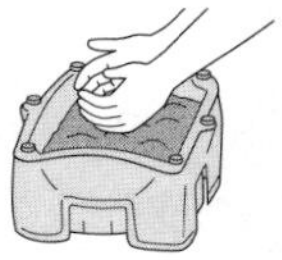
2

★土にあなをあけて、たねを入れます(㋐)。それから、土をかけます(㋒)。そのあと、土がかわかないように、水をやります(㋑)。

(2)

㋐ 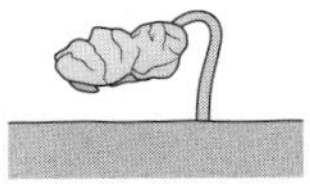
2

㋑ 
1

㋒ 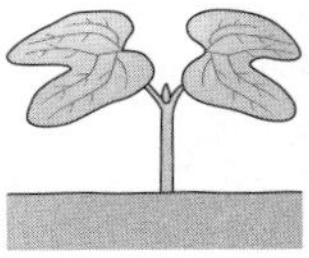
3

★たね(㋑)からめが出て(㋐)、葉がひらきます(㋒)。

(3)①と④に○

★アサガオをそだてるときには、日当たりと風通しのよい場しょにおきます。水は土がかわいたらやるようにします。

おうちのかたへ

３年理科でも植物の栽培をしますので、そのときに、たねのまき方や世話のしかたを扱います。

4 きせつだより

1

①ヒマワリ(花)

○

②アサガオ(花)

○

③キンモクセイ(花)

△

④イチョウ(黄色の葉《は》)

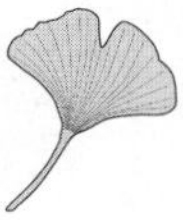

△

⑤カエデ(赤色の葉)

△

⑥エノコログサ

△

⑦コナラ(み)

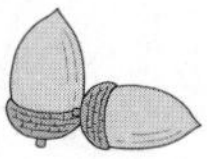

△

⑧カブトムシ

○

⑨コオロギ

△

★イチョウやカエデの葉は、夏にはみどり色ですが、秋になると黄色や赤色になって、やがて落ちます。

おうちのかたへ

動物の活動や植物の成長と季節の変化の関係は、4年理科で扱います。

5 野さいをそだてよう

1

①

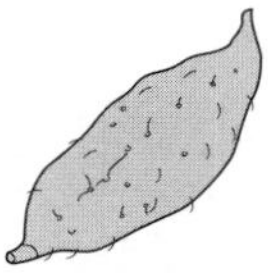

サツマイモ

②

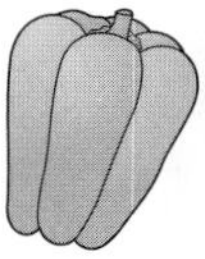

ピーマン

③

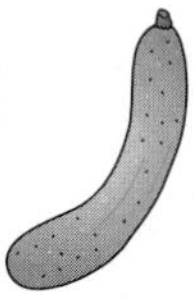

キュウリ

④

ナス

⑤

トマト

★ふだん食べている野さいを思い出しましょう。

2

㋐

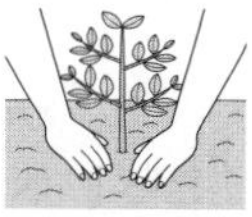

3

㋑

2

㋒

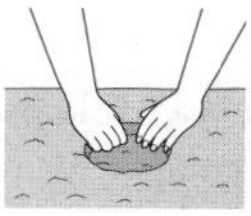

1

★なえの大きさに合わせて、あなをほります(㋒)。ねをきずつけないように、そっとなえをとり出して(㋑)、土にうえます。うえたあとは、土をかぶせてかるくおさえます(㋐)。

おうちのかたへ

3年理科でも植物の栽培をしますので、そのときに、植え替えのしかたを扱います。

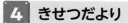

6 生きものを見つけよう②

1

①ダンゴムシ

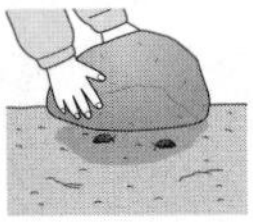

石の下

②バッタ

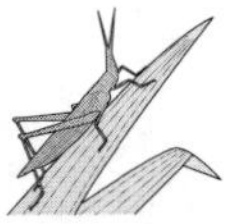

草むら

③メダカ

水の中

④クワガタ

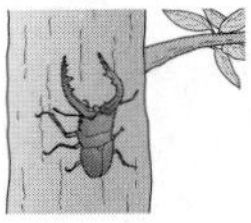

森や林

★①ダンゴムシは、石やおちばの下などにいることが多いです。②バッタは、草むらにいることが多いです。③メダカは、池やながれがおだやかな川などにすんでいます。④クワガタは、じゅえきが出る木にいます。

おうちのかたへ

３年理科で、生物と環境の関わりを扱いますので、そのときに昆虫のすみかや食べ物の関係を学習します。

2

①

虫めがね

②

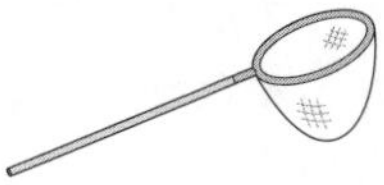

(虫とり)あみ

★虫めがねは、小さいものを大きくして見るときにつかいます。(虫とり)あみは、虫をつかまえるときにつかいます。

おうちのかたへ

３年理科で、虫眼鏡の使い方を学習します。

7 おもちゃを作ろう①

1

①はさみ

切る道ぐ

②のり

くっつける道ぐ

③ペン

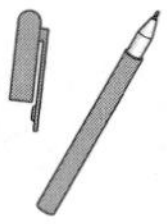

かく道ぐ

④パンチ

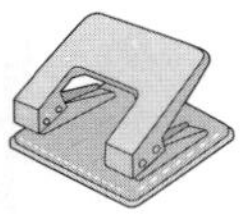

あなをあける道ぐ

⑤えんぴつ

かく道ぐ

⑥セロハンテープ

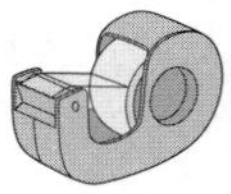

くっつける道ぐ

⑦クレヨン

かく道ぐ

⑧カッターナイフ

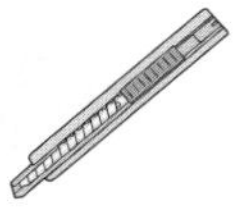

切る道ぐ

⑨千まい通し

あなをあける道ぐ

★⑧カッターナイフは、はを紙などに当てて切る道ぐです。はが通るところに手をおいてはいけません。⑨千まい通しは、糸などを通すあなをあけたいときにつかいます。

8 おもちゃを作ろう②

1

① 
○

② 
○

③ 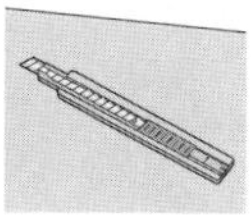
×

★②カッターナイフのはが通るところに、手をおいてはいけません。③カッターナイフをつかわないときには、はをしまっておきます。

2

① 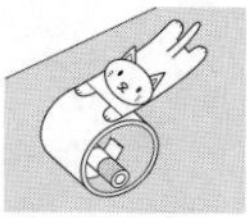
おもり

② 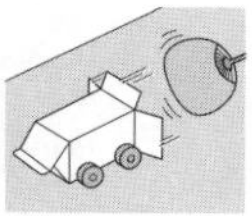
風

③ 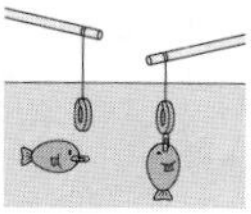
じしゃく

★①中に入れたおもりによって、前後にゆらゆらとうごくおもちゃです。②広げた紙が風をうけて、前へすすみます。③紙でつくった魚につけたクリップがじしゃくにくっつくことをつかって、魚をつり上げます。

おうちのかたへ

理科でも、ものづくりは各学年で行います。風の力や磁石の性質は、３年で扱います。

9 はっぴょうしよう

1 ①めあて
②思って
③話して

2 ⑴②と③に○
★みんなのほうを見ながら、ていねいなことばづかいで、聞こえるように話しましょう。
⑵①と③に○
★話している人にちゅう目し、話をよく聞きましょう。しつもんがあれば、はっぴょうがおわってからします。

3 ①ポスター
②パンフレット
★だれに何をどのようにつたえたいかによって、はっぴょうのし方をえらびます。